农业面源污染防治
实用新技术

游彩霞　高丁石　主编

U0238543

中国农业出版社

主　　编　　游彩霞　高丁石

副 主 编　　齐孝天　魏艳丽

编写人员　　游彩霞　高丁石

　　　　　　齐孝天　魏艳丽

F oreword 前 言 ————————————

    改革开放以来，我国农业发展取得了举世瞩目的成就。在取得举世瞩目成就的同时，我国又是世界上最大的化肥和农药使用国，加上畜禽粪便、地膜残留、秸秆露天焚烧、农村生活垃圾与废水等污染因素，目前农业面源污染已形成了从水体、土壤、生物到大气的"农村立体污染"。

    农业面源污染，也叫农业生产自身污染，由于当前我国农业生产活动的非科学经管理念和较落后的生产方式，造成了农业环境面源污染形势日益加重，如大型养殖场禽畜粪便不做无害化处理随意堆放、农药的不科学使用、过量化肥撒施、不可降解农膜年年弃于田间、秋播季节集中露天焚烧秸秆等。这些面源污染已超过了工业和生活污染，成为当前我国最大的污染源。日益严峻的农业面源污染已成为威胁农产品质量安全的重要因素，加快治理农业面源污染步伐便成为摆在我们面前的一个不可回避的现实问题。

    重视和强化农业面源污染治理工作是确保农产品质量安全、提升农村环境品质、建设美丽乡村的重要举措。也是发展生态农业，促使农业生产能量和物质流动实现良性循环，实现经济和生态环境协调发展的重要途径。为了对农业废弃物实行综合利用，实现资源化处理，使其对环境的不良影响减少到最低限度，确保实现"一控两减三基本"（即严格控制农业用水总量，减少化肥、农药施用量，地膜、秸秆、畜禽粪便基本资源化利用）目标，我们组织编写了该书，愿为我国农业面源污染治理工作和生态农业的快速、稳固、持续发展尽一份微薄之力。

    本书在对我国目前农业面源污染主要因素来源与现状认真

分析的基础上，分别针对畜禽粪便、化肥和农药这三个主要污染因素的资源化利用与科学施用所需要的相关实用技术进行了较全面阐述。同时，结合生产实际提出了解决对策与措施。本书以理论和实践相结合为指导原则，较系统地阐述了畜禽粪便与秸秆的沼气处理利用实用技术、土壤培肥与科学施肥实用技术、农药性质和在多种农作物上的科学施用技术。深入浅出，通俗易懂，可操作性强。可供广大基层农技人员、沼气工作者、化肥与农药经营者及农民朋友参考使用。

　　由于编者水平所限，书中不当之处，敬请读者批评指正。

编　者

2015 年 4 月

C ontents 目 录 ───────────────

前言

第一章
农业面源污染概述

第一节　农业面源污染的概念

面源污染是相对于点源污染而言的，一般指在大面积范围内以弥散或大量小点源形式排放污染物造成的，在自然环境（如大气、土壤、水体等）中混入危害人体、降低环境质量或破坏生态平衡的现象。面源污染与点源污染相比，面源污染具有涉及时空范围更广，不确定性更大，隐蔽性强、成分与过程更复杂，监测和治理难度较大，更难以控制。

农业面源污染，也叫农业自身污染，一般指在农业生产和农民生活等活动中，由溶解的或固体的污染物，如化肥、农药、农膜、畜禽粪便、重金属以及其他有机物或无机物等，通过农田地表径流、农田渗漏、农田排水、蒸发等进入水体、土壤和大气中，引起地表水体氮、磷等营养盐质量浓度上升、溶解氧减少，导致地表水水质恶化，从而最终形成水、土、空气等农业生产环境的污染。简单地说，农业面源污染指用于发展农业生产的化肥、农药、农膜、畜禽粪便等造成的污染。

当前，我国农业生产活动的非科学经管理念和较落后的生产方式是造成农业环境面源污染严重的重要因素，剧毒农药使用、过量化肥施撒、不可降解农膜年年弃于田间、露天焚烧秸秆、大型养殖场禽畜粪便不做无害化处理随意堆放等。这些面源污染有日益加重的趋势，已超过了工业和生活污染，成为当前我国最大的污染源。农业面源污染对农业生产环境影响很大，在发达国家，尤其是美国，已引起高度重视。随着我国农业生产水平的不断提高，农业面源污染问题日益突出，农业生产能力和可持续发展能力受到严峻挑战，必须下决心解决好农业面源污染问题。

第二节　造成农业面源污染的主要因素与现状

随着人口增长、膳食结构升级和城镇化不断推进，我国农产品需求持续刚性增长，对保护农业资源环境提出了更高要求。目前，我国农业资源环境遭受着外源性污染和内源性污染的双重压力，已成为制约农业健康发展的瓶颈约束。一方面，工业和城市污染向农业农村转移排放，农产品产地环境质量令人担忧；另一方面，化肥、农药等农业投入品过量使用，畜禽粪便、农作物秸秆和农田残膜等农业废弃物不合理处置，导致农业面源污染日益严重，加剧了土壤和水体污染风险。

一、农用化学品投入量大，利用率低，大量流失

随着我国农业生产水平特别是谷物粮食生产水平的不断提高，农用化学品投入量也不断增加，如化肥的施用，虽然我国普遍使用化肥只有 40 多年的历史，但目前施用量很大，同时利用率却很低，大量流失，造成了污染。资料显示，从 1979—2013 年 35 年间，我国化肥的施用量由 1 086 万吨增加到 5 912 万吨，年均增长率 5.2%。近年来，因大力推广了测土配方施肥技术，化肥用量的增长率有所降低，但仍呈逐年增长的趋势。我国化肥用量约占世界总用量的 1/3，目前果园化肥施用量已达到每公顷 550 千克；蔬菜化肥施用量已达到每公顷 365 千克；一些农田单位面积的施用量也远远超过国际上公认的安全施用上限（每公顷 225 千克）。在大量施用的同时，肥料利用率较低，一般氮肥的利用率为 30%～35%，磷肥的利用率为 10%～20%，钾肥的利用率为 35%～50%。化肥用量过多不仅造成生产成本的增加，也对农业的生态环境带来很大的影响。

在大量施用化肥的同时，随着近些年气候的变化和耕作制度的

改变，农作物病虫草害也呈多发、频发、重发的态势，用于防治病虫草害的化学农药的用量也在不断增加。我国目前各种农药制剂已达 600 多种，每年施用总量已超过 130 万吨，单位面积化学农药的平均用量比一些世界发达国家高 15%，但实际利用率只有 1/3 左右，每年遭受残留农药污染的作物面积超过 0.667 亿公顷。

另外，根据农业部发布的《中国农业统计资料》显示，地膜覆盖技术在 1979 年从日本引进我国，极大地提高了我国部分农作物的产量和效益。在我国北方广大的旱作区，地膜覆盖技术是粮食生产的关键技术，能大面积使农作物产量提高 30% 左右。短短的 30 多年里，地膜覆盖技术从北方开始向南发展，如今几乎中国全境都能看到地膜的使用。截至 2011 年底，我国地膜用量达到 125.5 万吨，覆盖面积已达 0.2 亿公顷。据测算，未来 10 年，我国地膜覆盖面积将以每年 10% 的速度增加，有可能达到 0.333 亿公顷，地膜用量也将达到 200 万吨以上。正当人们兴奋于地膜覆盖技术带来的增产时，大量使用地膜带来的危害也凸显出来。地膜是由高分子的聚乙烯化合物及其树脂制成的，具有不易腐烂、难以分解的性能。已有研究结果表明，自然状态下残留地膜能够在土壤中存留百年以上。这种性能，导致残膜对农业生产及环境都具有极大的副作用，不仅影响到土壤特性，降低土壤肥力，严重的还可造成土壤中水分养分运移不畅，在局部地区引起次生盐碱化等。同时，对农作物生长的危害也不轻，主要表现在农作物根系生长可能受阻，降低作物获得水分养分的能力，导致产量降低。

二、畜禽养殖量大，粪便处理率低

随着人民生活水平的不断提高，对肉、蛋、奶的需求量大幅增加，农村的畜禽养殖业得到了迅猛发展，养殖业已成为一些地方农村的支柱产业和主要经济增长点。随着畜禽养殖业的迅速发展，畜禽粪便所带来的环境污染问题也越来越突出。统计资料表明，我国每年畜禽养殖业产生的粪便量约为 17.3 亿吨，是我国每年排放的 6.34 亿吨工业固体废弃物的 2.7 倍，目前畜禽养殖粪便处理率低，大多直接排放。怎样有效地解决畜禽粪便的污染问题，既是关系到畜禽养殖业能否实现可持续发展的重要问题，也是解决好农业面源污染的突出问题。

三、作物秸秆产量大，资源化利用率低，部分露天焚烧

种植业投入要素约 50％以上最终转化为农作物秸秆。秸秆资源的浪费，实质上是耕地、水资源和农业投入的浪费。我国是粮食生产大国，也是秸秆生产大国，全国农作物秸秆数量大、种类多、分布广。目前我国每年整个农作物秸秆的生物量大概超过 9 亿吨，约占全世界秸秆总量的 1/4，其中，水稻、小麦、大豆、玉米、薯类等粮食作物秸秆约 5.8 亿吨，占秸秆总量的 89％；花生、油菜籽、芝麻、向日葵等油料作物秸秆占总量的 8％，棉花、甘蔗秸秆占总量的 3％。目前我国农作物秸秆利用率很低，情况不容乐观，据粗略估计，直接用作生活燃料的秸秆约占总量的 20％，用作肥料直接还田的秸秆约占总量的 15％，用作于饲料的秸秆量约占总量的 15％，用作工业原料的秸秆量约占总量的 2％，废弃或露天焚烧的秸秆约占总量的 33％。露天焚烧仍是目前解决秸秆去向的主要途径，既浪费了资源又污染了大气环境，还带来严重的社会问题，特别是在秋收冬播季节，焚烧秸秆引起附近居民呼吸道疾病、高速公路被迫关闭、飞机停飞等问题。所以，加大秸秆等农业废弃物的综合利用新技术的研究开发，科学高效地利用秸秆资源，禁止焚烧秸秆，一方面可以变废为宝，提高资源利用率，提高农民收入，解决秸秆利用先期投入和长期收益的矛盾，将秸秆资源优势转化为可见的经济优势；另一方面可以保护环境，保护人民身体健康，保持交通、民航畅通运行，是建设资源节约型、环境友好型社会的重要举措。

四、生活垃圾与生活污水处理率低，无序排放

据估算，我国农村每年生活垃圾量接近 3 亿吨，无害化处理仅为 10％；每年产生 200 亿立方米的生活污水，无害化处理率不足 1％，有 94％的乡镇村污水采取自出随排方式，直接排放。随着乡

镇建设的发展，估计今后我国 80％的污水将来自乡镇，也是造成农村面源污染的因素之一。

第三节 我国农业面源污染治理的目标与途径

农业面源污染问题，已引起国家的高度重视，目前国务院审议通过了《全国农业可持续发展规划》，明确提出要着力转变农业发展方式，促进农业可持续发展，走新型农业现代化道路。要把农业面源污染防治作为一项重要工作来抓，作为转变农业发展方式的重大举措，作为实现农业可持续发展的重要任务。到 2020 年实现化肥农药使用量零增长行动，化肥和主要农作物农药利用率均超过40％。分别比 2013 年提高 7 个百分点和 5 个百分点，实现农作物化肥、农药使用量零增长。经过一段时间的努力，使农业面源污染加剧的趋势得到有效遏制，确保实现"一控两减三基本"（即严格控制农业用水总量，减少化肥农药施用量，地膜、秸秆、畜禽粪便基本资源化利用）目标。

一、节约用水

我国水资源短缺，旱涝灾害频繁发生，水土资源分布和组合很不平衡，并且各地作物和生产条件差异很大，特别是华北平原农区缺水严重，农作物产量高，自然降水少，地表可重复利用水源缺乏，农业生产用水主要依靠抽取深层地下水来补充，但近些年地下水位下降较快、较大。一些农业大县地表水和地下水的可重复量是目前农业生产用水量的 1/2，缺水 50％左右。下一步需要通过南水北调补源和节约用水提高水利用率的办法来解决水资源问题。目前我国农业灌溉用水的有效利用率仅为 40％左右，一些发达国家农业灌溉用水的有效利用率可达到 70％以上，我国节约用水的潜力还很大。到 2020 年，全国农业灌溉用水总量保持在 3 720 亿立方米左右，农田灌溉水有效利用系数达到 0.55。

确立水资源开发利用控制红线、用水效率控制红线和水功能区限制纳污红线。要严格控制入河湖排污总量，加强灌溉水质监测与管理，确保农业灌溉用水达到农田灌溉水质标准，严禁未经处理的工业和城市污水直接灌溉农田。实施"华北节水压采、西北节水增效、东北节水增粮、南方节水减排"战略，加快农业高效节水体系建设。加强节水灌溉工程建设和节水改造，推广保护性耕作、农艺节水保墒、水肥一体化、喷灌、滴灌等技术，改进耕作方式，在水资源问题严重的地区，适当调整种植结构，选育耐旱新品种。推进农业水价改革、精准补贴和节水奖励试点工作，增强农民节水意识。

二、化肥减量

分析造成我国化肥用量较大的主要因素有以下几个：一是有机肥用量偏少，化肥施用方便，用大量施用化肥来补充。二是化肥品种和区域性结构不尽合理，加上施用方式方法欠佳，利用率偏低，浪费污染严重。三是经济效益相对较高的蔬菜和水果作物上施用量偏大，尤其是设施蔬菜上用量更大，有的地方已经达到严重污染的地步。过量施肥带来的危害显而易见：①经济效益受影响，在获得相同产量的情况下，多施肥就是多投入，经济效益必然下降。②产品品质不高，特别是氮肥过量后，会增加产品中硝态氮的含量，影响产品品质。③土壤理化性状变劣，由于化肥对土壤团粒结构有破坏作用，所以过量施用化肥后，土壤物理性状不良，通透性变差，致使耕作几年后不得不换土。④造成环境污染，包括地下水的硝态氮含量超标及土壤中的重金属元素积累。⑤过量施肥，会对大棚菜产生肥害。化肥是作物的"粮食"，既要保证作物生产水平的提高，又要控制化肥的使用量，就必须通过增施有机肥料，在此基础上调整化肥品种结构，并大力推广应用测土配方施肥技术，提高化肥利用率等途径来实现。到 2020 年，确保测土配方施肥技术覆盖率达90%以上，化肥利用率达到 40%以上。

三、农药减量

分析造成我国农药用量较多的主要因素有以下几个：①由于近

些年来气候的变化和耕作栽培制度的改变，农作物病虫草害呈多发、频发、重发的态势。②没有实行科学防控，重治轻防和过度依赖化学农药防治，加上用药不科学、喷药机械落后等造成用药数量大，流失污染浪费严重，利用率不高。③农药品种结构不科学，高效低毒低残留（或无毒无残留）的农药开发应用比重偏低。农药是控制农作物病虫草害发生，是农作物丰产丰收的保证，在今后的农作物病虫草害防治工作中，要努力实现"三减一提"，减少农药用量的目标。一是减少施药次数。应用农业防治、生物防治、物理防治等绿色防控技术，创建有利于农作物生长、利于天敌保护而不利于病虫草害发生的环境条件，预防控制病虫草害发生，从而达到少用药的目的。二是减少施药剂量。在关键时期用药、对症用药、用好药、适量用药，避免盲目加大施用剂量，把过量施用减下来。三是减少农药流失。开发应用现代植保机械，替代跑冒滴漏落后机械，减少农药流失和浪费。四是提高防治效果。扶持病虫草害防治专业服务组织，大规模开展专业化统防统治，提高防治效果，减少用药。到 2020 年，农作物病虫害绿色防控覆盖率达 30％以上，农药利用率达到 40％以上。

四、地膜回收资源化利用

我国地膜进入大面积推广已 30 多年，成效显著，预计 2015 年地膜覆盖栽培面积可达 0.267 亿公顷左右，地膜年销量将突破 140 万吨。但是，地膜残留污染渐趋严重，据中国农业科学院监测数据显示，目前中国长期覆膜的农田每 667 平方米地膜残留量在 5～15 千克。目前对地膜污染采取的防治途径主要是增加膜厚提高回收率和开发可控全生物降解材料的地膜。到 2020 年，农膜回收率要达到 80％以上。

农膜之所以造成生态污染，主要是回收不力。现在农民普遍使用的农膜非常薄，仅 5～6 微米，使用后的残膜难回收；其次自愿回收缺乏动力，强制回收缺乏法律依据；加之机械化回收应用率极低，残膜收购网点少，残膜回收加工企业耗电量大、工艺落后等因素，造成残膜回收十分困难。增加地膜厚度是提高回收率的有效方法之一，但成本也随之增加，目前农民愿意购买的是 6 微米的地膜，政府制定的标准厚度要求是（10±0.01）微米。这就需要政府作为，进行有效的补贴。

在提高回收率的基础上，开发可控全生物降解材料的地膜，推广应用于生产还需先解决三大问题。目前还存在降解进程不够稳定可控、成本过高、强度低难减薄三大问题，如能有效解决这些问题，市场前景不可估量。

五、秸秆资源化利用

当前秸秆资源化利用的途径是秸秆综合利用，禁止露天焚烧。随着我国农民生活水平提高、农村能源结构改善，以及秸秆收集、整理和运输成本等因素，秸秆综合利用的经济性差、商品化和产业化程度低。还有相当多秸秆未被利用，已经利用的也是粗放的低水平利用。从生态良性循环农业的角度出发，秸秆资源化利用应首先满足过腹还田（饲料加工）、食用菌生产、有机肥积造、机械直接还田的需要，其次再考虑秸秆能源和工业原料利用。到 2020 年，秸秆综合利用率达 85% 以上。

秸秆饲料技术。其特点是依靠有益微生物来转化秸秆有机质中的营养成分，提高经济价值，达到过腹还田的效果。秸秆可通过黄贮、青贮、微贮、氨化和压块等多种方式制成饲料用于养殖。氨化指秸秆中加入氨源物质密封堆制。青贮指青玉米秸切碎、装窖、压实、封埋，进行乳酸发酵。微贮指在秸秆中加入微生物制剂，密封发酵。压块指在秸秆晒干后，应用秸秆粉碎机粉碎秸秆，加入其他添加剂后拌匀，倒入颗粒饲料机料斗后，由磨板与压轮挤压加工成颗粒饲料。传统的用途是饲喂草食动物，主要是反刍动物。如何提高秸秆的消化率，补充蛋白质来源是该技术的关键。近几年来，用秸秆发酵饲料饲喂猪、禽等单胃动物，软化和改善适口性，增加采食量方面有一定效果，但关键是看所采用的菌种是否真正具有分解转化粗纤维的能力和能否提高蛋白质的含量。这需通过一定的检验方法和饲喂试验来取得可靠的证据才可进行推广。

秸秆作栽培基料技术。把秸秆晾干后利用机械粉碎成小段并碾碎，再和其他原料混合，以此作为基料栽培食用菌，生产食用菌，大大降低了生产成本。利用秸秆栽培食用菌也是传统技术，只要能选育和开发出新菌种，或在栽培技术上取得突破，仍将有很大的增值潜力。

秸秆肥料技术。包括就地还田和快速沤肥、堆肥等技术。其核心是加速有机质的分解，提高土壤肥力，以利于农业生态系统的良性循环和种植业的持续发展。把秸秆利用菌种制剂将作物秸秆快速堆沤成高效、优质有机肥；或者经过粉碎、传输、配料、挤压造粒、烘干等工序，工厂化生产出优质的商品有机肥料。我国人多地少，复种指数高，要求秸秆和留茬必须快速分解，才有利于接茬作物的生长，这是近期秸秆利用的主要方式。

秸秆作能源和工业原料技术。包括秸秆燃气化能源工业和建筑、包装材料工业等生产技术。秸秆热解气化工程技术，是利用秸秆气化装置，将干秸秆粉碎后在经过气化设备热解、氧化和还原反应转换成一氧化碳、氢气、甲烷等可燃气体，经净化、除尘、冷却、储存加压，再通过输配系统，输送到各家各户或企业，用于炊事用能或生产用能。燃烧后无尘无烟无污染，在广大农村这种燃气更具有优势。秸秆燃烧后的草木灰还可以无偿地返还给农民作为肥料。该工程特点是生产规模大，技术与管理要求高，经济效益明显。秸秆气化供气技术比沼气的成本高，投资大，但可集中供应乡镇、农村作为生活用能源。秸秆作建材是利用秸秆中的纤维和木质作填充材料，以水泥、树脂等为基料压制成各种类型的纤维板，其外形美观，质轻并具有较好的耐压强度。把秸秆粉碎、烘干、加入黏合剂、增强剂等利用高压模压机械设备，经碾磨处理后的秸秆纤维与树脂混合物在金属模具中加压成型，可制造纤维板、包装箱、快餐盒、工艺品、装饰板材和一次成型家具等产品，既减轻了环境污染，又缓解了木材供应的压力。秸秆板材制品具有强度高、耐腐蚀、防火阻燃、不变形、不开裂、强度高、美观大方及价格低廉等特点。

六、畜禽粪便资源化利用

随着养殖业的迅猛发展，在解决了人类肉、蛋、奶需求的同时，也带来了严重的环境污染问题。大量畜禽粪便污染物被随意排放到自然环境中，给我国生态环境带来了巨大的压力，严重污染了水体、土壤以及大气等环境，因此，对畜禽粪便进行减量化、无害化和资源化处理，防止和消除畜禽粪便污染，对于保护城乡生态环境、推动现代农业产业和发展循环经济具有十分积极的意义。到2020年，要确保规模畜禽养殖场（小区）配套建设废弃物处理设施比例达75％以上。

畜禽粪便污染治理是一项综合技术，是关系着我国畜禽业发展的重要因素。要想从根本上解决畜禽粪便污染问题，需要在各有关部门转变观念、相互协调、相互配合、各司其职、认真执法的基础上，同时加强对畜禽粪便处理技术和综合利用技术的不断摸索，特别是对畜禽粪便生态还田技术、生态养殖模式等新思维进行反复探索试验，力争摸索出一条真正适合我国国情、具有中国特色的畜禽粪便污染防治的道路，实现畜禽粪便生态还田和"零排放"的目标。具体途径有以下几个：

1. 沼气法　通过畜禽粪便为主要原料的厌氧消化制取沼气、治理污染的全套工程在我国已有近30年历史，近年来技术上又有了很大的发展。总体来说，目前我国的畜禽养殖场沼气无论是装置的种类、数量，还是技术水平，在世界上都名列前茅。用沼气法处理禽畜粪便和高浓度有机废水，是目前较好的利用办法。

2. 堆制生产有机肥　由于高温堆肥具有耗时短、异味少、有机物分解充分、较干燥、易包装、可制成有机肥等优点，目前正成为研究开发处理粪便的热点。但堆肥法也存在一些问题，如处理过程中氨损失较大，不能完全控制臭气。采用发酵仓加上微生物制剂的方法，可减少氨的损失并能缩短堆肥时间。随着人们对无公害农产品需求的不断增加和可持续发展的要求，对优质商品有机肥料的需求量也在不断扩大，用畜禽粪便生产无害化生物有机肥也具有很大市场潜力。

3. 探索生态种植养殖模式 生态种植养殖模式主要分为：①自然放牧与种养结合模式，如林（果）园养鸡、稻田养鸭、养猪等。②立体养殖模式，如鸡-猪-鱼、鸭（鹅）-鱼-果-草、鱼-蛙-畜-禽等。③以沼气为纽带的种养模式，如北方的"四位一体"模式。

4. 其他处理技术 ①用畜禽粪便培养蛆和蚯蚓。如用牛粪养殖蚯蚓，用生石灰作缓冲剂并加水保持温度，蚯蚓生长较好，此项技术已不断成熟，在养殖业将有很好的经济效益。②用畜禽粪便养殖藻类。藻类能将畜禽粪便中的氨转化为蛋白质，而藻类可用作饲料。螺旋藻的生产培养正日益引起人们的关注。③发酵床养猪技术。发酵床由锯末、稻糠、秸秆、猪粪等按一定比例混合并加入专用发酵微生物制剂后制作而成。猪在经微生物、酶、矿物元素处理的垫料上生长，粪尿不必清理，粪尿被垫料中的微生物分解、转化为有益物质，对环境无污染，猪舍无臭味。

第四节 农业面源污染的防治对策与措施

解决农业面源污染问题，要坚定不移发展生态农业，使农业生产中的能量和物质流动实现良性循环，实现经济和生态环境协调发展。对农业废弃物实行综合利用，实现资源化处理，可以使其对环境的不良影响减少到最小。主要对策与措施如下：

1. 推广科学施肥 施用化肥并非施得愈多愈好，农田投入养分过大，盈余部分并未起作用，而最终是进入土壤和水环境，造成土壤和水环境的污染。据有关调查研究，一般当农田氮素平衡盈余超过 20%、钾素超过 50%即会分别引起对环境的潜在威胁，因而防治重点应在化肥的减量提效上。从技术上指导农民，严格控制氮肥的使用量，平衡氮、磷、钾的比例，减少流失量。科学施肥要重点抓住以下几个环节：化肥的施肥方法、数量，要根据土壤养分含量、农作物生长期及农作物的特异性等决定，进行测土配方施肥，实现高效低耗，物尽其用。另外把农家肥和化肥混合使用，也可提高肥效，增加农作物产量，同时又能改良土壤。

2. 在农业病虫害防治方面提倡综合防治　主要包括：利用耕作、栽培、育种等农事措施来防治农作物病虫害；利用生物技术和基因技术防治农业有害生物；应用光、电、微波、超声波、辐射等物理措施来控制病虫害。但鉴于目前农药的不可替代性，在使用农药时，喷药前要仔细阅读农药使用说明书，严格按照说明书要求使用，注意自身安全，并防止二次污染。

3. 实现有机肥资源化利用、减量化处置　最大限度地将畜禽粪便与作物秸秆等有机肥料用于农业生产，并实现以沼气为纽带的畜禽粪便的多样化综合利用。另外，对规模化养殖业制定相应的法律法规，提倡"清污分流、粪尿分离"的处理方法。在粪便利用和污染治理以前，采取各种措施，削减污染物的排放总量。对作物秸秆严禁露天焚烧，进行资源化利用。

4. 加大宣传，制定法规　贯彻落实《农业法》《环境保护法》《畜禽规模养殖污染防治条例》等有关农业面源污染防治要求，并积极推动《土壤污染防治法》《耕地质量保护条例》《肥料管理条例》等出台及《农产品质量安全法》《农药管理条例》等修订工作。制定完善农业投入品生产、经营、使用，节水、节肥、节药等农业生产技术及农业面源污染监测、治理等标准和技术规范体系。依法明确农业部门的职能定位，围绕执法队伍、执法能力、执法手段等方面加强执法体系建设。切实加强管理，控制农药、化肥中对环境有长期影响的有害物质的含量，控制规模化养殖畜禽粪便的排放。加大舆论宣传力度，提高人们，特别是广大农民对面源污染的认识，引导农民科学种田、科学施肥、喷洒农药等，尽量减少由于农事活动的不科学而造成的资源浪费和环境中残余污染物的增加。建立健全面源污染的检测、研究机制，为更有效地防治提供科学的理论依据。

　　总之，农业面源污染的防治是一个社会系统工程，既有艰巨复杂性，也有长期性，更有科学性；既需要法律政策规范管理，也需要科学防治机制的研究，更需要相关的技术支撑。本书将分别针对畜禽粪便、化肥和农药这三个主要污染因素的资源化利用与科学施用所需要的相关实用技术进行较全面阐述。

第二章
畜禽粪便与秸秆的沼气
处理利用技术

第一节　沼气的概述

随着农村经济的发展和农民生活水平的提高以及沼气生产技术的逐步完善，农民发展沼气的积极性也空前高涨。近年来，由科技人员技术创新与广大农民丰富实践经验相结合，创造了南方"猪—沼—果（菜、鱼等）"生态模式和北方"四位一体"的生态模式，这些模式将种植业生产、动物养殖转化、微生物还原的生态原理运用到整个大农业生产中，促进了经济、社会、环境的协调发展，也推动了农业可持续发展战略的进行。目前，沼气建设已从单一的能源效益型，发展到以沼气为纽带，集种植业、养殖业以及农副产品加工业为一体的生态农业模式，在更大范围内为农业生产和农业生态环境展示了沼气的魅力。随着近年来粮食生产持续丰收，畜牧养殖业也得到了长足发展，为发展沼气生产奠定了物质基础。

一、沼气的概念和发展

沼气是有机物质如秸秆、杂草、人畜粪便、垃圾、污泥、工业有机废水等在厌氧的环境和一定条件下，经过种类繁多、数量巨大、功能不同的各类厌氧微生物的分解代谢而产生的一种气体，因为人们最早是在沼泽地中发现的，因此称为沼气。

沼气是一种多组分的混合气体，它的主要成分是甲烷，占体积的50%～70%；其次是二氧化碳，占体积的30%～40%；此外，还有少量的一氧化碳、氢气、氧气、硫化氢、氮气等气体组成。沼气中的甲烷、一氧化碳、氢、硫化氢是可燃气体，氧是助燃气体，二氧化碳和氮是惰性气体。未经燃烧的沼气是一种无色、有臭味、有毒、比空气轻、易扩散、难溶于水的可燃性混合气体。沼气经过充分燃烧后即变为一种无毒、无臭味、无烟尘的气体。沼气燃烧时最高温度可达 1 400 ℃，每立方米沼气热度值为 2.13 万～2.51 万焦耳，因此说沼气是一种比较理想的优质气体燃料。

沼气在自然界分布很广，凡是有水和有机物质同时存在的地方几乎都有沼气产生。如海洋、湖泊以及在日常生活中我们常见的水沟、粪坑、污泥塘等地方冒出的气泡就是沼气。

沼气中的主要气体甲烷还是大气层中产生"温室效应"的主要气体，其对全球气候变暖的贡献率达 20%～25%，仅次于二氧化碳气体。目前大气中甲烷气体的含量已达 1.73 微升/升，平均年增长率达到 0.9%，其近年来的增长率是所有温室气体中最高的。但是，甲烷气体在空气中存在的时间较短，一般只有 12 年。所以，其浓度的变化比较敏感且快速，比二氧化碳快 7.5 倍。

当空气中甲烷气体的含量占空气的 5%～15% 时，遇火会发生爆炸，而含 60% 甲烷的沼气的爆炸下限是 9%，上限是 23%。当空气中甲烷含量达 25%～30% 时，对人畜会产生一定的麻醉作用。沼气与氧气燃烧的体积比为 1∶2，在空气中完全燃烧的体积比为 1∶10，沼气不完全燃烧后产生的一氧化碳气体可以使人中毒、昏迷，严重的会危及生命。因此，在使用沼气时，一定要正确地使用沼气，避免发生事故。

沼气最早被发现于一百多年前，我国是世界上最早制取和利用沼气的国家之一，20 世纪 50 年代罗国瑞先生就在上海开办了"中华国瑞天然瓦斯全国总行"，他以此为商，编写了许多技术资料，并举办了全国性的技术培训班，就这样，人工制取沼气在我国许多地方发展起来。大规模开发利用沼气是从 20 世纪 50 年代开始的，到了 70 年代又掀起了一个高潮。进入 20 世纪 80 年代，沼气技术得到了长足发展，沼气工作者在总结过去经验教训的基础上，研究出了以"圆、小、浅"为特点的水压式沼气池，从建池材料上也由过去的以土为主，变成了混凝土现浇或砖砌水泥结构，加上密封胶的应用，使池的密封性和永固性得到根本性改变。由于人们重视科学，重视管理，因此，20世纪80年代以后所建的沼气池大多能较长时间利用。近几年来，随着科技的发展和农业特别是粮食的连年丰收，一方面促进了畜牧业的发展，发展沼气的好原料牲畜粪便增多；另一方面随着生活水平的提高，人们对卫生条件和环保的重视，加上各级政府的大力支持和发展生态农业的需要，沼气事业在全国各地得到了快速发展，目前已迎来了又一个历史发展高潮。

二、农村发展沼气的好处与用途

多年来的实践证明，农村办沼气是一举多得的好事。它能给国家、集体和农民带来许多好处，是我国农村小康社会建设的重要组成部分，也是建设生态家园的关键环节。在农村发展沼气不但可用于做饭、照明等生活方面，还可以用于农业生产中，如温室保温、烧锅炉、加工和烘烤农产品、防蛀、储备粮食、水果保鲜等。并且沼气也可发电做农机动力。在农村办沼气的好处，概括起来主要有以下几个方面。

1. 农村办沼气是解决农村燃料问题的重要途径之一　一户3~4口人的家庭，修建一口容积为6~10立方米的沼气池，只要发酵原料充足，并管理得好，就能解决照明、煮饭的问题。同时，凡是沼气办得好的地方，农户的卫生状况及居住环境大有改观，尤其是广大农村妇女通过使用沼气，从烟熏火燎的传统炊事方式中解脱了出来。另外，办沼气改变了农村传统的烧柴习惯，节约了柴草，有利于保护林草资源，促进植树造林的发展，减少水土流失，改善农业生态环境。

2. 农村办沼气可以改变农业生产条件，促进农业生产发展

（1）增加肥料　办起沼气后，过去被烧掉的大量农作物秸秆和畜禽粪便加入沼气池密闭发酵，既能产气，又沤制成了优质的有机肥料，扩大了有机肥料的来源。同时，人畜粪便、秸秆等经过沼气池密闭发酵，提高了肥效，消灭寄生虫卵等危害人们健康的病原菌。沼气办得好，有机肥料能成倍增加，带动粮食、蔬菜、瓜果连年增产，同时产品的质量也大大提高，生产成本下降。

（2）**增强作物抗旱、防冻能力，生产健康的绿色食品**　凡是施用沼肥的作物均增强了抗旱防冻的能力，提高秧苗的成活率。由于人畜粪便及秸秆经过密闭发酵后，在生产沼气的同时，还产生一定量的沼肥，沼肥中因存留丰富的氨基酸、B 族维生素、各种水解酶、某些植物激素和对病虫害有明显抑制作用的物质，对各类作物均具有促进生长、增产、抗寒、抗病虫害之功能。使用沼肥不但节省化肥、农药的施用量，也有利于生产健康的绿色产品。

（3）**有利于发展畜禽养殖**　办起沼气后，有利于解决"三料"（燃料、饲料和肥料）的矛盾，促进畜牧业的发展。

（4）**节省劳动力和资金**　办起沼气后，过去农民拣柴、运煤花费的大量劳动力就能节约下来，投入到农业生产第一线去。同时节省了买柴、买煤、买农药和化肥的资金，使办沼气的农户减少了日常的经济开支，得到实惠。

3. 有利于保护生态环境，加快实现农业生态化　据统计，全球每年因人为活动导致甲烷气体向大气中排放量多达 3.3 亿吨。农村办沼气后，把部分人、畜、禽和秸秆所产沼气收集起来并有益地利用，不但能减少向大气中的排放量，有效地减轻大气"温室效应"，保护生态环境，而且用沼气做饭、照明或作动力燃料，开动柴油机（或汽油机）用于抽水、发电、打米、磨面、粉碎饲料等效益也十分显著，深受农民欢迎。柴油机使用沼气的节油率一般为 70%～80%。用沼气作动力燃料，清洁无污染，制取方便，成本又低，既能为国家节省石油制品，又能降低作业成本，为实现农业生态化开辟了新的动力资源，是农村一项重要的能源建设，也是实现山川秀美的重要措施。

4. 农村办沼气是卫生工作的一项重大变革　消灭血吸虫病、钩虫病等寄生虫病的一项关键措施，就是搞好人、畜粪便管理。办起沼气后，人、畜粪便都投入到沼气池密闭发酵，粪便中寄生虫卵可以减少 95% 左右，农民居住的环境卫生大有改观，控制和消灭寄生虫病，为搞好农村除害灭菌工作找到了一条新的途径。

5. 利于科学技术普及推广 农村办沼气，推动了农村科学技术普及，有利于畜禽养殖粪便的无害化处理和作物秸秆有效利用，实现畜禽养殖粪便的"零排放"。

第二节 沼气的生产原理与生产方法

一、沼气发酵的原理与产生过程

沼气是有机物在厌氧条件下（隔绝空气），经过多种微生物（统称沼气细菌）的分解而产生的。沼气细菌分解有机物产出沼气的过程，叫做沼气发酵。沼气发酵是一个极其复杂的生理生化过程。沼气微生物种类繁多，目前已知的参与沼气发酵的微生物有20多个属、100多种，包括细菌、真菌、原生动物等类群，它们都是一些很小，肉眼看不见的微小生物，需要借助显微镜才能看到。生产上一般把沼气细菌分为两大类：一类细菌叫做分解菌，它的作用是将复杂的有机物，如碳水化合物、纤维素、蛋白质、脂肪等，分解成简单的有机物（如乙酸、丙酸、丁酸、脂类、醇类）和二氧化碳等；另一类细菌叫做甲烷菌，它的作用是把简单的有机物及二氧化碳氧化或还原成甲烷。沼气的产生需要经过液化、产酸、产甲烷三个阶段。

1. 液化阶段 在沼气发酵中首先是发酵性细菌群利用它所分泌的胞外酶，如纤维酶、淀粉酶、蛋白酶和脂肪酶等，对复杂的有机物进行体外酶解，也就是把畜禽粪便、作物秸秆、农副产品废液等大分子有机物分解成溶于水的单糖、氨基酸、甘油和脂肪酸等小分子化合物。这些液化产物可以进入微生物细胞，并参加微生物细胞内的生物化学反应。

2. 产酸阶段 上述液化产物进入微生物细胞后，在胞内酶的作用下，进一步转化成小分子化合物（如低级脂肪酸、醇等），其中主要是挥发酸，包括乙酸、丙酸和丁酸，乙酸最多，约占80%。

液化阶段和产酸阶段是一个连续过程，统称不产甲烷阶段。在这个过程中，不产甲烷的细菌种类繁多，数量巨大，它们的主要作用是为产甲烷提供营养和产甲烷菌创造适宜的厌氧条件，-消除部分毒物。

3. 产甲烷阶段　在此阶段中，将第二阶段的产物进一步化为甲烷和二氧化碳。在这个阶段中，产氨细菌大量活动而使氨态氮浓度增加，氧化还原势降低，为甲烷菌提供了适宜的环境，甲烷菌的数量大大增加，开始大量产生甲烷。

不产甲烷菌类群与产甲烷菌类群相互依赖、互相作用，不产甲烷菌为产甲烷菌提供了物质基础和排除毒素，产甲烷菌为不产甲烷菌消化了酸性物质，有利于更多地产生酸性物质，二者相互平衡，如果产甲烷量太小，则沼气内酸性物质积累造成发酵液酸化和中毒，如果不产甲烷菌量少，则不能为甲烷菌提供足够养料，也不可能产生足量的沼气。人工制取沼气的关键是创造一个适合于沼气微生物进行正常生命活动（包括生长、发育、繁殖、代谢等）所需要的基本条件。

从沼气发酵的全过程看，液化阶段所进行的水解反应大多需要消耗能量，而不能为微生物提供能量，所以进行比较慢，要想加快沼气发酵的进展，首先要设法加快液化阶段。原料进行预处理和增加可溶性有机物含量较多的人粪、猪粪以及嫩绿的水生植物都会加快液化的速度，促进整个发酵的进展。产酸阶段能否控制得住（特别是沼气发酵启动过程）是决定沼气微生物群体能否形成，有机物转化为沼气的进程能否保持平衡，沼气发酵能否顺利进行的关键。沼气池第一次投料时适当控制秸秆用量，保证一定数量的人畜粪便入池，以及人工调节料液的酸碱度，是控制产酸阶段的有效手段。产甲烷阶段是决定沼气产量和质量的主要环节，首先要为甲烷菌创造适宜的生活环境，促进甲烷菌旺盛成长。防止毒害，增加接种物的用量，是促进产甲烷阶段的良好措施。

二、沼气发酵的工艺类型

沼气发酵的工艺有以下几种分类方式。

1. 以发酵原料的类型分 根据农村常见的发酵原料主要分为全秸秆沼气发酵、全秸秆与人畜粪便混合沼气发酵和完全用人畜粪便沼气发酵原料 3 种。各种不同的发酵工艺，投料时原料的搭配比例和补料量不同。

（1）采用全秸秆进行沼气发酵，在投料时可一次性将原料备齐，并采用浓度较高的发酵方法。

（2）采用秸秆与人畜粪便混合发酵，则秸秆与人畜粪便的比例按重量比宜为 1∶1，在发酵进行过程中，多采用人畜粪便的补料方式。

（3）完全采用人畜粪便进行沼气发酵时，在南方农村最初投料的发酵浓度指原料的干物质重量占发酵料液重量的百分比，用公式表示为：浓度＝（干物质重量/发酵液重量）×100%，控制在 6% 左右，在北方可以达到 8%，在运行过程中采用间断补料或连续补料的方式进行沼气发酵。

2. 以投料方式分

（1）**连续发酵** 投料启动后，经过一段时间正常发酵产气后，每天或随时连续定量添加新料，排除旧料，使正常发酵能长期连续进行。这种工艺适于处理来源稳定的城市污水、工业废水和大、中型畜牧厂的粪便。

（2）**半连续发酵** 启动时一次性投入较多的发酵原料，当产气量趋向下降时，开始定期添加新料和排除旧料，以维持较稳定的产气率。目前我们的农村家用沼气池大都采用这种发酵工艺。

（3）**批量发酵** 一次投料发酵，运转期中不添加新料，当发酵周期结束后，取出旧料，再投入新料发酵，这种发酵工艺的产气不均衡。产气初期产量上升很快，维持一段时间的产气高峰，即逐渐下降，我国农村有的地方也采用这种发酵工艺。

3. 以发酵温度分

（1）**高温发酵** 发酵温度为 50～60 ℃，特点是微生物特别活跃，有机物分解消化快，产气量高（一般每天每立方米料液产气 2 立方米以上），原料滞留期短。但沼气中甲烷的含量比中温常温发酵都低，一般只有 50％左右，从原料利用的角度来讲并不合算。该方式主要适用于处理温度较高的有机废物和废水，如酒厂的酒糟废液、豆腐厂废水等，这种工艺的自身能耗较多。

（2）中温发酵　发酵温度为 30～35 ℃，特点是微生物较活跃，有机物消化较快，产气率较高（一般每天每立方米料液产气 1 立方米以上），与高温发酵相比，液化速度要慢一些，但沼气的总产量和沼气中甲烷的含量都较高，可比常温发酵产气量高 5～15 倍，从能量回收的经济观点来看，是一种较理想的发酵工艺类型。目前世界各国的大、中型沼气池普遍采用这种工艺。

（3）常温（自然温度，也叫变温）发酵　是指在自然温度下进行的沼气发酵。发酵温度基本上随气温变化而不断变化。由于我国的农村沼气池多数为地下式，因此发酵温度直接受到地温变化的影响，而地温又与气温变化密切相关。所以发酵随四季温度变化而变化，在夏天产气率较高，而在冬天产气率低。优点是沼气池结构简单，操作方便，造价低，但由于发酵温度常较低，不能满足沼气微生物的适宜活动温度，所以原料分解慢，利用率低，产气量少。我国农村采用的大多都是这种工艺。

4. 按发酵级差分

（1）单级发酵　在一个沼气池内进行发酵，农村沼气池多属于这种类型。

（2）二级发酵　在两个互相连通的沼气池内发酵。

（3）多级发酵　在多个互相连通的沼气池内发酵。

5. 二步发酵工艺　将产酸和产甲烷分别在不同的装置中进行，产气率高，沼气中的甲烷含量高。

三、影响沼气发酵的因素

沼气发酵与发酵原料、发酵浓度、沼气微生物、酸碱度、严格的厌氧环境和适宜的温度这 6 个因素有关，人工制取沼气必须适时掌握和调节好这 6 个因素。

1. 发酵原料　发酵原料是产生沼气的物质基础，只有具备充足的发酵原料才能保证沼气发酵的持续运行。目前农村用于沼气发酵的原料十分丰富，数量巨大，主要是各种有机废弃物，如农作物秸秆、畜禽粪便、人粪尿、水浮莲、树叶杂草等。用不同的原料发酵时要注意碳、氮元素的配比，一般碳氮比（C/N）在(20～30)：1时最合适。高于或低于这个比值，发酵就会受到影响，所以在发酵前应对发酵原料进行配比，使碳氮比在这个范围之中。同时，不是所有的植物都可作为沼气发酵原料。例如桃叶、百部、马钱子果、皮皂皮、元江金光菊、元江黄芩、大蒜、植物生物碱、地衣酸金属化合物、盐类和刚消过毒的畜禽粪便等，都不能进入沼气池。它们对沼气发酵有较大的抑制作用，故不能作为沼气发酵原料。

由于各种原料所含有机物成分不同，它们的产气率也是不相同的。根据原料中所含碳素和氮素的比值不同，可把沼气发酵原料分为以下类型。

（1）富氮原料 人、畜和家禽粪便为富氮原料，一般碳氮比（C/N）都小于 25：1，这类原料是农村沼气发酵的主要原料，其特点是发酵周期短，分解和产气速度快，但这类原料单位发酵原料的总产气量较低。

（2）富碳原料 在农村主要指农作物秸秆，这类原料一般碳氮比（C/N）都较高，在 30：1 以上，其特点是原料分解速度慢，发酵产气周期长，但单位原料总产气量较高。

另外，还有其他类型的发酵原料，如城市有机废物、大中型农副产品加工废水和水生植物等。

根据测试结果显示，玉米秸秆的产气潜力最大，稻麦草和人粪次之，牛马粪、鸡粪产气潜力较小。各种原料的产气速度、分解有机物的速度也是各不相同的。猪粪、马粪、青草 20 天产气量可达总产气量的 80% 以上，60 天结束；作物秸秆一般要 30 天以上的产气量才能达到总产气量的 80% 左右，60 天达到 90%以上。

农村常用原料的含水量碳氮比和产气率见表 2-1：

表 2-1　常用发酵原料的构成与效能

发酵原料	含水量 （%）	碳素比重 （%）	氮素比重 （%）	碳氮比 （C/N）	产气率 （米³/千克）
干麦秸	18.0	46.0	0.53	87：1	0.27～0.45
干稻草	17.0	42.0	0.63	67：1	0.24～0.40
玉米秸	20.0	40.0	0.75	53：1	0.3～0.5
落叶		41.0	1.00	41：1	
大豆茎		41.0	1.30	32：1	
野草	76.0	14.0	0.54	27：1	0.26～0.44
鲜羊粪		16.0	0.55	29：1	
鲜牛粪	83.0	7.3	0.29	25：1	0.18～0.30
鲜马粪	78.0	10.0	0.42	24：1	0.20～0.34
鲜猪粪	82.0	7.8	0.60	13.：1	0.25～0.42
鲜人粪	80.0	2.5	0.85	2.9：1	0.26～0.43
鲜人尿	99.6	0.4	0.93	0.43：1	
鲜鸡粪	70.0	35.7	3.70	9.7：1	0.3～0.49

在农村以人、畜粪便为发酵原料时，其发酵原料提供量可根据下列参数计算，一般来说，一个成年人一年可排粪尿 600 千克左右，畜禽粪便的排泄量如下：猪（体重 40～50 千克）的粪排泄量为 2.0～2.5 千克/（天·头）；牛的粪排泄量为 18～20 千克/（天·头）；鸡的粪排泄量为 0.1～0.2 千克/（天·只）；羊的粪排泄量为 2 千克/（天·头）。

农村最主要的发酵原料是人畜粪便和秸秆，人畜粪便不需要进行预处理。而农作物秸秆由于难以消化，必须预先经过堆沤才有利于沼气发酵。在北方由于气温低，宜采用坑式堆沤：首先将秸秆铡成 3 厘米左右，踩紧堆成 30 厘米厚左右，泼 2% 的石灰澄清液并加 10% 的粪水（即 100 千克秸秆，用 2 千克石灰澄清液，10 千克粪水）。照此方法铺 3～4 层，堆好后用是塑料薄膜覆盖，堆沤半月左右，便可作发酵原料。

在南方由于气温较高，用上述方法直接将秸秆堆沤在地上即可。

2. 发酵浓度 除了上述原料种类对沼气发酵的影响外，发酵原料的浓度对沼气发酵也有较大影响。发酵原料的浓度高低在一定程度上表示沼气微生物营养物质丰富与否。浓度越高表示营养越丰富，沼气微生物的生命活动也越旺盛。在生产实际应用中，可以产生沼气的浓度范围很广，从 2％～30％的浓度都可以进行沼气发酵，但一般农村常温发酵池发酵料浓度以 6％～10％为好，人、畜和家禽粪便为发酵原料时料浓度可以控制在 6％左右；以秸秆为发酵原料时料浓度可以控制在 10％左右。另外，根据实际经验，夏天以 6％的浓度产气量最高，冬季以 10％的浓度产气量最高。这就是通常说的夏天浓度稀一点好，冬天浓度稠一点好。

3. 沼气微生物 沼气发酵必须有足够的沼气微生物接种，接种物是沼气发酵初期所需要的微生物菌种，接种物来源于阴沟污泥或老沼气池沼渣、沼液等。也可人工制备接种物，方法是将老沼气池的发酵液添加一定数量的人、畜粪便。比如，要制备 500 千克发酵接种物，一般添加 200 千克的沼气发酵液和 300 千克的人畜粪便混合，堆沤在不渗水的坑里并用塑料薄膜密闭封口，1 周后即可作为接种物。如果没有沼气发酵液，可以用农村较为肥沃的阴沟污泥 250 千克，添加 250 千克人、畜粪便混合堆沤 1 周左右即可；如果没有污泥，可直接用人、畜粪便千克 500 千克进行密闭堆沤，10 天后便可作沼气发酵接种物。一般接种物的用量应达到发酵原料的20％～30％。

4. 酸碱度 发酵料的酸碱度也是影响发酵重要因素，沼气池适宜的酸碱度（即 pH）为 6.5～7.5，过高过低都会影响沼气池内微生物的活性。在正常情况下，沼气发酵的 pH 有一个自然平衡过程，一般不需调节，但在配料不当或其他原因而出现池内挥发酸大量积累，导致 pH 下降，俗称酸化，这时便可采用以下措施进行调节。

（1）如果是因为发酵料液浓度过高，可让其自然调节并停止向池内进料。

（2）可以加一些草木灰或适量的氨水，氨水的浓度控制在5％左右（即100千克氨水中，95千克水，5千克氨水），并注意发酵液充分搅拌均匀。

（3）用石灰水调节。用此方法，尤其要注意逐渐加石灰水，先用2％的石灰水澄清液与发酵液充分搅拌均匀，测定pH，如果pH还偏低，则适当增加石灰水澄清液，充分混匀，直到pH达到要求为止。

发酵料的酸碱度可用pH试纸来测定，将这种试纸条在沼液里浸一下，将浸过的纸条与测试酸碱度的标准纸条比较，浸过沼液的纸条上的颜色与标准纸上的颜色一致的便是沼气池料液的酸碱度数值，即pH。

5. 严格的厌氧环境　沼气发酵一定要在密封的容器中进行，避免与空气中的氧气接触，要创造一个严格的厌氧环境。

6. 适宜的温度　发酵温度对产气率的影响较大，农村变温发酵方式沼气池的适宜发酵温度为15～25℃。为了提高产气率，农村沼气池在冬季应尽可能提高发酵温度。可采用覆盖秸秆保温、塑料大棚增温和增加高温性发酵料增温等措施。

另外，要提高沼气池的产气量，除要掌握和调节好以上6个因素外，还需在沼气发酵过程中对发酵液进行搅拌，使发酵液分布均匀，增加微生物与原料的接触面，加快发酵速度，提高产气量，在农村简易的搅拌方式主要有以下3种。

一是机械搅拌：用适合各种池型的机械搅拌器对料液进行搅拌，对搅拌发酵液有一定效果。

二是液体回流搅拌：从沼气池的出料间将发酵液抽出，然后又从进料管注入沼气池内，产生较强的料液回流以达到搅拌和菌种回流的目的。

三是简单震动搅拌：用一根前端略带弯曲的竹竿每日从进出料间向池底震荡数十次，以震动的方式进行搅拌。

四、沼气池的类型

懂得了沼气发酵的原理，就可以在人工控制下利用沼气微生物来制取沼气，为人类的生产、生活服务。人工制取沼气的首要条件就是要有一个合格的发酵装置。这种装置，目前我国统称为沼气池。沼气池的形状类型很多，形式不一，根据各自的特点，将其分为以下几类。

1. 按贮气方式分　可分为水压式沼气池、浮罩式沼气池及袋式沼气池。

（1）水压式沼气池　水压式沼气池又分为侧水压式、顶水压式和分离水压式。

水压式沼气池是目前我国推广数量最大、种类最多的沼气池，其工作原理是池内装入发酵原料（约占池容量的 80% 左右），以料液表面为界限，上部为贮气间，下部为发酵间。当沼气池产气时，沼气集中于贮气间内，随着沼气的增多，容积不断增大，此时沼气压迫发酵间内发酵液进入水压间。当用气时，贮气间的沼气被放出，此时，水压间内的料液进入发酵间。如此"气压水、水压气"反复进行，因此称之为水压式沼气池。

水压式沼气池结构简单、施工方便，各种建筑材料均可使用，取料容易、价格较低，比较适合我国的农村经济水平。但水压式沼气池气压不稳定，对发酵有一定的影响，且水压间较大，冬季不易保温，压力波动较大，对抗渗漏要求严格。

（2）浮罩式沼气池　浮罩式沼气池又分为顶浮罩式和分离浮罩式。

浮罩式沼气池是把水压式沼气池的贮气间单独建造分离出来，即沼气池所产生的沼气被一个浮沉式的气罩贮存起来，沼气池本身只起发酵间的作用。

浮罩式沼气池压力稳定，便于沼气发酵及使用，对抗渗漏性要求较低，但其造价较高，在大部分农村有一定的经济局限性。

（3）袋式沼气池　如河南省研制推广的全塑及半塑沼气池等。

袋式沼气池成本低，进出料容易，便于利用阳光增温，提高产气率，但其使用寿命较短，年使用期短，气压低，对燃烧有不利的影响。

2. 按发酵池的几何形状分　可分为圆筒形池、球形池、椭球形池、长方形池、方形池、纺锤形池、拱形池等。

圆形或近似于圆形的沼气池与长方形池比较，具有以下优点：①相同容积的沼气池，圆形比长方形的表面积小，省工、省料。②圆形池受力均匀，池体牢固，同一容积的沼气池，在相同荷载作用下，圆形池比长方形池的池墙厚度小。③圆形沼气池的内壁没有直角，容易解决密封问题。

球形水压式沼气池具有结构合理，整体性好，表面积小，省工省料等优点，因此，球形水压式沼气池已从沿海河网地带，发展到其他地区，推广面逐步扩大。其中，球形 A 型，适用于地下水位较低地方，其特点是，在不打开活动盖的情况下，可经出料管提取沉渣，方便管理，节省劳力。球形 B 型占地少，整体性好，因此在土质差、水位高的情况下，具有不断裂、抗浮力强等特点。

椭球形池是近年来发展的新池型，具有埋置深度浅、受力性能好、适应性能广、施工和管理方便等特点。其中，A 型池体由椭圆曲线绕短轴旋转而形成的旋转椭球壳体形，亦称扁球形。埋置深度浅，发酵底面大，一般土质均可选用。B 型池体由椭圆曲线绕长轴旋转而形成的旋转椭球壳体形，似蛋，亦称蛋形。埋置深度浅，便于搅拌和进出料，适应狭长地面建池。

目前我国农村家用沼气池除江苏、浙江采用球形池外大多数是圆形池，中型沼气池除采用圆形池外，拱形沼气池也正在逐步推广应用。

3. 按建池材料分　可分为砖结构池、石结构池、混凝土池、钢筋混凝土池、钢丝网水泥池、钢结构池、塑料或橡胶池、抗碱玻璃纤维水泥池等。

4. 按埋伏的位置分　可分为地上式沼气池、半埋式沼气池、地下式沼气池。

多年的实践证明，在我国农村建造家用沼气池一般为水压式、圆筒形池、地下式池，平原地区多采用砖水泥结构池或混凝土浇筑池。

五、沼气池的建造

农村家用沼气池是生产和贮存的装置，它的质量好坏，结构和布局是否合理，直接关系到能否产好、用好、管好沼气。因此，修建沼气池要做到设计合理，构造简单，施工方便，坚固耐用，造价低廉。

有些地方由于缺乏经验，对于建池质量注意不够，以致池子建成后漏气、漏水，不能正常使用而成为"病态池"；有的沼气池容积过大、过深，有效利用率低，出料也不方便。根据多年来的实践经验，在沼气池的建造布局上，南方多采用"三结合"（厕所、猪圈、沼气池），北方多采用"四位一体"（厕所、猪圈、沼气池、太阳能温棚）方式，有利于提高综合效益。

由于北方冬季寒冷的气候使沼气池运行较困难，并且易造成池体损坏，沼气技术难以推广。广大科技人员通过技术创新和实践，根据北方冬季寒冷的特定环境下创建北方"四位一体"生态模式，既沼气、猪圈、厕所、太阳能温棚四者修在一起，它的主要好处是：①人、畜粪便能自动流入沼气池，有利于粪便管理。②猪圈设置在太阳能温棚内，冬季使圈舍温度提高 3～5 ℃，为猪提供了适宜的生长条件，缩短了生猪育肥期。③猪圈下的沼气池由于太阳能温棚而增温、保温，解决了北方地区在寒冷冬季产气难、池子易冻裂的技术问题，年总产气量与太阳能温棚的沼气池相比提高 20%～30%。④高效有机肥（沼肥）增加 60% 以上，猪呼出的 CO_2，使太阳能温棚内 CO_2 的浓度提高，有助于温棚内农作物的生长，既增产，又优质。

（一）建造沼气池的基本要求

不论建造哪种形式、哪种工艺的沼气池，都要符合以下基本要求：

（1）严格密闭　保证沼气微生物所要求的严格厌氧环境，使发酵能顺利进行，能够有效地收集沼气。

（2）结构合理　能够满足发酵工艺的要求，保持良好的发酵条件，管理操作方便。

（3）坚固耐用　沼气池要坚固耐用，建造施工及维修保养方便。

（4）安全实用　沼气池一定要保障安全、卫生、实用、美观。

（二）建造沼气池的标准

怎样修建沼气池，修建沼气池使用什么材料，沼气池建好后怎么判断它的质量是否符合使用要求，这些问题需要在下面的国家标准中找到答案，即：

GB4750 农村家用水压式沼气池标准图集；

GB4751 农村家用水压式沼气池质量验收标准；

GB4752 农村家用水压式沼气池施工操作规程；

GB7637 农村家用沼气管路施工安装操作规程；

GB9958 农村家用沼气发酵工艺规程；

GB7959 粪便无害化卫生标准。

还可以参考 DB21/T—835—94 北方农村能源生态模式标准。修建沼气池不同于修建民用住房，有一些要求，所以国家专门发布了有关技术标准（包括土建工程中相关的国家标准），来保证沼气池的建造质量。如果建池质量不符合要求或者因为建池地基处理不适当，会使沼气池漏水、漏气，不能正常工作，则需要检查出毛病，进行修补，费时费力。

我国沼气技术推广部门已形成了一个网络，各省（自治区、直辖市）、市、县有专门的机构负责沼气的推广工作，有的地区乡镇、村都有沼气技术员负责沼气的推广工作，如果想要修建沼气池，可以找当地农村能源办公室（有的地方叫沼气办公室），因为他们是经过专门的技术培训，经考核并获资格证书，故修建的沼气池质量可以得到保证。

（三）沼气池容积大小的确定

沼气池容积的大小（一般指有效容积，即主池的净容积），应该根据发酵原料的数量和用气量等因素来确定，同时要考虑到沼肥的用量及用途。

在农村，按每人每天平均用气量 0.3～0.4 立方米，一个 4 口人的家庭，每天煮饭、照明需用沼气 1.5 立方米左右。如果使用质量好的沼气灯和沼气灶，耗气量还可以减少。

根据科学试验和各地的实践，一般要求平均按一头猪的粪便量（约 5 千克）入池发酵，即规划建造 1 立方米的有效容积估算。池容积可根据当地的气温、发酵原料来源等情况具体规划。北方地区冬季寒冷，产气量比南方低，一般家用池选择 8 立方米或 10 立方米；南方地区，家用池选择 6 立方米左右。按照这个标准修建的沼气池，管理得好，春、夏、秋三季所产生的沼气，除供煮饭、烧水、照明外还可有余，冬季气温下降，产气减少，仍可保证煮饭的需要。如果有养殖规模，粪便量大或有更多的用气量要求可建造较大的沼气池，池容积可扩大到 15～20 立方米。如果仍不能满足要求或需要，就要考虑建多个池。

有的人认为，"沼气池修的越大，产气越多"，这种看法是片面的。实践证明，有气无气在于"建"（建池），气多气少在于"管"（管理）。大沼气池容积虽大，如果发酵原料不足，科学管理措施跟不上，产气还不如小池子。但是也不能单纯考虑管理方便，把沼气池修的很小，因为容积过小，影响沼气池蓄肥、造肥的功能，这也是不合理的。

（四）水压式、圆筒形沼气池的建造工艺

目前国内农村推广使用最为广泛的为水压式沼气池，这种沼气池主要由发酵间、贮气间、进料管、水压间、活动盖、导气管 6 个主要部分组成。它们相互连通组成一体。其沼气池结构示意如图 2-1。

发酵间与贮气间为一整体，下部装发酵原料的部分称为发酵间，上部贮存沼气的部分称为贮气间，这两部分称为主池。进料管插入主池中下部，作为平时进料用。水压间的作用一是起着存放从主池挤压出来的料液的作用；二是用气时起者将沼气压出的作用。

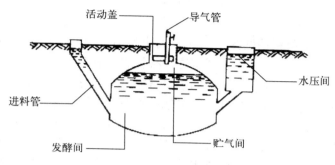

图 2-1　农村家用沼气池示意图

活动盖设置在沼气池顶部，是操作人员进出沼气的通道，平时作为大换料的进出料孔。

沼气池的工作原理：当池内产生沼气时，贮气间内的沼气不断增多，压力不断提高，迫使主池内液面下降，挤压出一部分料液到水压间内，水压间液面上升与池内液面形成水位差，使池内沼气产生压力。当人们打开炉灶开关用气时，沼气池内的压力逐渐下降，水压间料液不断流回主池，液面差逐渐减小。压力也随之减小。当沼气池内液面与水压间液面高度相同时，池内压力就等于零。

1. 修建沼气池的步骤

（1）查看地形，确定沼气池修建的位置。

（2）拟订施工方案，绘制施工图纸。

（3）准备施工材料。

（4）放线。

（5）挖土方。

（6）支模（外模和内模）。

（7）混凝土浇捣，或砖砌筑，或预制砼大板组装。

（8）养护。

（9）拆模。

（10）回填土。

（11）密封层施工。

（12）输配气管件、灯、灶具安装。

（13）试压，验收。

2. 建池材料的选择 农村户用小型沼气池，常用的建池材料是砖、沙、石子、水泥。现将这些材料的一般性质介绍如下。

（1）水泥 水泥是建池的主要材料，也是池体产生结构强度的主材料。了解水泥的特性，正确使用水泥，是保证建池质量的重要环节。常见的水泥有普通硅酸盐水泥和矿渣硅酸盐水泥两种。普通硅酸盐水泥早期强度高，低温环境中凝结快，稳定性、耐冻性较好，但耐碱性能较差，矿渣水泥耐酸碱性能优于普通水泥，但早期强度低，凝结慢，不宜在低温环境中施工，耐冻性差，所以建池一般应选用普通水泥，而不宜用矿渣水泥。

水泥的标号，是以水泥的强度来定的。水泥强度是指每平方厘米能承受的最大压力。普通水泥常用标号有225、325、425、525（分别相当于原来的300号、400号、500号、600号），修建沼气池要求325号以上的水泥。

（2）沙、石 是混凝土的填充骨料。沙的容量为1 500～1 600千克/米^3，按粒径的大小，可以分为粗沙、中沙、细沙。建池需选用中沙和粗沙，一般不采用细沙。碎石一般容量为1 400～1 500千克/米^3，按照施工要求，混凝土中的石子粒径不能大于构件厚度的1/3，建池用碎石最大粒径不得超过2厘米为宜。

（3）砖的选择 砖的外形一般为24厘米×11.5厘米×5.3厘米，砖每立方米容重为1 600～1 800千克，建池一般选用75号以上的机制砖。（目前沼气池的施工完全采用水泥混凝土浇筑，砖只用来搭模用，要求表面平滑即可。）

3. 施工工艺 沼气池的施工工艺大体可分为3种：一是整体浇筑；二是砌体砌筑；三是混合施工。

（1）整体浇筑 整体浇筑是从下列上，在现场用混凝土浇成。这种池子整体性能好，强度高，适合在无地下水的地方建池。混凝土浇筑可采用砖模、木模、钢模均可。

（2）砌体砌筑 砌体砌筑是用砖、水泥预制或料石一块一块拼砌起来。这种施工工艺适应性强，各类基地都可以采用。�体可以实行工厂化生产，易于实现规格化、标准化、系列化批量生产；实行配套供应，可以节省材料、降低成本。

（3）混合施工　混合施工是砍体砌筑与现浇施工相结合的施工方法。如池底、池墙用混凝土浇筑，拱顶用砖砌；池底浇筑，池墙砖砌，拱顶支模浇筑等。

为方便于初学者容易理解，在此重点介绍一种 10 立方米水泥混凝土现场浇筑沼气池的施工过程。

沼气池的修建应选择背风向阳，土质坚实，沼气池与猪圈厕所相结合的适当位置。

首先，在选好的建池位置，以 1.9 米为半径画圆，垂直下挖 1.4 米，圆心不变，将半径缩小到 1.5 米再画圆，然后再垂直下挖 1 米即为池墙高度。池底要求周围高、中间低，做成锅底形。同时将出料口处挖开，出料口的长、宽、高不能小于 0.6 米，以便于进、出人。最后沿池底周围挖出下圈梁（高、宽各 0.05 米）。池底挖好后即可进行浇筑，建一个 10 立方米的沼气池约需沙子 2 立方米、石子 2 立方米、水泥 2 120 千克、砖 500 块（搭模用）。配制 150 号混凝土，在挖好的池底上铺垫厚度 0.05 米的混凝土，充分拍实。表面抹 1∶2 的水泥沙灰，厚度 0.005 米。

其次，池底浇筑好，人可稍事休息，然后在池底表面覆盖一层塑料布，周围留出池墙厚度 0.05 米，塑料布上填土，使池底保持平面。池墙的浇筑方法是以墙土壁做外模、砖做内模，砖与土墙之间留 0.05 米的空隙，填 150 号混凝土边填边捣实。出料口以上至圈梁部位池墙高 0.4 米、厚 0.2 米，浇筑时接口处要加入钢筋。进料管可采用内径 20 厘米的缸瓦管或水泥管。进料管距池底 0.2～0.5 米，可以直插也可以斜插。但与拱顶接口处一定要严格密封。

第三，拱顶的浇筑采用培制土模的方法。先在池墙周围用砖摆成高 0.9 米的花砖，池中心用砖摆成直径 0.5 米、高 1.4 米圆筒，然后用木椽搭成伞状，木椽上铺玉米秸或麦草，填土培成馒头形状，土模表面要拍平拍实。配制 200 号混凝土，浇筑时先在土模表面抹一层湿沙做隔离层，以便于拆模，浇筑厚度 0.05 米。拱顶浇筑完后，将导气管一端用纸团塞住并插入拱顶，导气管应选用内径 8～10 毫米的铜管。

第四，水压间的施工同样采用砖模，水压间长 1.4 米、宽 0.8 米、深 0.9 米，容积约 1 立方米，水压箱上方约 0.1 米处留出溢流孔，用塑料管接通到猪舍外的储粪池内。

至此，沼气池第一期工程进入保养阶段。采用硅酸盐水泥拌制混凝土需连续潮湿养护七昼夜。

第五，池内装修。沼气池养护好后，从水压间和出料口处开始拆掉砖模，清理池内杂物，按七层密封方法（三灰四浆）进行池内装修。为达到曲流布料的目的，池内设置分流板两块，每块长 0.7 米、宽 0.3 米、厚 0.03 米，可事先预制好，也可以用砖砌。分流板距进料口 0.4 米，两块分流板之间的距离为 0.06 米、夹角 120°，用水泥沙灰固定在池底。池内装修完后，养护 5～7 天，即可进行试水、试气。

4. 试水试气检查质量　除了在施工过程，对每道工序和施工的部分要按相关标准中规定的技术要求检查外，池体完工后，应对沼气池各部分的几何尺寸进行复查，池体内表面应无蜂窝、麻面、裂纹、砂眼和空隙，无渗水痕迹等明显缺陷，粉刷层不得有空壳或脱落。在使用前还要对沼气池进行检查，最基本和最主要的检查是看沼气池有没有漏水、漏气现象。检查的方法有两种：一种是水试压法，另一种是气试压法。

（1）水试压法　即向池内注水，水面至进出料管封口线水位时可停止加水，待池体湿透后标记水位线，观察 12 小时。当水位无明显变化时，表明发酵间进出料管水位线以下不漏水，才可进行试压。

试压前，安装好活动盖，用泥和水密封好，在沼气出气管上接上气压表后继续向池内加水，当气压表水柱差达到 10 千帕（1000 毫米水柱）时，停止加水，记录水位高度，稳压 24 小时，如果气压表水柱差下降在 0.3 千帕（300 毫米水柱）内，符合沼气池抗渗性能。

（2）气试压法　第一步与水试压法相同。在确定池子不漏水之后，将进、出料管口及活动盖严格密封，装上气压表，向池内充气，当气压表压力升至 8 千帕时停止充气，并关好开关。稳压观察 24 小时，若气压表水柱差下降在 0.24 千帕以内，沼气池符合抗渗性能要求。

（五）户用沼气池建造与启动管理技术要点

怎样建好、管好和用好沼气池是当前推广和应用沼气的关键环节。现根据多年基层工作实践提出如下建造与启动管理技术要点。

1. 沼气池建造技术要点　沼气池的建造方式很多，要根据国家标准结合当地气候条件和生产条件建造，关键技术要注意以下几点：

（1）选址　沼气池的选址与建设质量和使用效果有很大关系，如果池址选择不当，对池体寿命和以后的正常运行、管理以及使用效果造成影响。一般要选择在院内厕所和养殖圈的下方，利于"一池三改"，并且要求土质坚实，底部没有地窖、渗井、虚土等隐患，距厨房要近。

（2）池容积的确定　户用沼气池由于采用常温发酵方式，冬季温度低产气量小，要以冬季保证满足能做三顿饭和照明取暖为基本目标，根据当地气候条件与采取的一般保温措施相结合来确定建池容积大小，通过近年实践，豫北地区以 10～15 立方米大小为宜。

（3）主体要求　一般要求主体高 1.25～1.5 米，拱曲率半径为直径的 0.65～0.75 倍。另外还要求底部为锅底形。

（4）留天窗口并加盖活动盖　无论何种类型及结构的沼气池，均应采用留天窗口并加盖活动盖的建造方式，否则将会给管理应用带来很多不便，甚至影响到池的使用寿命。天窗口一般要留在沼气池顶部中间，直径 60～70 厘米，活动口盖应在地表 30 厘米以下，以防冬季受冻结冰。

（5）对进料管与出料口的要求　进料管与出料口要求对称建

造，进料管直径不小于 30 厘米，管径太细容易产生进料堵塞和气压大时喷料现象；出料口一般要求月牙槽式底层出料方式，月牙槽高 60～70 厘米，宽 50 厘米左右。

（6）水压间　户用沼气池不能太小，小了池内沼气压力不实，要求水压间应根据池容积而定，其大小容积一般是主体容积×0.3÷2，即建一个 10 立方米的沼气池，水压间容积应为 10×0.3÷2=1.5 立方米。

（7）密封剂　沼气池密封涂料是保证沼气池质量的一项必不可少的重要材料，必须按要求足量使用密封涂料。要求选用正规厂家生产的密封胶，同时要求密封剂要具备密封和防腐蚀两种功能。

（8）持证上岗，规范施工　沼气生产属特殊工程，需要由国家"沼气工"持证人员按要求建池，才能够保证结构合理，质量可靠，应用效果好。不能够为省钱，图方便，私自乱建，否则容易走弯路，劳民伤财。

2. 沼气池的启动与管理技术　沼气池建好后必须首先试水、试气，检查质量合格后，才能启动使用。

（1）对原料的要求　新建沼气池最好选用牛、马粪作为启动原料，牛、马粪适当掺些猪粪或人粪便也可，但不能直接用鸡粪启动。牛、马粪原料要在地上盖塑料膜，高温堆沤 5～7 天，然后按池容积 80%的总量配制启动料液，料液浓度以 10%左右为宜，同时还要添加适量的坑塘污泥或老沼气池底部的沉渣作为发酵菌种同时启动。

（2）对温度要求　沼气池启动温度最好在 20～60 ℃，温度低于 10 ℃就无法启动了。所以户用沼气池一般不要在冬季气温低时启动，否则会使料液酸化变质，很难启动成功。

（3）对料液酸碱度的要求　沼气菌适用于在中性或微碱性环境中启动，过酸过碱均不利于启动产气。所以，料液要保持中性，即 pH 在 7 左右。

（4）投料后管理　进料 3～5 天后，观察有气泡产生，要密封沼气池，当气压表指针到 4 时，先放一次气，当指针恢复到 4 时，可进行试火，试火时先点火柴，再打开开关，在沼气灶上试火。如果点不着，继续放掉杂气，等气压表再达到 4 时，再点火，当气体中甲烷含量达到 30％以上时，就能点着火了，说明沼气池开始正常工作了。

（5）正常管理 沼气池正常运行后，第一个月内，每天从水压间提料液 3～5 桶，再从进料管处倒进沼气内，使池内料液循环流动，这段时间一般不用添加新料。待沼气产气高峰过后，一般过两个月后，要定期进料出料，原则上出多少进多少，平常不要大进大出。在寒冷季节到来前即每年的 11 月，可进行大换料一次，要换掉料液的 50％～60％，以保证冬季多产气。

另外还要勤搅拌，可扩大原料和细菌的接触面积，打破上层结壳，使池内温度平衡。

（6）采取覆盖保温措施 冬季气温低，要保证正常产气就要注意沼气池上部采取覆盖保温措施，可在上部覆盖秸秆或搭塑料薄膜暖棚。

（7）注意事项 沼气池可以进猪、牛、鸡、羊等畜禽粪便和人粪尿，要严禁洗涤剂、电池、杀菌剂类农药、消毒剂和一些辛辣蔬菜老梗等物质进入，以免影响发酵产气。

六、输气管道的选择与输气管道的安装

沼气输气管道的基本要求：一是要保证沼气池的沼气能够顺利、安全经济地输出；二是输出的沼气要能够满足燃具的工作要求，要有一定的流量和一定的压力。输气导管内径的大小，要根据池子的容积、用气距离和用途来决定。如沼气池容积大，用气量大，用气距离较远则输气导管的内径应当大一些。一般农户使用的沼气池输气导管的内径以 0.8～1 厘米为宜。管径小于 0.8厘米沿程阻力较大，当压力小于灶具（灯具）的额定压力时燃烧效果就差。目前农村使用的输气管，主要是聚氯乙烯塑料管。输气管道分地下和地上两部分，地下部分可采用直径 20 毫米的硬质塑料管，埋设深度应在当地冻土层以下，以利于保温和抗老化。室

内部分可采用 8～10 毫米的软质塑料管。沼气池距离使用地点应在 30 米以内。由于冬季气温较低，沼气容易冷凝成水，阻塞导气管，因此应在输气管道的最低处接一放水开关，及时将导管内的积水排除。

（一）输气管道的布置原则与方法

（1）沼气池至灶前的管道长度一般不应超过 30 米。

（2）当用户有两个沼气池时，从每个沼气池可以单独引出沼气管道，平行敷设，也可以用三通将两个沼气池的引出管接到一个总的输气管上再接向室内（总管内径要大于支管内径）。

（3）庭院管道一般应采取地下敷设，当地下敷设有困难时亦可采用沿墙或架空敷设，但高度不得低于 2.5 米。

（4）地下管道埋设深度南方应在 0.5 米以下，北方应在冻土层以下。所有埋地管道均应外加硬质套管（铁管、竹管等）或砖砌沟槽，以免压毁输气管。

（5）管道敷设应有坡度，一般坡度为 1‰左右。布线时使管道的坡度与地形相适应，在管道的最低点应安装气水分离器。如果地形较平坦，则应将庭院管道坡向沼气池。

（6）管道拐弯处不要太急，拐角一般不应小于 120°。

（二）检查输气管路是否漏气的方法

输气管道安装后还应检查输气管路是否漏气，方法是将连接灶具的一端输气管拔下，把输气管接灶具的一端用手堵严，沼气池气箱出口一端管子拔开，向输气管内吹气或打气，U 形压力表水柱达 30 厘米以上，迅速关闭沼气池输送到灶具的管路之间的开关，观察压力是否下降，2～3 分钟后压力不下降，则输气管不漏气，反之则漏气。

（三）注意安装气水分离器和脱硫器

沼气灶具燃烧时输气管里有水泡声，或沼气灯点燃后经常出现一闪一闪的现象，这种情况的原因是沼气中的水蒸气在管内凝积或在出料时因造成负压，将压力表内的水倒吸入输气导管内，严重时，灯、灶具会点不着火。在输气管道的最低处安装一个水气分离器就可解决这个问题。

由于沼气中含有以硫化氢为主的有害物质，在作为燃料燃烧时会危害人体健康，并对管道阀门及应用设备有较强的腐蚀作用。目前，国内大部分用户均未安装脱硫器，已造成严重后果。为减轻硫化氢对灶具及配套用具的腐蚀损害，延长设备使用寿命，保证人身体健康，必须安装脱硫器。

目前脱硫的方法有湿法脱硫和干法脱硫两种。干法脱硫具有工艺简单、成熟可靠、造价低等优点，并能达到较好的净化程度。当前家用沼气脱硫基本上采用这个方法。

干法脱硫上是应用脱硫剂脱硫，脱硫剂有活性炭、氧化锌、氧化锰、分子筛及氧化铁等，从运转时间、使用温度、公害、价格等综合考虑，目前采用最多的脱硫剂是氧化铁（Fe_2O_3）。

简易的脱硫器材料可选玻璃管式、硬塑料管式均可，但不能漏气。

七、沼气灶具、灯具的安装及使用

1. 沼气灶的构造　沼气灶一般由喷射器（喷嘴）、混合器、燃烧器3部分组成。喷射器起喷射沼气的作用。当沼气以最快的速度从喷嘴射出时，引起喷嘴周围的空气形成低压区，在喷射的沼气气流的作用下，周围的空气被沼气气流带入混合器。混合器的作用是使沼气和空气能充分的混合，并有降低高速喷入的混合气体压力的作用。燃烧器由混合器分配燃烧火孔两部分构成。分配室使用沼气和空气进一步混合，并起稳压作用。燃烧火孔是沼气燃烧的主要部位，火孔的分布均匀，孔数要多些。

2. 沼气灯的结构　沼气灯是利用沼气燃烧使纱罩发光的一种灯具。正常情况下，它的亮度相当于60～100瓦的电灯。

沼气灯由沼气喷管、气体混合室、耐火泥头、纱罩、玻璃灯罩等部分构成。沼气灯的使用方法：沼气灯接上耐火泥头后，先不套纱罩，直接在泥头上点火试烧。如果火苗呈淡蓝色，而且均匀地从耐火泥头喷出来，火焰不离开泥头，表明灯的性能良好。关掉沼气开关，等泥头冷却后绑好纱罩，即可正常使用。新安装的沼气灯第一次点火时，要等沼气池内压力达到 784.5 帕（80 厘米水柱）时再点。新纱罩点燃后，通过调节空气配比，或从底部向纱罩微微吹气，使光亮度达到白炽。

在日常使用沼气灯时还应注意以下两点：一是在点灯时切不可打开开关后迟迟不点，这会使大量的沼气跑到纱罩外面，一旦点燃易烧伤人手，严重的还会烧伤人的面部。二是因损坏而拆换下来的纱罩要小心处理，燃烧后的纱罩含有二氧化钍，是有毒的。手上如果沾到纱罩灰粉要及时洗净，不要弄到眼睛里或沾到食物上误食中毒。

八、沼气池的管理与应用

沼气池建好并经过试水试气检查质量合格后，就可正常使用了。

(一) 沼气发酵原料的配置

农村沼气发酵种类根据原料和进料方式，常采用以秸秆为主的一次性投料和以禽畜粪便为主的连续进料两种发酵方式。

1. 以禽畜粪便为主的连续进料发酵方式　在我国农村一般的家庭宜修建 10 立方米水压式沼气池，发酵有效容积约 8.5 立方米。由于不同种类畜禽粪便的干物质含量不同，现以猪粪为例计算如何配置沼气发酵原料。

猪粪的干物质含量为 18% 左右，南方发酵浓度宜为 6% 左右，则需要猪粪 2 100 千克，制备的接种物 900 千克（视接种物干物质含量与猪粪一样），添加清水 5 700 千克；北方发酵浓度宜为 8% 左右，则需猪粪约 2 900 千克左右，制备的接种物 900 千克，添加清水 4 700 千克，在发酵过程中由于沼气池与猪圈、厕所修在一起，可自行补料。

2. 秸秆结合禽畜粪便投料发酵方式　可根据所用原料的碳氮比、干物质含量等通过计算，可以得出各种原料的使用量（表 2-2）。

表 2-2 几种干物质含量的秸秆与禽畜粪便原料使用量

原料比例	干物质（%）	1 容积装料量（千克）			
鲜猪粪：秸秆：水		猪粪	秸秆	水	接种物
1：1：23	4	40	40	620～820	100～300
1：1：15	6	60	60	580～730	100～300
1：1：10	8	75	75	550～750	100～300
1：1：8	10	100	100	500～700	100～300
人粪：猪粪：秸秆：水		人粪	猪粪	秸秆	水	接种物
1：1：1：27	4	33	33	33	600～800	100～300
1：1：1：17	6	50	50	50	550～750	100～300
1：1：1：12	8	66	66	66	500～700	100～300
1：1：1：8	10	83	83	83	456～650	100～300

3. 配建秸秆酸化池提高产气率 虽然近年来农村养殖业发展迅速，但一些地区受许多因素限制，畜牧业还不发达，只靠牲畜粪便还不能满足沼气发展的需求，而目前的池型又只适宜纯粪便原料，草料入池发酵就会使上层结壳，并且出料难。为了解决这一问题，可在猪舍内建一秸秆水解酸化池，把杂草和作物秸秆填入池内，加水浸泡沤制，发酵变酸后再将酸化池内的水放正常的沼气池，这样可以大大提高产气率。这种作法的好处有以下几点：一是可扩大原料来源，把野草、菜叶及各种农作物秸秆都可以入池浸泡沤制，变废为宝用来生产沼气。二是由于秸秆原料的碳素含量高，可改善沼气池内料液的碳氮比，使之达到 20～30：1 的最佳状态，有利于提高产气量。三是由于实现了分步发酵，沼气中的甲烷含量有所提高，使沼气灯更亮，灶火更旺。

该工艺是根据沼气发酵过程分为产酸和产甲烷两个阶段的原理而设计的，在使用过程中应注意以下事项：

（1）新鲜的草料、秸秆需要浸泡一周以上，产生的酸液方可加入沼气池。

（2）酸化池的大小可根据猪舍大小而定，一般以不超过长 2 米、宽 1 米、深 0.9 米为宜，可以采用砖砌或水泥混凝土浇筑保证不漏水即可。

（3）产生的酸液每天定量加入沼气池，以便于调节当天和第二天的产气量。

（4）酸化池内草料浸泡 1 个月后，需全部取出并换上新鲜草料重新沤制。

（5）酸化池内冬季尽量少放水，以利于草料堆沤发酵，提高池温。

（二）选择适宜的投料时期进行投料

由于农村沼气池发酵的适宜温度为 15～25 ℃，因而，在投料时宜选取气温较高的时候进行，在适宜温度范围内投料，一般北方宜在 3 月准备原料，4～5 月投料，等到 7～8 月温度升高后，有利于沼气发酵的完全进行，充分利用原料；南方除 3～5 月可以投料外，下半年宜在 9 月准备原料，10 月投料，超过 11 月，沼气池的启动缓慢，同时，使沼气发酵的周期延长。具体到某一天，则宜选取中午进行投料。

（三）沼气发酵料投料方法

经检查沼气池的密封性能符合要求即可投料。沼气池投料时，应先按沼气发酵原料的配置要求根据发酵液浓度计算出水量，向池内注入定量的清水，再将准备的原料先倒一半，搅拌均匀，再倒一半接种物与原料混合均匀，照此方法，将原料和菌种在池内充分搅拌均匀，最后将沼气池密封。

（四）正常启动沼气池

要使沼气池正常启动，如前所述的那样，要选择好投料的时间，准备好配比合适的发酵原料，入池后原料搅拌要均匀，水封盖板要密封严密。一般沼气池投料后第二天，便可观察到气压表上升，表明沼气池已有气体产生。最初所产生的气体，主要是各种分解菌、酸化菌活动时产生的二氧化碳和池内残留的空气，甲烷含量较低，一般不容易点燃，要将产生的气体放掉（直至气压表降至零），待气压表再次上升到784.5帕（80厘米水柱）时，即可进行点火实验。点火时一定要在炉灶上点，千万不可在沼气池导气管上点火，以防发生回火爆炸事故，如果能点燃，表明沼气池已正常启动。如果不能点燃，需将池内气体全部放掉，照上述方法再重复一次，如果还不行，则要检查沼气的料液是否酸化或其他原因。

用猪粪作发酵料，易分解，酸碱度适中，因而最易启动；牛粪只要处理得当，启动也较快。而用人粪鸡粪作发酵料，氨态氮浓度高，料液易偏碱；用秸秆作发酵料，难以分解，采用常规方法较难启动。如何才能使新沼气池投料后尽快产气并点火使用呢？可采取以下快速启动技术：

（1）掌握好初次进料的品种　全部用猪粪或2/3的猪粪，配搭1/3的牛马粪。

（2）搞好沼气池外预发酵　使其变黑发酸后方可入池。

（3）加大接种物数量　粪便入池后，从正常产气的沼气池水压间内取沼渣或沼液加入新池。

（4）掌握池温在12℃以上进料　在我国北方地区冬季最好不要启动新池，待春季池温回升到12℃以上再投料启动。

（五）搞好日常管理

1. 及时补充新料　沼气池建好并正常产气后，头一个月内的管理方法是：每天从水压间提水（3～5桶），再从进料管处倒进沼气池内，使池内料液自然循环流动，这段时间不用另加新料。随着发酵过程中原料的不断消耗，待沼气产气高峰过后，便要不断补充新鲜原料。一般从第二个月开始，应不断填入新料，每10立方米沼气池平均每天应填入新鲜的人畜粪便15～20千克，才能满足日常使用。如粪便不足，可每隔一定时间从别出收集一些粪便加入池内。自然温度发酵的沼气池，如池子与猪圈、厕所修在一起的，每天都在自动进料，一般不需考虑补料。

2. 经常搅拌可提高产气量　搅拌的目的在于打破浮渣，防止液面结壳，使新入池的发酵原料与沼气菌种充分接触，使甲烷菌获得充足的营养和良好的生活环境，以利于提高产气量。搅拌器的制作方法是用一根长度 1 米的木棒，一端钉上一块水木板，每天插入进料管内推拉几次，即可起到搅拌的作用。

3. 注意出料　多数家用的三结合沼气池是半连续进、出料的，即每天畜禽粪便是自动加入的，可以少量连续出料，最好进多少出多少，不要进少出多。如果压力表指示的压力为零，说明池子里已经没有可供使用的沼气，也可能是出料太多，进、出料管口没有被水封住，沼气进、出料间跑了，这时要进一些料，封住池子的气室。

在沼气池活动盖密封的情况下，进料和出料的速度不要太快，应保证池内缓慢生压或降压。

当一次出料比较大时，当压力表下降到零时，应打开输气管的开关，以免产生负压过大而损坏沼气池。

4. 及时破壳　沼气池正常产气并使用一段时间后，如果出现产气量下降，可能是池内发酵料液表面出现了结壳，致使沼气无法顺利输出，这时可将破壳器上下提拉并前后左右移动，即可将结壳破掉。结壳的多少与选用的发酵原料有关，如完全采用猪粪发酵出现结壳的现象要少一些；如果发酵原料中混合有牛、马等草食类牧畜粪便则结壳现象要多一些。特别是与厕所相连的沼气池应注意不要把卫生纸冲下去，卫生纸很容易造成结壳。

5. 产气量与产气率的计算　沼气池在运行过程中有机物质产气的总量叫产气量。而有机质单位重量的产气量叫原料产气率，它是衡量原料发酵分解好坏的一个主要指标。在农村，一般常采用池容产气率来衡量沼气发酵的正常与否。比如，一个 6 立方米的水压式沼气池，通过流量计的计数，每天生产沼气 1.2 立方米，因此它的池容产气率应为 $1.2/6 = 0.2$ 米^3/(米^3·天)。通过池容产气率计算，可以发现沼气发酵是否正常，从而查找原因，提高沼气的产气量。

九、沼气池使用过程中常见故障和处理方法以及预防措施

目前广泛推广的水压式沼气池，具有自动进料、自动出料、常

年运转、中途不需要大换料的特点，因此使用管理都很方便。尽管有了质量好的沼气池，在使用中仍然需要科学管理并及时预防和排除故障。

1. 新建沼气池装料后不产气的主要原因

（1）发酵原料预处理没按要求做好。

（2）原料配比不合适。

（3）接种物不够。

（4）池内温度太低。

（5）池子漏水、漏气等。

2. 沼气池产气后，又停止产气的主要原因

（1）发酵原料营养已耗尽，需要加料。

（2）发酵原料酸化。

（3）池温太低。

（4）池子漏气。

3. 判断和查找沼气池漏水和漏气的方法　　在试水、试压时，当水柱压力表上水柱上升到一定位置时，如水柱先快后慢地下降说明是漏水；比较匀速下降的是漏气。

在平时不用气时，如发现压力表中水柱不但不上升，反而下降，甚至出现负压，这说明沼气池漏水；水柱移动停止或移动到一定高度不再变化，这说明沼气池漏气或轻微漏气。

发现漏水或漏气后应按以下步骤检查：

应先查输配气管、件，后查内部，逐步排除疑点，找准原因，再对症修理。

外部检查方法：把套好开关的胶管圈好，一端用绳子捆紧，放入盛有水的盆中，一端用打气筒（或用嘴）压入空气，观察胶管、开关、接头处有无气泡出现，有气泡之处，就有漏气的小孔。在使用时，可用毛笔在导气管、输气管及接头处涂抹肥皂水，看是否有气泡产生。也可用鹅、鸭细绒毛在导气管、输气管及接头、开关处来回移动，如果漏气，绒毛便会被漏气吹动。另外，导气铁管和池盖的接头处，活动盖座缝处也容易出毛病，要注意检查。

内部检查方法：进入池内观察池墙、池底、池盖等部分有无裂缝、小孔。同时，用手指或小木棒叩击池内各处，如有空响则说明粉刷的水泥砂浆翘壳。进料管、出料间与发酵间连接处，也容易产生裂缝，应当仔细检查。

4. 造成沼气池漏水、漏气的常见部位和原因　第一，混凝土配料不合格、拌和不均匀，池墙未夯实筑牢，造成池墙倾斜或砼不密实，有孔洞或有裂缝。第二，池盖与池墙的交接处灰浆不饱满，黏结不牢而造成漏气。第三，石料接头出水泥砂浆与石料黏结不牢。出现这种情况，主要是勾缝时砂浆不饱满，抹压不紧。第四，池子安砌好后，池身受到较大震动，接缝处水泥砂浆裂口或脱落。第五，池子建好后，养护不好，大出料后未及时进水、进料，经暴晒、霜冻而产生裂缝。第六，池墙周围回填土未夯紧填实，试压或产气后，池子内、外压力不平衡，引起石料移位。第七，池墙、池盖粉刷质量差，毛细孔封闭不好，或各层间粘和不牢造成翘壳。第八，混凝土结构的池墙，常因混凝土的配合比和含水量不当，干后强烈收缩，出现裂缝；沼气池建成后，混凝未达到规定的养护期，就急于加料，由于混凝土强度不够，而造成裂缝。第九，导气管与池盖交接处水泥砂浆凝固不牢，或受到较大的震动而造成漏气。第十，沼气池试水、试压或大量进、出料时，由于速度太快，造成正、负压过大，试池墙裂缝甚至胀坏池子。

5. 修补沼气池的方法　查出沼气池漏水、漏气的确切部位后，注上记号，根据具体情况加以修补。

第一，裂缝处要先将缝子剔成 v 形，周围打成毛面，再用 1：1 的水泥砂浆填塞漏处，压实、抹光，然后用纯水泥浆粉刷几遍。第二，将气箱粉刷层剥落，翘壳部位铲掉，重新仔细粉刷。第三，如果漏气部位不明确，应将气箱洗刷干净，用纯水泥浆或 1：1 的水泥砂浆交替粉刷 3～4 遍。第四，导气管与池盖衔接处漏气，可重新用水泥砂浆黏结，并加高和加大水泥砂浆护座。第五，池底全部下沉或池底与池墙四周交接处有裂缝的，先把裂缝剔开一条宽 2厘米、深 3 厘米的围边槽，并在池底和围边槽内，浇筑一层 4～5

厘米厚的混凝土，使之连接成一个整体。第六，由于膨胀土湿胀、干缩引起裂缝的沼气池，应在池盖和进料管、出料间上沿的四周铺上三合土，以保持膨胀土干湿度的稳定。

6. 人进入沼气池维修或出料应采取安全措施　沼气池是严格密封的，里面充满沼气，氧气含量很少。就是盖子打开一段时间后，沼气也不易自然排除干净。这是因为有些池子可能进、出料口被粪渣堵塞，空气不能流通；或有的池子建在室内，空气流通不好，又没有向池内鼓风，不能把池内的残留气体完全排除。沼气的主要成分是甲烷，它是一种无色气体，当空气中浓度达到30%左右时，可使人麻醉；浓度达到70%以上时，会因缺氧而使人窒息死亡。沼气中的另一主要成分为二氧化碳，也是一种易使人窒息性气体，由于二氧化碳比空气重（为空气的1.52倍），在空气流通不良的情况下，它仍能留在池内，造成池内严重缺氧。所以，尽管甲烷、一氧化碳等比空气轻的气体被排除后，人入池仍会造成窒息中毒事故。同时，加入沼气池中的有机物质，在厌氧条件下也能产生一些有毒气体。因此下池检修或清除沉渣时，必须提高警惕，事先采取安全措施，才能防止窒息和中毒事故的发生。

人进入沼气池前应注意以下安全措施：

（1）新建沼气池装料后，就会发酵产气，如需继续加料，只能从进料管或活动盖口处加入，严禁进入池内加料。

（2）清除沉渣或查漏、修补沼气池时，先要将输气导管取下，发酵原料至少要出到进、出料口挡板以下，有活动盖板的要将盖板揭开，并用风车（南方风稻谷用的工具）或小型空压机等向池内鼓风，以排出池内残存的气体。当池内有了充足的新鲜空气后，人才能进入池内。入池前，应先进行动物实验，可将鸡、兔等动物用绳拴住，漫漫放入池内。如动物活动正常，说明池内空气充足，可以入池工作，若动物表现异常，或出现昏迷，表明池内严重缺氧或有残存的有毒气体未排除干净，这时要严禁人员进入池内，而要继续通风排气。

（3）在向池内通风和进行动物实验后，下池的人员要在腰部拴上保险绳，搭梯子下池，池外要有人看护，以便一旦发生意外时，能够迅速将人拉出池外，进行抢救。入池操作的人员如果感到头昏、发闷、不舒服，要马上离开池内，到池外空气流通的地方休息。

（4）为了减少和防止池内产生有毒气体，要严禁将菜油枯（榨菜油后的渣）加入沼气池，因油枯在密闭的条件下，能产生剧毒气体磷化三氢，人接触后，极易引起中毒死亡。

（5）由于沼气是易燃气体，遇火就会猛烈燃烧。已装料、产气的沼气池，在入池出料、维修、查漏时，只能用电筒或镜子反光照明，绝对不能持煤油灯、桅灯、蜡烛等明火照明工具入池；也不能采用向沼气池内先丢火团烧掉沼气再点明火入池的办法，因为向池内丢入火团虽然可以把池内的沼气烧掉，同时也烧掉池内的氧气，使池内的二氧化碳浓度更大，如不注意通风，容易发生窒息事故。另外，人入池后，粪皮下的沼气仍不断释放出来，一遇明火，同样可以发生燃烧，发生烧伤事故。同时，丢火团入池易引起火灾，损坏沼气池。所以，这种办法很不安全；也不能在池内和池口吸烟，以免引燃池内残存沼气，发生烧伤事故。揭开活动盖板进行维修、加料、搅拌时，也不能在盖口吸烟、划火柴或点明火。特别是沼气池修在室内或棚内的，更应特别注意这一点。

7. 入池人员若发生窒息、中毒时应采取的抢救措施 发生入池人员窒息、中毒情况时，要组织力量进行抢救。抢救时，要沉着冷静，动作迅速，切忌慌张，以免连续发生窒息、中毒事故。在抢救的步骤上，首先要用风车等连续不断地向池内输入新鲜空气。同时迅速搭好梯子，组织抢救人员入池。抢救人员要拴上保险绳，入池前要深吸一口气（最好口内含一胶管通气，胶管的一端伸出池外），尽快把昏迷者搬出池外，放在空气流通的地方。如已停止呼吸，要立即进行人工呼吸，做胸外心脏按摩，严重者经初步处理后，要送往就近医院抢救。如昏迷者口中含有粪便，应事先用清水冲洗面部，掏出嘴里的粪渣，并抱住昏迷者的腹部，让其头部下垂，吐出粪液，再进行人工呼吸和必要的药物治疗。

8. 防止沼气池发生爆炸 引起沼气池爆炸的原因一般有两种：一是新建的沼气池装料后不正确的在导气管上点火，实验是否开始产气，引起回火，使池内气体猛烈膨胀、爆炸，使池体破裂。二是池子出料，池内形成负压，这时点火用气，容易发生内吸现象，引起火焰入池，发生爆炸。

防止方法：第一，检查新建沼气池是否产生沼气时，应用输气管将沼气引到灶具上实验，严禁在导气管上直接点火实验。第二，池内如果出现负压，就要暂时停止点火用气，并及时投加发酵原料，等到出现正压后再使用。

9. 沼气池使用过程中的一般性故障处理 为了便于用户在沼气使用过程中及时发现并解决所遇到的问题，对沼气使用过程中的一般性故障，制作了表2-3，可供用户快速查阅。

表2-3 沼气池使用过程中的一般性故障、原因及处理方法

故障现象	原　因	处理方法
1. 压力表水柱上下波动，火焰燃烧不稳定	输气管道内有积水	排除管道内积水
2. 打开开关，压力表急降；关上开关，压力表急升	导气管堵塞或拐弯处扭曲，管道通气不畅	疏通导气管，理顺管道
3. 压力表上升缓慢或不上升	沼气池或输气管漏气、发酵料不足、沼气发酵接种物不足	修补漏气部位；添加新鲜发酵原料；增加沼气发酵接种物
4. 压力表上升慢，到一定程度不再上升	贮气室或管道漏气，进料管或水压间漏水	检修沼气池拱顶及管道；修补漏水处
5. 压力表上升快，使用时下降也快	池内发酵料液过多，水压间体积太小	取出一些料液，适当增大水压间
6. 压力表上升快，气多，但较长时间点不燃	发酵原料甲烷菌种少	排放池内不可燃气体，增添接种物或换掉大部分料液

（续）

故障现象	原　因	处理方法
7. 开始产气正常，以后逐渐下降或明显下降	逐渐下降是未及时补充新料，明显下降是管道漏气或误将喷过药物的原料加入池内	取出一些旧料，添加新料；检查维修系统漏气问题；如误将含农药的原料加入池内，只有进行大换料，并清洗池内
8. 产气正常，但燃烧火力小或火焰呈红黄色	灶具火孔堵塞；火焰呈红黄色是池内发酵液过量，甲烷含量少	清扫灶具的喷火孔；取出部分旧料，补充新料，调节灶具空气调节环
9. 沼气灯点不亮或时明时暗	沼气中甲烷含量低，压力不足、喷嘴口径不当、纱罩存放过久受潮质次、喷嘴堵塞或偏斜、输气管内有积水	添加发酵原料和接种物，提高沼气产量和甲烷含量；调节进气阀，选用100～300瓦的优质纱罩；及时排除管道中的积水

第三节　沼气的综合利用技术

一、沼气的利用

沼气在农村的用途很广，其常规用途主要是炊事、照明，随着科技的进步和沼气技术的完善，沼气的应用范围越来越广，目前已在许多方面发挥了作用。

（一）沼气炊事、照明

沼气在炊事、照明方面的应用是通过灶具和灯具来实现的。

1. 沼气灶的类型　沼气灶按材料分有铸铁灶、搪瓷面灶、不锈钢面灶；按燃烧器的个数分有单眼灶、双眼灶。按燃料的热流量（火力大小）分有8.4兆焦/时、10.0兆焦/时、11.7兆焦/时，最大的有42兆焦/时。

按使用类别分有户用灶、食堂用中餐灶、取暖用红外线灶；按使用压力分有800帕和1 600帕两种，铸铁单灶一般使用压力为

800帕，不锈钢单、双眼灶一般采用1 600帕压力。

沼气是一种与天然气较接近的可燃混合气体，但它不是天然气，不能用天然气灶来代替沼气灶，更不能用煤气灶和液化气的灶改装成沼气灶用。因为各种燃烧气有自己的特性，例如它可燃烧的成分、含量、压力、着火速度、爆炸极限等都不同。而灶具是根据燃烧气的特性来设计的，所以不能混用。沼气要用沼气灶，才能达到最佳效果，保证使用安全。

2. 沼气灶的选择　根据自己的经济条件和沼气池的大小及使用需要来选择沼气灶。如果沼气池较大、产气量大，可以选择双眼灶。如果池子小，产气量少，只用于一日三餐做饭，可选用单眼灶。目前较好的是自动点火不锈钢灶面灶具。

3. 沼气灶的应用　先开气后点火，调节灶具风门，以火苗蓝里带白、急促有力为佳。

我国农村家用水压式沼气池其特点是压力波动大，早晨压力高，中午或晚上由于用气后压力会下降。在使用灶具时，应注意控制灶前压力。目前沼气灶的设计压力为800帕和1 600帕两种，当灶前压力与灶具设计压力相近时，燃烧效果最好。而当沼气池压力较高时，灶前压力也同时增高而大于灶具的设计压力时，热负荷虽然增加了（火力大），但热效率却降低了（沼气却浪费了），这对当前产气率还不太大的情况下是不合算的。所以在沼气压力较高时，要调节灶前开关的开启度，将开关关小一点控制灶前压力，从而保证灶具具有较高的热效率，以达到节气的目的。

由于每个沼气池的投料数量、原料种类及池温、设计压力的不同，所产沼气的甲烷含量和沼气压力也不同，因此沼气的热值和压力也在变化。沼气燃烧需要5～6倍空气，所以调风板（在沼气灶面板后下方）的开启度应随沼气中甲烷含量的多少进行调节。当甲烷含量多时（火苗发黄时），可将调风板开大一些，使沼气得到完全燃烧，以获得较高的热效率。当甲烷含量少时，将调风板关小一些。因此要通过正确掌握火焰的颜色、长度来调节风门的大小。但千万不能把调风板关死，这样火焰虽较长而无力，一次空气等于零，而形成扩散式燃烧，这种火焰温度很低，燃烧极不完全，并产生过量的一氧化碳。根据经验调风板开启度以打开 3/4 为宜（火焰呈蓝色）。

灶具与锅底的距离，应根据灶具的种类和沼气压力的大小而定，过高过低都不好，合适的距离应是灶火燃烧时"伸得起腰"，有力，火焰紧贴锅底，火力旺，带有响声，在使用时可根据上述要求调节适宜的距离。一般灶具灶面距离锅底以 2～4 厘米为宜。

沼气灶在使用过程中火苗不旺可从以下几个方面找原因：第一，沼气池产气不好，压力不足。第二，沼气中甲烷含量少，杂气多。第三，灶具设计不合理，灶具质量不好。如灶具在燃烧时，带入空气不够，沼气与空气混合不好不能充分燃烧。第四，输气管道太细、太长或管道阻塞导致沼气流量过小。第五，灶面离锅底太近或太远。第六，沼气灶内没有废气排除孔，二氧化碳和水蒸气排放不畅。

4. 沼气灯的应用　沼气灯是通过灯纱罩燃烧来发光的，只有烧好新纱罩，才能延长其使用寿命。其烧制方法是：先将纱罩均匀地捆在沼气灯燃烧头上，把喷嘴插入空气孔的下沿，通沼气将灯点燃，让纱罩全部着火燃红后，慢慢地升高或后移喷嘴，调节空气的进风量，使沼气、空气配合适当，猛烈点燃，在高温下纱罩会自然收缩最后发出乒的一声响，发出白光即成。烧新纱罩时，沼气压力要足，烧出的纱罩才饱满发白光。

为了延长纱罩的使用寿命，使用透光率较好的玻璃灯罩来保护纱罩，以防止飞蛾等昆虫撞坏纱罩或风吹破纱罩。

沼气灯纱罩是用人造纤维或苎麻纤维织成需要的罩形后，在硝酸钍的碱溶液中浸泡，使纤维上吸满硝酸钍后凉干制成的。纱罩燃烧后，人造纤维就被烧掉了，剩下的是一层二氧化钍白色网架，二氧化钍是一种有害的白色粉末，它在一定温度下会发光，但一触就会粉碎。所以燃烧后的纱罩不能用手或其他物体去触击。

5. 使用沼气灯、灶具时应注意的安全事项　①沼气灯、灶具不能靠近柴草、衣服、蚊帐等易燃物品。特别是草房，灯和房顶结构之间要保持 1～1.5 米的距离。②沼气灶具要安放在厨房的灶面上使用，不要在床头、桌柜上煮饭烧水。③在使用沼气灯、沼气灶具时，应先划燃火柴或点燃引火物，再打开开关点燃沼气。如将开关打开后再点火，容易烧伤人的面部和手，甚至引起火灾。④每次用完后，要把开关扭紧，以免沼气在室内扩散。⑤要经常检查输气管和开关有无漏气现象，如输气管被鼠咬破、老化而发生破裂，要及时更新。⑥使用沼气的房屋，要保持空气流通，如进入室内，闻有较浓的臭鸡蛋味（沼气中硫化氢的气味），应立即打开门窗，排除沼气。这时，绝不能在室内点火吸烟，以免发生火灾。

6. 使用沼气设备时常见的故障及排除方法　沼气灶、沼气灯、热水器等产品有国家标准和行业标准控制质量，保护沼气用户的权益。购买灶、灯及配套的管道、阀门、开关等配件一定要注意质量，尤其输气管线不能用再生塑料。为了保证有效利用沼气，在使用过程中出现的故障，可参照表2-4所列的现象和解决方法排除。

表2-4　沼气设备常见故障及排除方法表

设备名称	故障现象	主要原因	处理方法
家用沼气灶	漏气	1. 配气管路或接灶管连接不紧	1. 将接头拧紧
		2. 橡皮管、塑料管年久老化，出现裂纹	2. 更换新管
		3. 阀芯与阀件间密封不好	3. 涂密封脂或更换阀
	回火	1. 火盖与燃烧器头部配合不好	1. 调整或更换火盖
		2. 风门开度过大，一次空气量太多	2. 调整风门
		3. 烹饪锅勺的部位过低，造成燃烧器头部过热	3. 调高锅勺位置
		4. 供气管路喷嘴堵塞	4. 清除堵塞物
		5. 环境风速过大	5. 调整门窗开度及换气扇转速

（续）

设备名称	故障现象	主要原因	处理方法
家用沼气灶	离焰脱火	1. 风门开度过大，环境风速过大	1. 调整风门，控制环境风速
		2. 喷嘴孔径过大	2. 缩小喷嘴孔径或更换喷嘴
		3. 火孔堵塞	3. 疏通火孔
		4. 供气压力过高	4. 关小阀门
	黄焰	1. 风门开度过小	1. 开打风门
		2. 二次空气供给不足	2. 清除燃烧器头部周围杂物
		3. 引射器内有赃物	3. 清除赃物
		4. 喷嘴与引射器喉管不对中	4. 调整对中
		5. 喷嘴孔过大	5. 缩小喷嘴孔径
		6. 锅支架过低	6. 调整或更换锅支架
	自动点火不着	1. 小火喷嘴或输气管堵塞	1. 疏通
		2. 小火燃烧器与主要燃烧器的相对位置不合适	2. 调整小火燃烧器位置
		3. 一次空气量过大	3. 调小风门
		4. 火孔内有水	4. 擦拭干净
		5. 点火器电极或绝缘子太脏	5. 用干布擦净
		6. 导线与电极接触不良或烧坏	6. 调整或更换
		7. 脉冲点火器的电路或元器件损坏	7. 请专业人员修理
		8. 压电陶瓷接触不良或失效	8. 调整或更换
		9. 打火电极间距离不当	9. 调整
		10. 打火电极没对准小火出火孔	10. 调试好
		11. 未装电池或电池失效	11. 装入或更换电池

（续）

设备名称	故障现象	主要原因	处理方法
家用沼气灶	阀门旋转不灵	1. 密封脂干燥	1. 均匀涂密封脂
		2. 阀门内零部件损坏	2. 更换零部件或阀门
		3. 阀门受热变形	3. 更换阀门
		4. 阀芯锁母过紧	4. 更换阀门
		5. 旋钮损坏或顶丝松动	5. 更换旋钮或紧固顶丝
	连焰	1. 燃烧器加工质量差，火盖变形	1. 把火盖转动到适当的角度，使其不连焰
		2. 火盖与燃烧器头部接触不严密，在局部火孔处形成缝隙	2. 将两个相同负荷的燃烧器火盖互换，更换新火盖
沼气灯	纱罩破	1. 耐火泥头破碎，中间有火孔	1. 更换新泥头
		2. 沼气压力过高	2. 控制灯前压力为额定压力
		3. 纱罩未装好，点火时受碰	3. 用玻璃罩防止蚊蝇扑撞
	灯不亮、发红、无白光	1. 喷嘴孔径过小或堵塞	1. 清洗喷嘴，加大沼气流量
		2. 喷嘴过大，一次空气引射不足	2. 加大进风量
		3. 进风孔未调整好	3. 重新调整进风孔
		4. 纱罩质量不佳，规格不匹配或受潮	4. 更换新纱罩，选用匹配的纱罩
	纱罩外有明火	1. 沼气量过大	1. 关小进气阀，降低沼气压力，更换小喷嘴
		2. 一次空气进风量不足	2. 调节一次进风孔

（续）

设备名称	故障现象	主要原因	处理方法
沼气灯	灯光有正常变弱、沼气不通	1. 沼气压力降低，供气量减少	1. 加大进气阀门
		2. 喷嘴堵塞	2. 疏通喷嘴
		3. 有漏气点	3. 找出漏气点并堵塞
	灯光忽明忽暗	1. 燃烧器设计、加工不好，燃烧不稳定	1. 查找或更换燃烧器
		2. 管道内有积水	2. 清除管道内积水和污垢
	玻璃罩破裂	1. 玻璃罩本身热稳定性不好	1. 采用热稳定性好的玻璃罩
		2. 纱罩破裂，高温热烟气冲击	2. 及时更换损坏的纱罩
		3. 沼气压力过高	3. 控制沼气灯的压力不要过高
	装玻璃罩后灯光发暗	1. 玻璃罩透光性不好	1. 选用质量合格的玻璃罩
		2. 玻璃罩上有气泡、结石、砂砾	2. 选购时应进行检查
沼气热水器	点不着火	1. 燃气总阀未打开	1. 打开燃气阀
		2. 管内有残余空气	2. 待片刻后再点燃
		3. 燃气压力过低或过高	3. 调节压力或报修
		4. 常明火喷嘴堵塞	4. 清除堵塞物或报修
		5. 点火开关掀压时间过短	5. 延长掀压时间
		6. 过气胶管曲折或龟裂	6. 调整或更换
	打开热水阀门而无热水，或只有冷水	1. 未开冷水阀	1. 打开冷水阀
		2. 进水滤网堵塞	2. 清洗滤网
		3. 水压过低	3. 暂停使用
		4. 主燃烧器未点燃	4. 检查燃气阀是否旋至全开位置
		5. 常明火熄灭	5. 点燃常明火

（续）

设备名称	故障现象	主要原因	处理方法
沼气热水器	自动点火不动作	1. 干电池用完	1. 更换干电池
		2. 放电极间距离不合适	2. 调整距离
		3. 放电极头部受潮	3. 擦干
		4. 线路或元件损坏	4. 更换或报修
	主燃烧器火焰不稳或发黄	热交换器翅片排烟腔局部堵塞	清除堵塞物或报修
	自来水关闭后主燃烧器不熄火	水—气联动装置失灵	报修
	主助燃器突然熄灭	1. 水压太低	1. 检查水源压力
		2. 房间内缺氧（有缺氧保护装置时）	2. 迅速打开门窗通风后再使用
		3. 风吹灭	3. 重新点燃
		4. 气源停止	4. 找出原因恢复供气
	排风扇不转	1. 电源保险丝熔断	1. 更换保险丝
		2. 水—气联动装置损坏	2. 报修
		3. 电子联动器损坏	3. 报修
		4. 排气电机烧毁	4. 报修
	水温不稳定或水温调节失灵	燃气压力不足或停气	开打燃气阀
食堂灶具	自动点火装置不打火	1. 干电池用完，压电陶瓷阀失效，电路或元件损坏	1. 更换
		2. 电源电压过低	2. 停电
		3. 点火花放电极间距离不合适	3. 调整距离
		4. 放电极头部受潮	4. 擦干

（续）

设备名称	故障现象	主要原因	处理方法
食堂灶具	常明火、点火燃烧器或主火燃烧起点不着	1. 燃气总阀未打开	1. 打开总阀
		2. 燃气管道内有空气	2. 连续点火
		3. 燃气压力过高或过低	3. 调节压力
		4. 喷嘴堵塞	4. 清除堵塞物
		5. 点火花远离燃烧器出火孔	5. 调节距离
	燃烧器回火	1. 燃烧器引射器进风口过大	1. 调小调风板开度
		2. 喷嘴部分堵塞	2. 清除堵塞物
		3. 喷嘴与燃气管连接处漏气	3. 检查并排除漏气
		4. 燃气阀未全开	4. 开打燃气阀
		5. 周围环境风太大	5. 采取防风措施
		6. 管路阻力太大	6. 清除管内污物
		7. 燃烧器火盖不严	7. 更换火盖
		8. 煤气表损坏	8. 更换煤气表
	燃烧器有黄焰	1. 出火孔处有堵塞物	1. 清除堵塞物
		2. 引射器进风口过小	2. 调大进风口
		3. 喷嘴与引射器不对中	3. 调整使其对中
		4. 喷嘴直径过大	4. 更换喷嘴或报修
		5. 引射器内有污物	5. 清除污物
		6. 旋塞阀漏气	6. 排除漏气
		7. 燃烧器火盖与头部底座不匹配	7. 更换燃烧器或火盖
	大锅一边开锅，或超过25分钟仍不开锅	1. 燃烧器与锅不对中	1. 调整其位置
		2. 炉膛内排烟口布置不合理	2. 合理布置排烟口
		3. 加水过量	3. 按定量加水
		4. 喷嘴堵塞或供气不足	4. 通污，加大喷嘴
	烟囱冒火	1. 空气供给不足	1. 增加供风量
		2. 炉膛排烟口布置不合理	2. 粘贴耐火材料，重新布置排烟口
		3. 烟囱抽力太大	3. 关小排烟口

（续）

设备名称	故障现象	主要原因	处理方法
食堂灶具	倒烟	1. 烟道被堵	1. 清除污物
		2. 烟囱倒风	2. 设防风罩
		3. 一、二次风口有抽气	3. 将一、二次风口的抽风装置移开
	灶体表面过热	锅圈或炉膛的保温层脱落	填补上保温层或报修
	鼓风机不转或有杂音	1. 电源未接通	1. 接通电源
		2. 扇叶卡住或松动	2. 除卡或拧紧扇页
		3. 电机烧坏	3. 换电机

（二）沼气取暖

沼气在用于炊事照明的同时产生温度可以取暖外，还可用专用的红外线炉取暖。

（三）沼气增温增光增气肥

沼气在北方"四位一体"的温室内通过灶具、灯具燃烧可转化成二氧化碳，在转化过程的同时，增加了温室内的温度、光照和二氧化碳气肥。

1. 应掌握的技术要点

（1）增温增光，主要通过点燃沼气灶、沼气灯来解决，适宜燃烧时间为清晨 5：30～8：30。

（2）增供二氧化碳，主要靠燃烧沼气，适宜时间应安排在清晨 6：00～8：00。注意放风前 30 分钟应停止燃烧沼气。

（3）温室内按每 50 平方米设置一盏沼气灯，每 100 平方米设置一台沼气灶。

2. 注意事项

（1）点燃沼气灶、灯应在清晨气温较低（低于 30 ℃）时进行。

（2）施放二氧化碳后，水肥管理必须及时跟上。

（3）不能在温棚内堆沤发酵原料。

（4）当 1 000 立方米的日光温室燃烧 1.5 立方米的沼气时，沼气需经脱硫处理后再燃烧，以防有害气体对作物产生危害。

（四）沼气作动力燃料

沼气的主要成分是甲烷，它的燃点是 814 ℃，而柴油机压缩行程终了时的温度一般只有 700 ℃，低于甲烷的燃点。由于柴油机本身没有点火装置，因此，在压缩行程上止点前不能点燃沼气。用沼气作动力燃料在目前大部分是采用柴油引燃沼气的方法，使沼气燃烧（即柴油-沼气混合燃烧），简称油气混烧。油气混烧保留了柴油机原有的燃油系统，只在柴油机的进气管上装一个沼气-空气混合器即可。在柴油机进气行程中，沼气和空气在混合器混合后进入气缸，在柴油机压缩行程上止点前喷油系统自动喷入少量柴油（引燃油量）引燃沼气，使之做功。

柴油机改成油气混烧保留了原机的燃油系统。压缩比喷油提前角和燃烧室均未变动，不改变原机结构，所以不影响原机的工作性能。当没有沼气或沼气压力较低时，只要关闭沼气阀，即可成为全柴油燃烧，保持原机的功率和热效率。

据测定，油气混烧与原机比较，一般可节油 70%～80%，每 0.735 千瓦（1 马力）一小时要耗沼气 0.5 立方米。如 S195 型柴油机即 8.88 千瓦（12 马力），一小时要耗用 6 立方米沼气。

（五）沼气灯光诱蛾

沼气灯光的波长在 300～1 000 纳米之间，许多害虫对于 300～400 纳米的紫外光线有较大的趋光性。夏、秋季节，正是沼气池产气和多种害虫成虫发生的高峰期，利用沼气灯光诱蛾养鱼、养鸡、养鸭并捕杀害虫，可以一举多得。

1. 技术要点

（1）沼气灯应吊在距地面或水面 80～90 厘米处。

（2）沼气灯与沼气池相距 30 米以内时，用直径 10 毫米的塑料管作沼气输气管，超过 30 米远时应适当增大输气管道的管径。也可在沼气输气管道中加入少许水，产生气液局部障碍，使沼气灯工作时产生忽闪现象，增强诱蛾效果。

（3）幼虫喂鸡、鸭的办法：在沼气灯下放置一只盛水的大木盆，水面上滴入少许食用油，当害虫大量拥来时，落入水中，被水面浮油粘住翅膀死亡，以供鸡鸭采食。

（4）诱虫喂鱼的办法：离塘岸 2 米处，用 3 根竹竿做成简易三脚架，将沼气灯固定。

2. 注意事项　诱蛾时间应根据害虫前半夜多于后半夜的规律，掌握在天黑至午夜 24：00 为宜。

（六）沼气储粮

利用沼气储粮，造成一种窒息环境，可有效抑制微生物生长繁殖，杀死粮食中害虫，保持粮食品质，还可避免常规粮食储藏中的药剂污染。据调查，采用此项技术可节约粮食储藏成本 60%，减少粮食损失 12% 以上。

1. 技术要点　方法步骤：清理储粮器具、布置沼气扩散管、装粮密封、输气、密闭杀虫。

（1）农户储粮

建仓：可用大缸或商品储仓，也可建 1～4 立方米小仓，密闭。

布置沼气扩散管：缸用管可采用沼气输气管烧结一端，用烧红的大头针刺小孔若干，置于缸底；仓式储粮需制作十字或丰字形扩散管，刺孔，置仓底。

装粮密封：包括装粮、装好进出气管、塑膜密封等。

输入沼气：每立方米粮食输入沼气 1.5 立方米，使仓内氧含量由 20% 下降到 5%（检验以沼气输出管接沼气炉能点燃为宜）。

密封后输气：密封 4 天后，再次输入 1 次沼气，以后每 15 天补充 1 次沼气。

（2）粮库储粮　粮库储粮由粮仓、沼气进出系统、塑料薄膜密封材料组成。

扩散管等的设置：粮仓底部设置十字形、中上部设置丰字形扩散管，扩散管达到粮仓边沿。扩散管主管用 10 毫米塑管，支管用 6 毫米塑管，每隔 30 毫米钻 1 孔。扩散管与沼气池相通，其间设节门，粮仓周围和粮堆表面用 0.1～0.2 毫米的塑料薄膜密封，并安装好测温度和湿度线路。粮堆顶部设一小管作为排气管，并与氧气测定仪相连。

密闭通气：每立方米粮食输入 1.5 立方米沼气至氧气含量下降到 5％以下停止输气，每隔 15 天补充 1 次气。

2. 注意事项

（1）常检查是否漏气，严禁粮库周围吸烟、用火。

（2）电器开关须安装于库外。

（3）沼气池产气量要与通气量配套。

（4）储粮前应尽量晒干所储粮食，并与储粮结束后及时翻晒。

（5）输气管中安装集水器或生石灰过滤器，及时排出管内积水。

（6）注意人员安全。人员进入储库前必须充分通风（打开门窗），并有专人把守库外，发现异常及时处理。

（七）沼气水果保鲜

沼气气调贮藏就是在密封的条件下，利用沼气中甲烷和二氧化碳含量高、含氧量少、甲烷无毒的性质和特点，来调节贮藏环境中的气体成分，造成一种高二氧化碳和低氧的状态，以控制贮果的呼吸强度，减少贮藏过程中的基质消耗，并防治虫、霉、病、菌危害，达到延长贮藏时间及保持良好品质的目的。

生产中应根据实际需要来确定贮果库、沼气池的容积，以确保保鲜所需沼气，建贮果库时要考虑通风换气和降温工作，并做好预冷散热和果库及用具的杀菌消毒工作，充气时要充足，换气时要彻底。一般贮果库应建在距沼气池 30 米以内，以地下式或半地下式为好，贮库容积 30 立方米，面积 10～15 平方米，设贮架 4 层，一次贮果 3 000～5 000 千克，顶部留有 60 厘米×60 厘米的天窗。

1. 柑橘贮藏保鲜

（1）技术要点　采果与装果：待柑橘成熟 80％～90％时，晴天、露水干后用剪刀剪果，轻摘轻放；选择无损、无病虫害、大小均匀的果实装篓，放干燥、阴凉、通风处 1～2 天后入库。

① 库贮

入库：入库前内清洁消毒，连接输气管与扩散管，装果封库，注意密封、留排气孔、观察孔。

输气：入库一周后输入经脱硫处理的沼气，时间 20～60 分钟，每次每立方米库容输入 11～18 升沼气；贮藏前期沼气输入量可少些，气温增高时可适当加大输入沼气量。

换气与排湿：柑橘贮藏的最佳湿度为 90%～98%，温度 4～15℃；每 3 天补充 1 次沼气，温度过高时通风。换气时，可先打开库门、天窗及排气管通风，然后关闭库门、天窗及排气管，按标准输入新鲜沼气；若湿度不够，可于通风结束时，向库内地面喷适量的水。

翻果：入库一周后与输入沼气前翻果 1 次，结合换气均应翻果 1 次；翻果时，将上、下层果的位置进行调换，同时将烂果剔除。

出库：库贮一般可保鲜 120 天左右，贮后出库。

② 袋贮

选袋：选用完好不漏气塑料袋，大小以每袋盛 10 千克柑橘为宜。

采果：柑橘采摘并经过前处理后，存放于阴凉处 2 天。

装袋：将沼气输气管出气口放入塑料保鲜袋底部，并依次轻轻放入柑橘，每袋不宜超过 10 千克；装满后，打开开关输入沼气，直至闻到沼气气味为止，关闭开关，抽出输气管，并用塑料绳扎紧袋口，做到不漏气。

存放：在室内地面铺放一层厚 5～8 厘米稻草或麦秆，将柑橘保鲜袋平放在上面，或置于楼地面。

管理：入库一周后，应逐袋检查 1 次，查看塑料袋是否漏气，内层是否凝有水珠，是否有烂果。如有漏气，可查找漏气部位，并用胶带纸密封。如有水珠，可放入干燥的纸屑或稻草吸水，待水珠消失后取出。发现烂果及时剔除。处理完后再次输入沼气。

出库：袋贮一般可保鲜 90 天左右，好果率达 95% 以上，失重率为 1%～2%。

（2）注意事项　①严禁贮藏室内吸烟、点火。②电灯照明，开关应安装在室外。③出库前，先通风1～2天。④采用袋贮，不可层层叠放，以免压坏果实（每周至少检查1次，每20天通沼气1次）。⑤贮藏期间或贮藏结束后有关人员进入贮库前必须充分通风，并进行动物实验。实验方法为将小动物移入库内，观察5分钟后取出，根据动物状态决定人员能否安全进入（如动物健康如初，则可进入；否则，不宜进入，并进一步通风）。

2. 山楂贮藏保鲜　山楂入库后，白天关闭门窗，晚间开窗通风降温，连续3～4天，待室内温度基本稳定后进行充气。具体方法是采取充气3天，停3天，打开门窗通风换气，降温3夜，反复到1个月，然后随环境温度的变化，采取"充气3天，停5天，通风2天"；到3～4个月时，则采取"充气4天，停7～10天，通风换气1天"，4个月后好果率为84％。

二、沼液的利用

（一）沼液作肥料

腐熟的沼液中含有丰富的氨基酸、生长素和矿质营养元素，其中全氮含量0.03％～0.08％，全磷含量0.02％～0.07％，全钾含量0.05％～1.4％，是很好的优质速效肥料。可单施，也可与化肥、农药、生长剂等混合施。可作种肥、追肥和叶面喷肥。

1. 作种肥浸种　沼液浸种能提高种子发芽率、成苗率，具有壮苗保苗作用。其原因已知道的有以下3个方面：一是营养丰富。腐熟的沼气发酵液含有动植物所需的多种水溶性氨基酸和微量元素，还含有微生物代谢产物，如多种氨基酸和消化酶等各种活性物质。用于种子处理，具有催芽和刺激生长的作用。同时，在浸种期间，钾离子、铵离子、磷酸根离子等都会因渗透作用不同程度地被种子吸收，而这些养分在秧苗生长过程中，可增加酶的活性，加速养分运转和代谢过程。二是有灭菌杀虫作用。沼液是有机物在沼气池内厌氧发酵的产物。由于缺氧、沉淀和大量铵离子的产生，使沼液不会带有活性菌和虫卵，并可杀死或抑制种子表面的病菌和虫卵。三是可提高作物的抗逆能力，避免低温影响。种子经过浸泡吸水后，即从休眠状态进入萌芽状态。春季气温忽高忽低，按常规浸种育秧法，往往会对种子正常的生理过程产生影响，造成闷芽、烂秧，而采用沼液浸种，沼气池水压间的温度稳定在 8～10 ℃，基本不受外界气温变化的影响，有利于种子的正常萌发。

（1）技术要点

小麦：在播种前 1 天进行浸种，将晒过的麦种在沼液中浸泡 12 小时，取出种子袋，用清水洗净并将袋里的水沥干，然后把种子摊在席子上，待种子表面水分晾干后即可播种。如果要催芽的，即可按常规办法催芽播种。

玉米：将晒过的玉米种装入塑料编织袋内（只装半袋），用绳子吊入出料间料液中部，并拽一下袋子的底部，使种子均匀松散于袋内，浸泡 24 小时后取出，用清水洗净，沥干水分，即可播种。此法比干种播种增产 10%～18%。

甘薯与马铃薯：甘薯浸种是将选好的薯种分层放入清洁的容器内（桶、缸或水泥池），然后倒入沼液，以淹过上层薯种 6 厘米左右为宜。在浸泡过程中，沼液略有消耗，应及时添加，使之保持原来液面高度。浸泡 2 小时后，捞出薯种，用清水冲洗后，放在草席上，晾晒半小时左右，待表面水分晾干后，即可按常规方法排列上床育苗。该法比常规育苗提高产芽量 30% 左右，沼液浸种的壮苗率达 99.3%，平均百株重为 0.61 千克；而常规浸种的壮苗率仅为 67.7%，平均百株重 0.5 千克。马铃薯浸种也是将选好的薯种分层放入清洁的容器内，取正常沼液浸泡 4 小时，捞出后用清水冲洗净，然后催芽或播种。

早稻：浸种沼液 24 小时后，再浸清水 24 小时；对一些抗寒性较强的品种，浸种时间适当延长，可用沼液浸 36 小时或 48 小时，然后清水浸 24 小时；早稻杂交品种由于其呼吸强度大，因此宜采用间歇法浸种，即浸 6 小时后提起用清水沥干（不滴水为止），然后再浸，连续重复做，直到浸够要求时间为止。

浸棉花种防治枯萎病：沼液中含有较高浓度的氨和铵盐。氨水能使棉花枯萎病得到抑制。沼液中还含有速效磷和水溶性钾。这些物质比一般有机肥含量高,有利于棉株健壮生长,增强抗病能力,沼液防治棉花枯萎病效果明显,而且可以提高产量,同时既节省了农药开支,又避免了环境污染。

其方法是:①用沼液原液浸棉种,浸后的棉种用清水漂洗一下,晒干再播。②用沼液原液分次灌蔸,每 667 平方米用沼液 5 000~7 500 千克为宜。棉花现蕾前进行浇灌效果最佳。一般防治效果达 52%左右,死苗率下降 22%左右。棉花枯萎病发病高峰正是棉花现蕾盛期前,因此,沼液灌蔸主要在棉花现蕾前进行,以利提高防治效果。据报道,一般单株成桃增加 2 个左右;棉花产量提高 9%~12%;每 667 平方米增皮棉 11~17.5 千克。

花生:一次浸 4~6 小时,清水洗净晾干后即可播种。

烟籽:时间 3 小时,取出后放清水中,轻揉 2~3 分钟,晾干后播种。

瓜类与豆类种子:一次浸 2~4 小时,清水洗净,然后催芽或播种。

(2)使用效果

① 沼液比清水浸种水稻和谷种的发芽率能提高 10%。

② 沼液比清水浸种水稻的成秧率能提高 24.82%,小麦成苗率提高 23.6%。

③ 沼液浸种的秧苗素质好,秧苗增高、茎增粗、分蘖数目多,而且根多、子根粗、芽壮、叶色深绿,移栽后返青快、分蘖早、长势旺。

④ 用沼液浸种的秧苗"三抗"能力强,基本无恶苗病发生,而清水没浸种的恶苗病发病率平均为 8%。

(3)注意事项

① 用于沼液浸种的沼气池要正常产气 3 个月以上。

② 浸种时间以种子吸足水分为宜,浸种时间不宜过长,过长种子易水解过度,影响发芽率。

③ 沼液浸过的种子,都应用清水淘净,然后催芽或播种。

④ 及时给沼气池加盖，注意安全。

⑤ 由于地区、墒情、温度、农作物品种不同，浸种时间各地可先进行一些简单的对比试验后确定。

⑥ 在产气压力低（6 666 帕）或停止产气的沼气池水压间浸种，其效果较差。

⑦ 浸种前盛种子的袋子一定要清洗干净。

2. 作追肥 用沼液作追肥一般作物每次每 667 平方米用量 500 千克，需对清水 2 倍以上，结合灌溉进行更好；瓜菜类作物可适当增加用量，两次追肥要间隔 10 天以上。果树追肥可按株进行，幼树一般每株每次可施沼液 10 千克，成年挂果树每株每次可施沼液 50 千克。

3. 叶面喷肥

（1）选择沼液 选用正常产气 3 个月以上的沼气池中腐熟液，澄清、纱布过滤并敞半天。

（2）施肥时期 农作物萌动抽梢期（分蘖期），花期（孕穗期、始果期），果实膨大期（灌浆结实期），病虫害暴发期。每隔 10 天喷施 1 次。

（3）施肥时间 上午露水干后（10：00 左右）进行，夏季傍晚为宜，中午高温及暴雨前不施。

（4）浓度 幼苗、嫩叶期 1 份沼液加 1～2 份清水；夏季高温，1 份沼液加 1 份清水；气温较低，老叶（苗）时，不加水。

（5）用量 视农作物品种和长势而定，一般每 667 平方米40～100 千克。

（6）喷洒部位 以喷施叶背面为主，兼顾正面，以利养分吸收。

（7）果树叶面追肥 用沼液作果树的叶面追肥要分 3 种情况。如果果树长势不好和挂果的果树，可用纯沼液进行叶面喷洒，还可适当加入 0.5% 的尿素溶液与沼液混合喷洒。气温较高的南方应将沼液稀释，以 100 千克沼液对 200 千克清水进行喷洒。如果果树的虫害很严重可按照农药的常规稀释量加入防治不同虫害的不同的农药配合喷洒。

(二) 沼液防虫

1. 柑橘螨、蚧和蚜虫 沼液 50 千克，双层纱布过滤，直接喷施，10 天 1 次；发虫高峰期，连治 2～3 次。若气温在 25 ℃以下，全天可喷；气温超过 25 ℃，应在下午 5：00 以后进行。如果在沼液中加入 0.1%～0.03%的灭扫利，灭虫卵效果尤为显著，且药效持续 30 天以上。

2. 柑橘黄、红蜘蛛 取沼液 50 千克，澄清过滤，直接喷施。一般情况下，红、黄蜘蛛 3～4 小时失活，5～6 小时死亡 98.5%。

3. 玉米螟 沼液 50 千克，加入 2.5%敌杀死乳油 10 毫升，搅匀，灌玉米新叶。

4. 蔬菜蚜虫 每 667 平方米取沼液 30 千克，加入洗衣粉 10 克，喷雾。也可利用晴天温度较高时，直接泼洒。

5. 麦蚜虫 每 667 平方米取沼液 50 千克，加入乐果 2.5 克，晴天露水干后喷洒；若 6 小时以内遇雨，则应补治 1 次。蚜虫 28 小时失活，40～50 小时死亡，杀灭率 94.7%。

6. 水稻螟虫 取沼液 1 份加清水 1 份混合均匀，泼浇。

(三) 沼液养鱼

1. 技术要点

(1) 原理 将沼肥施入鱼塘，系为水中浮游动、植物提供营养，增加鱼塘中浮游动、植物产量，丰富滤食鱼类饵料的一种饲料转换技术。

(2) 基肥 春季清塘、消毒后进行。每 667 平方米水面用沼渣 150 千克或沼液 300 千克均匀施肥。沼渣，可在未放水前运至大塘均匀撒开，并及时放水入塘。

(3) 追肥 4～6 月，每周每 667 平方米水面施沼渣 100 千克或沼液 200 千克；7～8 月，每周每 667 平方米水面施沼液 150 千克；9～10 月，每周每 667 平方米水面施沼渣 100 千克或沼液 150千克。

(4) 施肥时间 晴天 8：00～10：00 施沼液最好；阴天可不

施；有风天气，顺风泼洒；闷热天气、雷雨来临之前不施。

2. 注意事项

（1）鱼类以花白鲢为主，混养优质鱼（底层鱼）比例不超过 40%。

（2）专业养殖户，可从出料间连接管道到鱼池，形成自动溢流。

（3）水体透明度大于 30 厘米时每 2 天施 1 次沼液，每次每 667 平方米水面施沼液 100～150 千克，直到透明度回到 25～30 厘米后，转入正常投肥。

3. 配制颗粒饵料养鱼　利用沼液养鱼是一项行之有效的实用技术，但是如果技术使用不当或遇到特殊气候条件时，容易使水质污染，造成鱼因缺氧窒息而死亡，针对这一问题，用沼液、蚕沙、麦麸、米糠、鸡粪配成颗粒饵料喂鱼，则水不会受到污染，从而降低了经济损失。具体技术如下：

（1）原料配方　用沼液 28%、米糠 30%、蚕沙 15%、麦麸 21%、鸡粪 6%。

（2）配制方法　蚕沙、麦麸、米糠、用粉碎机粉碎成细末，而后加入鸡粪再加沼液搅拌均匀晾晒，在 7 成干时用筛子格筛成颗粒，晒干保管。

（3）堰塘养鱼比例　鲢鱼 20%、草鱼 60%、鲤鱼 15%、鲫鱼 5%。撒放颗粒饵料要有规律性，早晨 7：00，下午 5：00 撒料为宜，定地点、定饵料。

（4）养鱼需要充足的阳光　颗粒饵料养鱼，务必选择阳光充足的堰塘，据测试，阳光充足，草鱼每天能增长 11 克，花鲢鱼增长 8 克；阳光不充足，草鱼每天只增长 7 克，花鲢增长 6 克。

（5）掌握加沼液的时间　配有沼液的饵料，含蛋白质较高，在 200 克以下的草鱼不适宜喂，否则会引起鱼腹泻。在 200 克重以上的鱼可添加沼液的饵料，但开始不宜过多，以后根据鱼大小和数量适当增加。最好将 200 克以下和 200 克以上的鱼分开，避免小鱼食后腹泻。

该技术的关键是饵料配制、日照时间要长及掌握好添加沼液的时间。

（四）沼液养猪

1. 技术要点

（1）沼液采自正常产气 3 个月以上的沼气池。清除出料间的浮渣和杂物，并从出料间取中层沼液，经过滤后加入饲料中。

（2）添加沼液喂养前，应对猪进行驱虫、健喂和防疫，并把喂熟食改为喂生食。

（3）按生猪体重确定每餐投喂的沼液量，每日喂食 3～4 餐。

（4）观察生猪饲喂沼液后有无异常现象，以便及时处置。

（5）沼液日喂量的确定

体重确定法：育肥猪体重从 20 千克开始，日喂沼液 1.2 千克；体重达 40 千克时，日喂沼液 2 千克；体重达 60 千克时，日喂沼液 3 千克；体重达 100 千克以上，日喂沼液 4 千克。若猪喜食，可适当增加喂量。

精饲料确定法：精饲料指不完全营养成分拌和料；沼液喂食量按每千克体重达 100 千克以上，日喂食量按每千克饲料拌 1.5～2.5 千克为宜。

青饲料确定法：以青饲料为主的地区，将青饲料粉碎淘净放在沼液中浸泡，2 小时后直接饲喂。

2. 注意事项

（1）饲喂沼液，猪有个适应过程，可采取先盛放沼液让其闻到气味，或者饿 1～2 餐，从而增加食欲，将少量沼液拌入饲料等，3～5 天后，即可正常进行。猪体重 20～50 千克时，饲喂增重效果明显。

（2）严格掌握日饲喂量。如发现猪饲喂沼液后拉稀，可减量或停喂 2 天。所喂沼液一般须取出后搅拌或放置 1～2 小时让氨气挥发后再喂。放置时间可根据气温高低灵活掌握，放置时间不宜过长以防光解、氧化及感染细菌。

（3）沼液喂猪期间，猪的防疫驱虫、治病等应在当地兽医的指导下进行。

（4）池盖应及时还原。死畜、死禽、有毒物不得投入沼气池。

（5）病态的、不产气的和投入了有毒物质的沼气池中的沼液，禁止喂猪。

（6）沼液的酸碱度以中性为宜，即 pH 为 6.5～7.5。

（7）沼液仅是添加剂，不能取代基础粮食，只有在满足猪日粮需求的基础上，才能体现添加剂的效果。

（8）添加沼液的养猪体重在 120 千克左右出栏，经济效果最佳。

三、沼渣的利用

（一）沼渣做肥料

1. 作底肥直接使用　由于沼渣含有丰富的有机质、腐殖酸类物质，因而应用沼渣作底肥不仅能使作物增产，长期使用，还能改变土壤的理化形状，使土壤疏松，容重下降，团粒结构改善。

用作旱地作物时，先将土壤挖松一次，将沼渣以每 667 平方米 2 000 千克均匀撒播在土壤中，翻耕，耙平，使沼渣埋于土表下 10 厘米，半月后便可播种、栽培；用于水田作物时，要在第一次犁田后将沼渣倒入田中，并犁田 3～4 遍，使土壤与沼渣混合均匀，10 天后便可播种、栽培。

2. 沼渣与碳酸氢铵配合使用　沼渣作底肥与碳酸氢铵配合使用，不仅能减少化肥的用量，还能改善土壤结构，提高肥效。

方法是：将沼渣从沼气池中取出，让其自然风干 1 周左右，以每 667 平方米使用沼渣 500 千克，碳酸氢铵 10 千克，如果缺磷的土壤，还需补施 25 千克过磷酸钙，将土壤或水田再耙一次。旱地还需覆盖 10 厘米厚泥土，以免化肥快速分解，其余施肥方法按照作物的常规施肥与管理。

3. 制沼腐磷肥　先取出沼气池的沉渣，滤干水分，每 50 千克沼渣加 2.5～5 千克磷矿粉，拌和均匀，将混合料堆成圆锥形，外面糊一层稀泥，再撒一层细沙泥，不让开裂，堆放 50～60 天，便制成了沼腐磷肥。再将其挖开，打细，堆成圆锥形，在顶上向不同的方向打孔，每 50 千克沼腐磷肥加 5 千克碳酸氢铵稀释液，从顶部孔内漫漫灌入堆内，再糊上稀泥密封 30 天即可使用。

（二）沼渣种植食用菌（蘑菇）

1. 堆制培养料　蘑菇是依靠培养料中的营养物质来生长发育的，因此，培养料是蘑菇栽培的物质基础。用来堆制的培养料应选择含碳氮物质充分、质地疏松、富有弹性、能含蓄较多空气的材料，以利于好气性微生物的培养和蘑菇菌丝体吸收养分。如麦秸、稻草和沼渣。

以沼渣麦秸为原料，按 1：0.5 的配料比堆制。培养料的具体操作步骤是：

（1）铡短麦草　把不带泥土的麦草铡成 3～4 厘米的短草，收贮备用。

（2）晒干　打碎沼渣，选取不带泥土的沼渣晒干后打碎，再用筛孔为豌豆大的竹筛筛选。筛取的沼渣干粒收放室内，避免雨淋受潮。

（3）堆料　把截短的麦草用水浸透发胀，铺在地上，厚度以 15 厘米为宜。在麦草上均匀铺撒沼渣干粒，厚约 3 厘米。照此程序，在铺完第一层堆料后，再继续铺放第二层、第三层。铺完第三层时，开始向料堆均匀泼洒沼气水肥，每层泼 350～400 千克，第四、五、六、七层都分别泼洒相同数量的沼气水肥，使料堆充分吸湿浸透。料堆长 3 米、宽 2.33 米、高 1.5 米，共铺七层麦草七层沼渣，共用晒干沼渣约 800 千克、麦草 400 千克、沼气水肥 2 000 千克左右，料堆顶部呈瓦背状弧性。

（4）翻草　堆料 7 天左右，用细竹竿从料堆顶部朝下插一个孔，把温度计从孔中放进料堆内部测温，当温度达到 70 ℃时开始第一次翻草。如果温度低于 70 ℃，应当适当延长堆料时间，待上升到 70 ℃时再翻料，同时要注意控制温度不超过 80 ℃，否则，原料腐熟过度，会导致养分消耗过多。第一次翻料时，加入 25 千克碳酸氢铵、20 千克钙镁磷肥、50 千克油枯粉、23 千克石膏粉。加入适量化肥，可补充养分；石膏可改变培养料的黏性和使其松散，并增加硫、钙矿质元素。翻料方法是：料堆四周往中间翻，再从中间往外翻，达到拌和均匀。翻完料后，继续进行堆料，堆5～6天，则测得料堆温度达到70℃时，开始第二次翻料。此时，用40％的甲醛水液（福尔马林）1千克，加水40千克，在翻料时喷入料堆消毒，边喷边拌，翻拌均匀。如料堆变干，应适当泼洒沼气水肥，泼水量以手捏滴水为宜；如料堆偏酸，就适当加石灰水，如呈碱性，则适当加沼气水肥，调节料堆的酸碱度从中性到微碱（pH 7～7.5）为宜。然后继续堆料3～4天，温度达到70℃时，进行第三次翻料。在这之后，一般再堆料2～3天，即可移入菌床使用。整个堆料和3次翻料共约18天左右。

2. 修建菇房和搭育菇床　蘑菇是一种好气性菌类，需要充足的氧气。蘑菇菌丝体的生长，需要20～25℃的适宜温度，蘑菇子实体的形成和发育，需要较高的温度；菌丝体和子实体对光线要求不严格，在散光和无光照条件下都能正常生长。因此，为了满足蘑菇生长发育所需的环境条件，修建菇房要做到通风换气良好、保温保湿性能强、冬暖夏凉、风吹不到菇床上、室内不易受到外界变化的影响、便于清洗和消毒。菇房的基地与床架要求坚固平整，便于操作。房内用竹木搭设3个菇床架，相互间隔0.7米，留作通道，以方便进房内操作。菇房四周不靠墙，每个菇床架长2.3米、高2.5米，床架上用细木杆铺设5层菇床，菇床的层间距离0.6米，最低层菇床离地面0.1米。在正对两个过道墙的中上部位，各开设3个长0.2米、宽0.18米的空气对流小窗，房顶部左右两侧各开一个通气孔。

3. 菇床消毒、装床播种和管理

（1）菇床消毒　用0.5千克甲醛水液加20千克水喷射房间地面、墙壁和菇架菇床，喷完后，取150千克敲碎的硫黄晶体装在碗内，碗上覆盖少量柏树枝和乱草，点燃后，封闭门窗熏蒸1～2小时。3天后，喷洒高锰酸钾水溶液（20粒高锰酸钾晶体对水7.5千克），次日进行装床播种。

（2）装床播种　先在床上铺一层 8～10 厘米厚的培养料，接着用高锰酸钾水溶液将菌种瓶口消毒后揭开，再用干净的细竹签从菌瓶中钩出菌种，拌撒在干净的盆子内，然后在培养料上均匀地播上一层菌种，然后再铺上一层 5 厘米厚的培养料，使菌种夹在两层培养料之间。

（3）管理

覆土：播种后 10 天左右，菌丝体开始长出培养料的表面，这时要进行覆土，一般以土壤为好。先均匀地覆盖一层粒径 1.6 厘米左右的壤黄泥粗土，再均匀地覆上一层粒径 0.6 厘米左右的壤黄泥细土，使细土盖住粗土，以不露出粗土为宜，总厚度不超过 5 厘米。然后给土层喷水，湿度保持在土能捏拢、不粘手、落地能散为宜。

温度和湿度：菌床温度适宜常温，20～25 ℃是菌丝体生长的最适宜温度。低于 15 ℃菌丝体生长缓慢，高于 30 ℃菌丝体生长稀疏、瘦弱，甚至受害。调节温度的办法是：温度高时，打开门窗通风降温；温度低时，关闭或暂时关闭 1～2 个空气对流窗。培养料的湿度为 60%～65%，空气的相对湿度为 80%～90%。调节湿度的办法是：每天给菌床适量喷水 1～2 次，湿度高时，暂停喷水并打开门窗通风排湿。

调节与补充营养：菌丝长的稀少时，用浓度为 0.25 毫克/千克的三十烷醇（植物生长调节剂）10 毫升加水 10 千克喷洒菌床。当菌丝生长瘦弱时，用 0.25 千克葡萄糖加水 40 千克喷洒菌床。

加强检查：经常保持菇房的空气流通，避免光线直射菇床。

采收后的管理：每次摘完一次成熟蘑菇后，要把菇窝的泥土填平，以保持下一批蘑菇良好的生长环境。

4. 沼渣种蘑菇的优点

（1）易取材　取材广泛、方便、省工、省时、省料。

（2）成本低、效益高　用沼渣种蘑菇，每平方米菇床成本仅 1.22 元，比用牛粪种蘑菇每平方米菇床的成本 2.25 元节省了 1.03 元，还节省了 400 千克秸草，价值 18.40 元。沼渣栽培蘑菇，一般提前 10 天左右出菇，蘑菇品质好，产量高。

（3）沼渣比牛粪卫生　牛粪在堆料过程中有粪虫产生，沼渣因经过沼气池厌氧灭菌处理，堆料中没有粪虫。用沼渣作培养料，杂菌污染的可能性小。

（三）沼渣养殖蚯蚓

1. 技术要点

（1）蚓床制作　室内养殖，分坑养、箱养、盆养 3 种。一般以坑养为宜，坑大小依养殖数量和室内大小而定。坑四周以砖砌水泥抹面为好，墙高 35 厘米以上，地面用水泥抹平或坚实土面亦可，以防蚯蚓逃逸。小规模养殖可采用大箱或瓦盆。室外养殖，可选择避风向阳处挖坑养殖。坑呈长方形，深度不大于 60 厘米，一半在地下，一半在地面以上，四周用砖砌好，坑底用水泥抹平或坚实土面亦可。

（2）放养　沼渣捞出后，摊开沥干 2 天，然后与 20％铡碎稻草、麦秆、树叶、生活垃圾拌匀后平置坑内，厚度 20～25 厘米，均匀移入蚯蚓，保持 65％湿度。

（3）管理　蚯蚓生活适宜温度为 15～30 ℃，高温季节可洒水降温，室外养殖不可暴晒，应有必要蔽荫设施。气温低于 12 ℃时，覆盖稻草保暖，保持 65％湿度。经常分堆，将大小蚯蚓分开饲养。

（4）防止伤害　预防天敌，如水蛭、蟾蜍、蛇、鼠、鸟、蚂蚁、螨等，避免农药、工业废气危害。

2. 注意事项　养殖场所遮光，不能随意翻动床土，以保持安静环境。

3. 加工利用　蚯蚓作为一种动物蛋白质饲料饲喂鸡、鱼等动物，需作适当的加工处理。目前，蚯蚓加工利用的方法主要有：

（1）速冻贮藏　蚯蚓采收后放入桶内，用流水冲洗过夜，清除腹腔蚓粪和体表黏液。然后放入容器内，加水速冻，结冰后移入 0 ℃以下库房，长期保存。

（2）阳光晒干　将蚯蚓采收后放在室内塑料薄膜上摊开过夜，让其排出消化道内的蚓粪并排出部分体腔黏液。夜间开灯防逃。第二天消除体表黏液及蚓粪后，将蚯蚓放在水泥地上摊成薄薄的一层，连续两天太阳照晒，晒成体表红亮洁净的蚯蚓干。

（3）微波炉干燥　将蚯蚓放置在玻璃器皿内，加盖，放入微波炉内干燥。

（4）电烘箱干燥　蚯蚓在不利的环境下，会排出大量体腔黏液，烘干时会与烘盘粘连在一起，很难分离。烘干前在蚯蚓体表拌以豆粕粉、大麦粉或石粉等，然后放在烘盘上摊成薄薄的一层，以 70～75 ℃烘 6 小时，使其成蚯蚓干。

四、沼肥的综合利用

有机物质（如猪粪、秸秆等）经厌氧发酵产生沼气后，残留的渣和液统称为沼气发酵残留物，俗称沼肥。沼肥是优质的农作物肥料，在农业生产中发挥着极其重要的作用。

（一）沼肥配营养土盆栽

1. 技术要点

（1）配制培养土　腐熟 3 个月以上的沼渣与园土、粗沙等拌匀。比例为鲜沼渣 40％、园土 40％、粗沙 20％，或者干沼渣 20％、园土 60％、粗沙 20％。

（2）换盆　盆花栽植 1～3 年后，需换土、扩钵，一般品种可用上法配制的培养土填充，名贵品种视品种适肥性能增减沼肥量和其他培养料。新植、换盆花卉，不见新叶不追肥。

（3）追肥　盆栽花卉一般土少树大、营养不足，需要人工补充，但补充的数量与时间视品种与长势确定。

茶花类（以山茶为代表）要求追肥次数少、浓度低，3～5 月每月 1 次沼液，浓度为 1 份沼液加 1～2 份清水；季节花（以月季花为代表）可 1 月 1 次沼液，比例同上，至 9～10 月停止。

观赏类花卉宜多施，观花观果类花卉宜与磷、钾肥混施，但在花蕾展观和休眠期停止使用沼肥。

2. 注意事项

（1）沼渣一定要充分腐熟，可将取出的沼渣用桶存放 20～30 天再用。

（2）沼液作追肥和叶面喷肥前应敞半天以上。

（3）沼液种盆花，应计算用量，切忌过量施肥。若施肥后，纷落老叶，则表明浓度偏高，应及时淋水稀释或换土；若嫩叶边缘呈渍状脱落，则表明水肥中毒，应立即脱盆换土，剪枝、遮阴护养。

（二）沼肥旱土育秧

1. 技术要点 沼液沼渣旱土育秧是一项培育农作物优质秧苗的新技术。

（1）苗床制作 整地前，每 667 平方米用沼渣 1 500 千克撒入苗床，并耕耙 2～3 次，随即作畦，畦宽 140 厘米、畦高 15 厘米、畦长不超过 10 米，平整畦面，并作好腰沟和围沟。

（2）播种前准备 每 667 平方米备好中膜 80～100 千克或地膜 10～12 千克，竹片 450 片，并将种子进行沼液浸种、催芽。

（3）播种 播种前，用木板轻轻压平畦面，畦面缝隙处用细土添平压实，用洒水壶均匀洒水至 5 厘米土层湿润。按 2～3 千克/米^2 标准喷施沼液。待沼液渗入土壤后，将种子来回撒播均匀，逐次加密。播完种子后，用备用的干细土均匀撒在种子面上，种子不外露即可。然后用木板轻轻压平，用喷雾器喷水，以保持表土湿润。

（4）盖膜 按 40 厘米间隙在畦面两边拱行插好支撑地膜的竹片，其上盖好薄膜，四边压实即可。

（5）苗床管理 种子进入生根立苗期应保持土壤湿润。天旱时，可掀开薄膜，用喷雾器喷水浇灌。长出二叶一心时，如叶片不卷叶，可停止浇水，以促进扎根，待长出三叶一心后，方可浇淋。秧苗出圃前一周，可用稀释 1 倍的沼液浇淋 1 次送嫁肥。

2. 注意事项

（1）使用的沼液及沼渣必须经过充分腐熟。

（2）畦面管理应注意棚内定时通风。

（三）利用沼肥种菜

沼肥经沼气发酵后杀死了寄生虫卵和有害病菌，同时又富集了养分，是一种优质的有机肥料。用来种菜，既可增加肥效，又可减少使用农药和化肥，生产的蔬菜深受消费着喜爱，与未使用沼肥的菜地对比，可增产30％左右，市场销售价格也比普通同类价格要高。

1. 沼渣作基肥 采用移栽秧苗的蔬菜，基肥以穴施方法进行。秧苗移栽时，每667平方米用腐熟沼渣2 000千克施入定植穴内，与开穴挖出的园土混合后进行定植。对采用点播或大面积种植的蔬菜，基肥一般采用条施条播方法进行。对于瓜菜类，例如南瓜、冬瓜、黄瓜、西红柿等，一般采用大穴大肥方法，每667平方米用沼渣3 000千克、过磷酸钙35千克、草木灰100千克和适量生活垃圾混合后施入穴内，盖上一层厚5～10厘米的园土，定植后立即浇透水分，及时盖上稻草或麦秆。

2. 沼液作追肥 一般采用根外淋浇和叶面喷施2种方式。根部淋浇沼液量可视蔬菜品种而定，一般每667平方米用量为500～3 000千克。施肥时间以晴天或傍晚为好，雨天或土壤过湿时不宜施肥。叶面喷施的沼液需经纱布过滤后方可使用。在蔬菜嫩叶期，沼液应对水1倍稀释，用量在40～50千克，喷施时以叶背面为主，以布满液珠而不滴水为宜。喷施时间，上午露水干后进行，夏季以傍晚为好，中午、下雨时不喷施。叶菜类可在蔬菜的任何生长季节施肥，也可结合防病灭虫时喷施沼液。瓜菜类可在现蕾期、花期、果实膨大期进行，并在沼液中加入3％的磷酸二氢钾。

3. 注意事项

（1）沼渣作基肥时，沼渣一定要在沼气池外堆沤腐熟。

（2）沼液叶面追肥时，应观察沼液浓度。如沼液呈深褐色，有一定稠度时，应对水稀释后使用。

（3）沼液叶面追肥，沼液一般要在沼气池外停置半天。

（4）蔬菜上市前7天，一般不追施沼肥。

（四）用沼肥种花生

1. 技术要点

（1）备好基肥　每 667 平方米用沼渣 2 000 千克、过磷酸钙 45 千克堆沤 1 个月后与 20 千克氯化钾或 50 千克草木灰混合拌匀备用。

（2）整地做畦，挖穴施肥　翻耙平整土地后，按当地规格做畦，一般采用规格为畦宽 100 厘米、畦高 12～15 厘米，沟宽 35 厘米，畦长不超过 10 米。视品种不同挖穴规格一般为 15 厘米×20 厘米或 15 厘米×25 厘米，每 667 平方米保持 1.5 万～2.0 万株。每穴施入混合好的沼渣 0.1 千克。

（3）浸种播种，覆盖地膜　在播种前，用沼液浸种 4～6 小时，清洗后用 0.1%～0.2% 钼酸铵拌种，稍干后即可播种。每穴 2 粒种子，覆土 3 厘米，然后用五氯酸钠 500 克对水 75 千克喷洒畦面即可盖膜，盖膜后四边用土封严压紧，使膜不起皱，紧贴土面。

（4）管理　幼苗出土后，用小刀在膜上划开 6 厘米十字小洞，以利幼苗出土生长。幼苗 4～5 片叶至初花期，每 667 平方米用 750 千克沼液淋浇追肥。盛花期，每 667 平方米喷施沼液 75 千克，如加入少量尿素和磷酸二氢钾则效果更好。

2. 注意事项

（1）沼渣与过磷酸钙务必堆沤 1 个月。

（2）追肥用沼液如呈深褐色且稠度大时，应对水 1 倍方可施肥。

实践证明，使用沼渣和沼液作花生基肥和追肥可提高出苗率 10%，可增产 20% 左右。

（五）用沼肥种西瓜

1. 浸种　浸种 8～12 小时，中途搅动 1 次，结束后取出轻搓 1 分钟，洗净，保温催芽 1～2 天，温度 30 ℃ 左右，一般 20～24 小时即可发芽。

2. 配制营养土及播种　取腐熟沼渣 1 份与 10 份菜园土，补充磷肥（按 1 立方米 1 千克）拌和，至手捏成团、落地能散，制成营养钵；当种子露白时，即可播入营养钵内，每钵 2～3 粒种子。

3. 基肥 移栽前 1 周，将沼渣施入大田瓜穴，每 667 平方米施沼渣 2 500 千克。

4. 追肥 从花蕾期开始，每 10～15 天行间施 1 次，每次每 667 平方米施沼液 500 千克，沼液：清水＝1：2。可重施 1 次壮果肥，用量为每 667 平方米 100 千克饼肥、50 千克沼肥、10 千克钾肥，开 10～20 厘米环状沟，施肥后在沟内覆土。

5. 沼液叶面喷肥 初蔓开始，7～10 天喷 1 次，沼液：清水＝1：2，后期改为 1：1，能有效防治枯萎病。

(六) 用沼肥种烤烟

1. 技术要点

(1) **沼液沼渣旱土育苗** 将种子在沼液中浸种 12 小时后，轻轻搓洗，换清水再浸 6 小时，装入布袋或竹编容器催芽。种子露白时，即可播入旱床。出现 4 片真叶时，可用对水 1 倍的沼液淋浇 1 次。经常揭膜炼苗，40～60 天后便可移栽。

(2) **整地施肥** 移栽前 15 天整好地，浅耕 20 厘米，耙平做畦，畦宽 100～110 厘米，沟深 35～40 厘米，畦高 15 厘米，开好腰沟、围沟。按株距 50 厘米、行距 90～100 厘米的标准开沟或开穴，沟深 15 厘米。在沟（穴）内先行施入基肥，每 667 平方米使入沼肥 1 600 千克、复合肥 15 千克、过磷酸钙 25 千克的混合肥，每株 1.2 千克，施肥后当即覆土 10 厘米。

(3) **移栽** 移栽时，烟秧苗要尽量带土，以免损伤根系。覆土后，稍加压，淋透定根水。

(4) **管理** 移栽后 7 天，松土除草，并施对水 1 倍的沼液，每株 0.4 千克。20 天时，中耕小培土，每 667 平方米施沼液 1 000 千克、复合肥 5 千克、氯化钾 5 千克。30 天时，进行中耕大培土，每 667 平方米施沼液 1 000 千克、复合肥 10 千克、氯化钾 5 千克；并培高畦面至 15 厘米左右。烟叶生长后期宜少施氮肥，以免烟苗贪青晚熟。对长势差、叶色淡黄的烟苗，可在清晨或傍晚用 0.3％磷酸二氢钾、0.2％～1％硫酸铁、0.1％～0.25％硼砂、10％草木灰溶于沼液后进行叶面喷施，并注意打顶抹杈和防治病虫害。

2. 注意事项

（1）移栽后，烟苗培土追肥必须在 1 个月内完成。过晚可能导致烟株贪青晚熟，影响烟质。

（2）中后期追肥要视苗情而定，生长旺盛、叶面深绿的只增施磷钾肥，而不用沼液追肥。

（七）用沼肥种梨

1. 技术要点　用沼液及沼渣种梨，花芽分化好，抽梢一致，叶片厚绿，果实大小一致，光泽度好，甜度高，树势增强；能提高抗轮纹病、黑心病的能力；提高单产 3％～10％，节省商品肥投资 40％～60％。

（1）幼树　生长季节，可实行 1 月 1 次沼肥，每次每株施沼液 10 千克，其中春梢肥每株应深施沼渣 10 千克。

（2）成年挂果树　以产定肥，以基肥为主，按每生产 1 000 千克鲜果需氮 4.5 千克、磷 2 千克、钾 4.5 千克要求计算（利用率 40％）。

基肥：占全年用量的 80％，一般在初春梨树休眠期进行，方法是在主干周围开挖 3～4 条放射状沟，沟长 30～80 厘米、宽 30 厘米、深 40 厘米，每株施沼渣 25～50 千克，补充复合肥 250 克，施后覆土。

花前肥：开花前 10～15 天，每株施沼液 50 千克，加尿素 50 克，撒施。

壮果肥：一般有 2 次，一次在花后 1 个月，每株施沼渣 20 千克或沼液 50 千克，加复合肥 100 克，抽槽深施。第二次在花后 2 个月，用法用量同第一次，并根据树势有所增减。

还阳肥：根据树势，一般在采果后进行，每株施沼液 20 千克，加入尿素 50 千克，根部撒施。还阳肥要从严掌握，控好用肥量，以免引发秋梢秋芽生长。

2. 注意事项

（1）梨属于大水大肥型果树，沼肥虽富含氮、磷、钾，但对于梨树来说还是偏少。因此，沼液沼渣种梨要补充化肥或其他有机肥。如果有条件实行全沼渣、沼液种梨，每株成年挂果树需沼渣、沼液 250～300 千克。

（2）沼液沼渣种梨除应用追肥外，还应经常用沼液进行叶面喷肥，才能取得更好的效果。

第三章
土壤培肥与科学施肥实用技术

近年来我国农业取得了举世瞩目的成就，但在取得巨大成就的同时，生态压力也在持续增大。目前我国农业生产资源约束日益严峻，除突出表现的水资源缺乏外，化肥与农药用量过大，加上土地流转、人工费用增加等因素，种粮食的成本在不断提高。据统计，目前我国化肥使用量比发达国家高出 20%；农药使用比发达国家高出 15%。不但浪费了资源，还污染了生产环境，必须应用先进的科学技术加以解决。

当前，在施肥实践中还存在以下主要问题：一是有机肥用量偏少。20 世纪 70 年代以来，随着化肥工业的高速发展，化肥高浓缩的养分、低廉的价格、快速的效果得到广大农民的青睐，化肥用量逐年增加，有机肥的施用则逐渐减少，进入 80 年代，实行土地承包责任制后，随着农村劳动力的大量外出转移，农户在施肥方面重化肥施用，忽视有机肥的投入，人畜粪尿及秸秆沤制大量减少，有机肥和无机肥施用比例严重失调。二是氮磷钾三要素施用比例失调。一些农民对作物需肥规律和施肥技术认识和理解不足，存在氮磷钾施用比例不当的问题，如部分中低产田玉米单一施用氮肥（尿素）、不施磷钾肥的现象仍占一定比例；还有部分高产地块农户使用氮磷钾比例为 15：15：15 的复合肥，不再补充氮肥，造成氮肥不足，磷钾肥浪费的现象，影响作物产量的提高。三是化肥施用方法不当。如氮肥表施问题，磷肥撒施问题。四是秸秆还田技术体系有待于进一步完善。秸秆还田作为技术体系包括施用量、墒情、耕作深度、破碎程度和配施氮肥等关键技术环节，当前农业生产应用过程中存在施用量大、耕地浅和配施氮肥不足等问题，影响其施用效果，需要在农业生产施肥实践中完善。五是施用肥料没有从耕作制度的有机整体系统考虑。现有的施肥模式是建立满足单季作物对养分的需求上，没有充分考虑耕作制度整体养分循环对施肥的要求，上下季作物肥料分配不够合理，肥料资源没有得到充分利用。

第一节　作物营养概述

植物生长需要内因和外因两方面条件，内因指基因潜力，植物通过选择优良品种和采用优良种子，产量才有保证；外因是植物与外界交换物质和能量，植物生长发育还要有适当的生存空间。很多因素影响植物的生长发育，它们可大致分为两类：产量形成因素和产量保护因素。产量形成因素分为六大类：养分、水分、大气、温度、光照和空间。在一定范围内，每个因素都会单独对产量的提高作出贡献，但严格地说，它们往往是在相互配合的基础上提高生物学产量的。产量保护因素主要指对病、虫和杂草的防除和控制，它们保护已经形成的产量不会遭受损失而降低。六大产量形成因素主要在相互配合的基础上提高生物产量时需要保持相互之间的平衡，某一因素的过量或不足都会影响作物的产量和品质。

在生产中要想获得高产和优质的农产品，首先要选择优良品种，提高基因内在潜力；其二要考虑如何使上述各种产量因素协调平衡，使这些优良品种的基因潜力得到最大限度的发挥。同时还要考虑产量保护因素进行有效的保护。一般情况下高产优质的作物品种往往要求更多的养分、水分、光照，更适宜的通气条件，更好的温度控制等外部条件。有时更换了作物品种但忽视了满足这些相应的外部条件反而使产量受到影响。

一、植物生长的必需养分

植物是一座天然化工厂，植物从生命之初到结束，它的体内每时每刻都在进行着复杂微妙的化学反应。用最简单的无机物质做原料合成各种复杂的有机物质，从而有了地球上多种多样的植物。植物的这些化学反应是在有光照的条件下进行的，植物叶片的气孔从大气中吸进二氧化碳。其根系从土壤中吸收水分，在光的作用下生成碳水化合物并释放出氧气和热量，这一过程就叫做光合作用。光合作用实际上是相当复杂的化学过程，在光反应（希尔反应）中，水反应生成氧，并经历光合磷酸化过程获得能量，这些能量在同时进行的暗反应（卡尔文循环）中使二氧化碳反应生成糖（碳水化合物）。

植物体内的碳水化合物与 13 中矿物质元素氮、磷、钾、硫、钙、镁、硼、铁、铜、锌、锰、钼、氯进一步合成淀粉、脂肪、纤维素或者氨基酸、蛋白质、原生质或核酸、叶绿素、维生素以及其他各种生命必需物质，由这些物质构造出植物体来。总之，植物在生长过程中所必需的元素有 16 种，另外 4 种元素钠、钴、钒、硅只是对某些植物来说是必需的。

1. 大量营养元素　又称常量营养元素。除来自大气和水的碳、氢、氧元素之外，还有氮、磷、钾 3 种营养元素，它们的含量占作物干重的百分之几至百分之几十。由于作物需要的量比较多，而土壤中可提供的有效性含量又比较少，常常要通过施肥才能满足作物生长的要求，因此称为作物营养三要素。

2. 中量营养元素　有钙、硫、镁 3 种元素。这些营养元素占作物干重的千分之几至千分之几十。

3. 微量营养元素　有铁、硼、锰、铜、锌、钼、氯 7 种营养元素。这些营养元素在植物体内含量极少，只占作物干重的千分之几至百万分之几。

二、作物营养元素的同等重要性和不可替代性

16 种作物营养元素都是作物必需的，尽管不同作物体中各种营养元素的含量差别很大，即使同种作物，亦因不同器官、不同年龄、不同环境条件，甚至在一天内的不同时间亦有差异，但必需的营养元素在作物体内不论数量多少都是同等重要的，任何一种营养元素的特殊功能都不能被其他元素所代替。另外，无论哪种元素缺

乏都对植物生长造成危害并引起特有的缺素症；同样，某种元素过量也对植物生长造成危害，因为一种元素过量就意味着其他元素短缺。植物营养元素分类见 3-1 表。

表 3-1 植物必需营养元素分类表

元素名称	元素符号	养分矿质性	植物需要量	植物燃烧灰分	植物结构组成	植物体内活动性	土壤中流动性
碳	C	非矿质	大量	非灰分	结构		
氢	H	非矿质	大量	非灰分	结构		
氧	O	非矿质	大量	非灰分	结构		
氮	N	矿质	大量	非灰分	结构	强	强
磷	P	矿质	大量	灰分	结构	强	弱
钾	K	矿质	大量	灰分	非结构	强	弱
硫	S	矿质	中量	灰分	结构	弱	强
钙	Ca	矿质	中量	灰分	结构	弱	强
镁	Mg	矿质	中量	灰分	结构	强	强
铁	Fe	矿质	微量	灰分	结构	弱	弱
锌	Zn	矿质	微量	灰分	结构	弱	弱
锰	Mn	矿质	微量	灰分	结构	弱	弱
硼	B	矿质	微量	灰分	非结构	弱	强
铜	Cu	矿质	微量	灰分	结构	弱	弱
钼	Mo	矿质	微量	灰分	结构	强	强
氯	Cl	矿质	微量	灰分	非结构	强	强

三、矿质营养元素的功能和缺乏与过量症状

(一) 氮

氮是第一个植物必需大量元素，它是蛋白质、叶绿素、核酸、酶、生物激素等重要生命物质的组成部分，是植物结构组分元素。

1. 氮缺乏症状 植物缺氮就会失去绿色。植株生长矮小细弱，分枝分蘖少，叶色变淡，呈色泽均一的浅绿或黄绿色，尤其是基部

叶片。

蛋白质在植株体内不断合成和分解，因氮易从较老组织运输到幼嫩组织中被再利用，首先从下部老叶片开始均匀黄化，逐渐扩展到上部叶片，黄叶脱落提早。同时株型也发生改变，瘦小、直立、茎秆细瘦。根量少、细长而色白。侧芽呈休眠状态或枯萎。花和果实少。成熟提早。产量品质下降。

禾本科作物无分蘖或少分蘖，穗小粒少。玉米缺氮下位叶黄化，叶尖枯萎，常呈 V 形向下延展。双子叶植物分枝或侧枝均少。草本的茎基部呈黄色。豆科作物根瘤少，无效根瘤多。

叶菜类蔬菜叶片小而薄，色淡绿或黄色，含水量减少，纤维素增加，丧失柔嫩多汁的特色。结球菜类叶球不充实，商品价值下降。块茎、块根作物的茎、蔓细瘦，薯块小，纤维素含量高，淀粉含量低。

果树幼叶小而薄，色淡，果小皮硬，含糖量相对提高，但产量低，商品品质下降。

除豆科作物外，一般作物都有明显反应，谷类作物中的玉米；蔬菜作物中的叶菜类；果树中的桃、苹果和柑橘等尤为敏感。

根据作物的外部症状可以初步判断作物缺氮及程度，单凭叶色及形态症状容易误诊，可以结合植株和土壤的化学测试来做出诊断。

2. 氮过量症状　植株氮过量时营养生长旺盛，色浓绿，节间长，腋芽生长旺盛，开花坐果率低，易倒伏，贪青晚熟，对寒冷干旱和病虫的抗逆性差。

氮过量时往往伴随缺钾和与或缺磷现象发生，造成营养生长旺盛，植株高大细长，节间长，叶片柔软，腋芽生长旺盛，开花少，坐果率低，果实膨大慢，易落花、落果。禾本科作物秕粒多，易倒伏，贪青晚熟；块根和块茎作物地上部旺长，地下部小而少。过量的氮与碳水化合物形成蛋白质，剩下少量碳水化合物用作构成细胞壁的原料，细胞壁变薄，所以植株对寒冷、干旱和病虫的抗逆性差，果实保鲜期短，果肉组织疏松，易遭受碰压损伤。可用补施钾肥以及磷肥来纠正氮过量症状。有时氮过量也会出现其他营养元素的缺乏症。

3. 市场上主要的含氮化肥 含氮化肥分两大类：铵态氮肥和硝态氮肥。铵态氮肥主要包括碳酸氢铵、硫酸铵、氯化铵等，尿素施入土壤后会分解为铵和二氧化碳，可视为铵态氮肥。铵态氮肥是含氮化肥的主要成员。施用铵态氮肥时应注意两个问题；第一是铵能产酸，施用后注意土壤酸化问题。第二是在碱性土壤或石灰性土壤上施用时，特别是高温和一定湿度条件下，会产生氨挥发，注意不要使用过量造成氨中毒。其他含铵化肥还有磷酸一铵、磷酸二铵、钼酸铵等。在主要作为其他营养元素来源时也应同时考虑其中铵的效益和危害两方面的作用。硝态氮肥主要包括硝酸钠、硝酸钾、硝酸钙等，使用时往往重视其中的钾钙等营养元素补充，但也不应忽视伴随离子硝酸盐的正反两方面作用。施用硝态氮肥则应注意淋失问题。尽量避免施入水田，对水稻等作物仅可叶面喷施。硝态氮肥肥效迅速，作追肥较好。另外在土壤温度、通气状况、pH、微生物种群数量等条件处于不利情况下，肥效远远大于铵态氮肥。硝酸铵既含铵又含硝酸盐，施用时要同时考虑这两种形态氮的影响。

（二）磷

磷是三要素之一，但植物对磷的吸收量远远小于钾和氮，甚至有时还不及钙、镁、硫等中量元素。核酸、磷酸腺苷等重要生命物质中都含磷，因此磷是植物结构组分元素。它在生命体中还构成磷脂、磷酸酯、肌醇六磷酸等物质。

1. 磷缺乏症状 植物缺磷时植株生长缓慢、矮小、苍老、茎细直立，分枝或分蘖较少，叶小，呈暗绿或灰绿色而无光泽，茎叶常因积累花青苷而带紫红色。根系发育差，易老化。由于磷易从较老组织运输到幼嫩组织中再利用，故症状从较老叶片开始向上扩展。缺磷植物的果实和种子少而小，成熟延迟。产量和品质降低。轻度缺磷外表形态不易表现。不同作物症状表现有所差异。十字花科作物、豆科作物、茄科作物及甜菜等是对磷极为敏感的作物。其中油菜、番茄常作为缺磷指示作物。玉米、芝麻属中等需磷作物，在严重缺磷时，也表现出明显症状。小麦、棉花、果树对缺磷的反应不甚敏感。

十字花科芸薹属的油菜在子叶期即可出现缺磷症状。叶小，色深，背面紫红色，真叶迟出，直挺竖立，随后上部叶片呈暗绿色，基部叶片暗紫色，尤以叶柄及叶脉为明显，有时叶缘或叶脉间出现斑点或斑块。分枝节位高，分枝少而细瘦，荚少粒小。生育期延迟。白菜、甘蓝缺磷时也出现老叶发红发紫。

缺磷大豆开花后叶片出现棕色斑点，种子小；严重时茎和叶均呈暗红色，根瘤发育差。茄科植物中，番茄幼苗缺磷生长停滞，叶背紫红色，成叶呈灰绿色，蕾花易脱落，后期出现卷叶。根菜类叶部症状少，但根肥大不良。洋葱移栽后幼苗发根不良，容易发僵。马铃薯缺磷植株矮小、僵直、暗绿，叶片上卷。

甜菜缺磷植株矮小，暗绿。老叶边缘黄或红褐色焦枯。藜科植物菠菜缺磷也植株矮小，老叶呈红褐色。

禾本科作物缺磷植株明显瘦小，叶片紫红色，不分蘖或少分蘖，叶片直挺。不仅每穗粒数减少且籽粒不饱满，穗上部常形成空瘪粒。

缺磷棉花叶色暗绿，蕾、铃易脱落，严重时下部叶片出现紫红色斑块，棉铃开裂，吐絮不良，籽指低。

果树缺磷植株发育不良，老叶黄化，落果严重，含酸量高，品质降低。

2. 磷过量症状 磷过量植株叶片肥厚密集，叶色浓绿，植株矮小，节间过短，营养生长受抑制，繁殖器官加速成熟，导致营养体小，地上部生长受抑制而根系非常发达，根量多而短粗。谷类作物无效分蘖和瘪粒增加；叶菜纤维素含量增加；烟草的燃烧性等品质下降。磷过量常导致缺锌、锰等元素。

3. 市场主要的含磷化肥

（1）过磷酸钙 施用磷肥的历史比使用氮肥早半个世纪。1843年已在英国生产和销售过磷酸钙，1852年也在美国开始销售。过磷酸钙中既含磷，也含硫酸钙。

（2）重过磷酸钙　重过磷酸钙中含磷量高于过磷酸钙，不含硫，含钙量低。

（3）硝酸磷肥　含氮和磷，因为其中含有硝酸钙，容易吸湿，所以不太受欢迎，但它所含硝态氮可直接被作物吸收利用。以上3种肥料都是磷灰石酸化得到的。

（4）磷酸二铵　是一种很好的水溶性肥料。含磷和铵态氮。

（5）钙镁磷肥　是一种酸溶性肥料，在酸性土壤上使用较为理想。

因历史原因，肥料含磷量习惯以五氧化二磷（P_2O_5）含量表示，纯磷＝五氧化二磷×0.43；五氧化二磷＝纯磷×2.29。

（三）钾

虽然钾不是植物结构组分元素，但却是植物生理活动中最重要的元素之一。植物根系以钾离子（K^+）的形式吸收钾。

1. 钾缺乏症状　农作物缺钾时纤维素等细胞壁组成物质减少，厚壁细胞木质化程度也较低，因而影响茎的强度，易倒伏。蛋白质合成受阻。氮代谢的正常进行被破坏，常引起腐胺积累，使叶片出现坏死斑点。因为钾在植株体中容易被再利用，所以症状首先从较老叶片上出现，一般表现为最初老叶叶尖及叶缘发黄，以后黄化部逐步向内伸展同时叶缘变褐、焦枯，似灼烧，叶片出现褐斑，病变部与正常部界限比较清晰，尤其是供氮丰富时，健康部分绿色深浓，病部赤褐焦枯，反差明显。严重时叶肉坏死、脱落。根系少而短，活力低、早衰。

双子叶植物叶片脉间缺绿，且沿叶缘逐渐出现坏死组织，渐呈烧焦状。单子叶植物叶片叶尖先萎蔫，渐呈坏死烧焦状。叶片因各部位生长不均匀而出现皱缩。植物生长受到抑制。

玉米发芽后几周即可出现症状，下位叶尖和叶缘黄化，不久变褐，老叶逐渐枯萎，再累及中上部叶，节间缩短，常出现因叶片长宽度变化不大而节间缩短所致比例失调的异常植株。生育延迟，果穗变小，穗顶变细，不着粒或籽粒不饱满、淀粉含量降低，穗端易感染病菌。

大豆容易缺钾，5～6片真叶时即可出现症状。中下位叶缘失绿变黄，呈"金镶边"状。老叶脉间组织突出、皱缩不平，边缘反卷，有时叶柄变棕褐色。荚稀不饱满，瘪荚瘪粒多。蚕豆叶色蓝绿，叶尖及叶缘棕色，叶片卷曲下垂，与茎呈钝角，最后焦枯、坏死，根系早衰。

油菜缺钾苗期叶缘出现灰白或白色小斑。开春后生长加速，叶缘及叶脉间开始失绿并有褐色斑块或白色干枯组织，严重时叶缘焦枯、凋萎，叶肉呈烧灼状，有的茎秆出现褐色条纹，秆壁变薄且脆，遇风雨植株常折断，着生荚果稀少，角果发育不良。

烟草缺钾症状大约在生长中后期发生，老叶叶尖变黄及向叶缘发展，叶片向下弯曲，严重时变成褐色，干枯期坏死脱落。抗病力降低。成熟时落黄不一致。

马铃薯缺钾生长缓慢，节间短，叶面粗糙、皱缩，向下卷曲，小叶排列紧密，与叶柄形成夹角小，叶尖及叶缘开始呈暗绿色，随后变为黄棕色，并渐向全叶扩展。老叶青铜色，干枯脱落，切开块茎时内部常有灰蓝色晕圈。

蔬菜作物一般在生育后期表现为老叶边缘失绿，出现黄白色斑，变褐、焦枯，并逐渐向上位叶扩展，老叶依次脱落。

甘蓝、白菜、花椰菜易出现症状，老叶边缘焦枯卷曲，严重时叶片出现白斑，萎蔫枯死。缺钾症状尤以结球期明显。甘蓝叶球不充实，球小而松。花椰菜花球发育不良，品质差。

黄瓜、番茄缺钾症状表现为下位叶叶尖及叶缘发黄，渐向脉间叶肉扩展，易萎蔫，提早脱落，黄瓜果实发育不良，常呈头大蒂细的棒槌形。番茄果实成熟不良、落果、果皮破裂，着色不匀，杂色斑驳、肩部常绿色不褪。果肉萎缩，汁少，称"绿背病"。

果树中，柑橘轻度缺钾仅表现果形稍小，其他症状不明显，对品质影响不大。严重时叶片皱缩，蓝绿色，边缘发黄，新生枝伸长不良，全株生长衰弱。

总之，马铃薯、甜菜、玉米、大豆、烟草、桃、甘蓝和花椰菜对缺钾反应敏感。

2. 市场上主要含钾化肥 钾矿以地下的固体盐矿床和死湖、死海中的卤水形式存在，有氯化物、硫酸盐和硝酸盐等形态。

氯化钾肥直接从盐矿和卤水中提炼，成本低。氯化钾肥会在土壤中残留氯离子，忌氯作物不宜使用。长期使用氯化钾肥容易造成土壤盐指数升高，引起土壤缺钙、板结，变酸，应配合施用石灰和钙肥。大多数其他钾肥的生产都与氯化钾有关。

硫酸钾会在土壤中残留硫酸根离子，长期使用容易造成土壤盐指数升高，板结、变酸，应配合施用石灰和钙镁磷肥。水田不宜施用硫酸钾，因为淹水状态下氧化还原电位低，硫酸根离子易还原为硫化物，致使植物根系中毒发黑。

硝酸钾肥是所有钾肥中最适合植物吸收利用的钾肥。其盐指数很低，不产酸，无残留离子。它的氮钾元素重量比为 1∶3，恰好是各种作氮钾养分的配比。硝酸钾溶解性好，不但可以灌溉追施，也可以叶面喷施，配制营养液一般离不开硝酸钾。

（四）硫

按照当前的分类方法，它属于中量元素。硫存在于蛋白质、维生素和激素中，它是植物结构组分元素。植物根系主要以硫酸根阴离子形态从土壤中吸收硫，它主要通过质流，极少数通过扩散（有时可忽略不计）到达植物根部。植物叶片也可以直接从大气中吸收少量二氧化硫气体。不同作物需硫量不同，许多十字花科作物，如芸薹属的甘蓝、油菜、芥菜等，萝卜属的萝卜，和百合科葱属的葱、蒜、洋葱、韭菜等需硫量最大。一般认为硫酸根通过原生质膜和液泡膜都是主动运转过程。吸收的硫酸根大部分于液泡中。钼酸根、硒酸根等阴离子与硫酸根阴离子竞争吸收位点，可抑制硫酸根的吸收。通过气孔进入植物叶片的二氧化硫气体分子遇水转变为亚硫酸根阴离子，继而氧化成硫酸根阴离子，被输送到植物体各个部位，但当空气中二氧化硫气体浓度过高时植物可能受到伤害，大气中二氧化硫临界浓度为 0.5～0.7 毫克/米³。

1. 硫缺乏症状 缺硫植物生长受阻，尤其是营养生长，症状类似缺氮。植株矮小，分枝、分蘖减少，全株体色褪淡，呈浅绿色或黄绿色。叶片失绿或黄化，褪绿均匀，幼叶较老叶明显，叶小而薄，向上卷曲，变硬，易碎，脱落提早。茎生长受阻，株矮、僵直。梢木栓化。生长期延迟。缺硫症状常表现在幼嫩部位，这是因为植物体内硫的移动性较小，不易被再利用。不同作物缺硫症状有所差异。

禾谷类作物植株直立，分蘖少，茎瘦，幼叶淡绿色或黄绿色。水稻插秧后返青延迟，全株显著黄化，新老叶无显著区别（与缺氮相似），不分蘖，叶尖有水渍状圆形褐斑，随后焦枯。大麦幼叶失绿较老叶明显，严重时叶片出现褐色斑点。

卷心菜、油菜等十字花科作物缺硫时最初会在叶片背面出现淡红色。卷心菜随着缺硫加剧，叶片正反面都发红发紫、杯状叶反折过来，叶片正面凹凸不平。油菜幼叶淡绿色，逐渐出现紫红色斑块，叶缘向上卷曲呈杯状，茎秆细矮并趋向木质化，花、荚色淡，角果尖端干瘪。

大豆生育前期新叶失绿，后期老叶黄化，出现棕色斑点。根细长，植株瘦弱，根瘤发育不良。烟草整个植株呈淡绿色，老叶焦枯，叶尖向下卷曲，叶面出现突起泡点。

马铃薯植株黄化，生长缓慢，但叶片并不提早干枯脱落，严重时叶片出现褐色斑块。

茶树幼苗发黄，称"茶黄"，叶片质地变硬。果树新生叶失绿黄化，严重时枯梢，果实小而畸形，色淡、皮厚、汁少。柑橘类还出现汁囊胶质化、橘瓣硬化。

敏感作物为十字花科如油菜等，其次为豆科、烟草和棉花。禾本科需硫较少。作物缺硫的一般症状为整个植株褪淡、黄化、色泽均匀，极易与缺氮症状混淆。但大多数作物缺硫，新叶比老叶重，不易枯干，发育延迟。而缺氮则老叶比新叶重，容易干枯、早熟。

2. 硫在大气、土壤、植物间的循环　硫在自然界中以单质硫、硫化物、硫酸盐以及与碳和氢结合的有机态存在。其丰度列为第13位。少量硫以气态氧化物或硫化氢（H_2S）气体形式在火山、热液和有机质分解的生物活动以及沼泽化过程中和从其他来源释放出来，H_2S也是天然气田的污染物质。在人类工业活动以后，燃烧煤炭、原油和其他含硫物质使二氧化硫（SO_2）排入大气，其中许多又被雨水带回大地。浓度高时形成酸雨。这是人为活动造成的来源。土壤中硫以有机和无机多种形态存在，呈多种氧化态，从硫酸的＋6价到硫化物的－2价态，并可有固、液、气3种形态。硫在大气圈、生物圈和土壤圈的循环比较复杂，与氮循环有共同点。大多数土壤中的硫存在于有机物、土壤溶液中和吸附于土壤复合体上。硫是蛋白质成分，蛋白质返回土壤转化为腐殖质后，大部分硫仍保持为有机结合态。土壤无机硫包括易溶硫酸盐、吸附态硫酸盐、与碳酸钙共沉淀的难溶硫酸盐和还原态无机硫化合物。土壤黏粒和有机质不吸引易溶硫酸盐，所以它留存于土壤溶液中，并随水运动，很易淋失，这就是表土通常含硫低的原因。大多数农业土壤表层中，大部分硫以有机态存在，占土壤全硫的90%以上。

3. 市场上主要的含硫化肥 长期以来很少有人提到硫肥。这可能有两个原因。一是工业活动以前，植物养分都是自然循环的，在那种条件下土壤中硫是充足的。植物养分不足是工业活动造成的，而施用化肥又是工业活动的产物。工业活动的能源一大部分来自煤炭和原油，它们燃烧后会放出含硫的气体，随降雨落回地面，这样就给土壤施进了硫肥。二是硫是其他化肥的伴随物。最早使用的氮肥之一是硫酸铵，人们将其作为氮肥使用，其实也同时施用了硫肥。再如作为磷肥的过磷酸钙，作为钾肥的硫酸钾，作为碱性土壤改良剂的石膏，既硫酸钙，用量都较大。因而补充大量的硫。随着工业污染的治理和化肥品种的改变，硫肥将会逐渐提到日程上来。单质硫是一种产酸的肥料，在我国使用不多，当施入土壤后就被土壤微生物氧化为硫酸，因此它常用作碱性土壤改良剂。

（五）钙

按目前的分类方法，它是中量元素。钙是植物结构组分元素。植物以二价钙离子的形式吸收钙。虽然钙在土壤中含量可能很大，有时比钾大10倍，但钙的吸收量却远远小于钾，因为只有幼嫩根尖能吸收钙。大多数植物所需的大量钙通过质流运到根表面。在富含钙的土壤中，根系附近可能积累大量钙，出现比植物生长所需更高浓度的钙时一般不影响植物吸收钙。

1. 钙缺乏症状　因为钙在植物体内易形成不溶性钙盐沉淀而固定，所以它是不能移动和再度被利用的。缺钙造成顶芽和根系顶端不发育，呈"断脖"症状，幼叶失绿、变形，出现弯钩状。严重时生长点坏死，叶尖和生长点呈果胶状。缺钙时根常常变黑腐烂。一般果实和贮藏器官供钙极差。水果和蔬菜常由贮藏组织变形判断缺钙。

禾谷类作物幼叶卷曲、干枯，功能叶的叶间及叶缘黄萎。植株未老先衰。结实少，秕粒多。小麦根尖分泌球状的透明黏液。玉米叶缘出现白色斑纹，常出现锯齿状不规则横向开裂，顶部叶片卷筒下弯呈弓状，相邻叶片常粘连，不能正常伸展。

豆科作物新叶不伸展，老叶出现灰白色斑点。叶脉棕色，叶柄柔软下垂。大豆根暗褐色、脆弱，呈黏稠状，叶柄与叶片交接处呈暗褐色，严重时茎顶卷曲呈钩状枯死。花生在老叶反面出现斑痕，随后叶片正反面均发生棕色枯死斑块，空荚多。蚕豆荚畸形、萎缩并变黑。豌豆幼叶及花梗枯萎，卷须萎缩。

烟草植株矮化，色深绿，严重时顶芽死亡，下部叶片增厚，出现红棕色枯死斑点，甚至顶部枯死，雌蕊显著突出。

棉花生长点受抑，呈弯钩状。严重时上部叶片及部分老叶叶柄下垂并溃烂。

马铃薯根部易坏死，块茎小，有畸形成串小块茎，块茎表面及内部维管束细胞常坏死。多种蔬菜因缺钙发生腐烂病，如番茄脐腐病，最初果顶脐部附近果肉出现水渍状坏死，但果皮完好，以后病部组织崩溃，继而黑化、干缩、下陷，一般不落果，无病部分仍继续发育，并可着色，此病常在幼果膨大期发生，越过此期一般不再发生。甜椒也有类似症状。大白菜和甘蓝的缘腐病叶球内叶片边缘由水渍状变为果浆色，继而褐化坏死、腐烂，干燥时似豆腐皮状，极脆，又名"干烧心""干边""内部顶烧症"等，病株外观无特殊症状，纵剖叶球时在剖面的中上部出现棕褐色弧形层状带，叶球最外第1～3叶和中心稚叶一般不发病。胡萝卜缺钙根部出现裂隙。莴苣顶端出现灼伤。西瓜、黄瓜和芹菜的顶端生长点坏死、腐烂。香瓜容易发生"发酵果"，整个瓜软腐，按压时出现泡沫。

苹果果实出现苦陷病，又名苦痘病，病果发育不良，表面出现下陷斑点，先见于果顶，果肉组织变软、干枯，有苦味，此病在采收前即可出现，但以贮藏期发生为多。缺钙还引起苹果水心病，果肉组织呈半透明水渍状，先出现在果肉维管束周围，向外呈放射状扩展，病变组织质地松软，有异味，病果采收后在贮藏期间病变继续发展，最终果肉细胞间隙充满汁液而导致内部腐烂。梨缺钙极易早衰，果皮出现枯斑，果心发黄，甚至果肉坏死，果实品质低劣。

苜蓿对钙最敏感，常作为缺钙指示作物，需钙量多的作物有紫花苜蓿、芦笋、菜豆、豌豆、大豆、向日葵、草木犀、花生、番茄、芹菜、大白菜、花椰菜等作物。其次为烟草、番茄、大白菜、结球甘蓝、玉米、大麦、小麦、甜菜、马铃薯、苹果。而谷类作物、桃树、菠萝等需钙较少。

2. 市场上主要的含钙化肥　目前专门施钙的不多，主要还是施石灰改良酸性土壤时带入的钙。大多数农作物主要还是利用土壤中储备的钙。土壤含钙量差异极大，湿润地区土壤钙含量低、沙质土壤含钙量低，石灰性土壤含钙量高。含钙量大于3%时一般表示土壤中存在碳酸钙。

钙常在施用过磷酸钙、重过磷酸钙等磷肥时施入土壤。石膏用作肥料对硫对钙都有价值，又是碱性土壤改良剂。钙可使土壤絮凝、透水性更好。最近也有使用硝酸钙肥的。这是一种既含氮又含钙的肥料，溶解性好，可配制叶面喷施溶液。但吸湿性较大。

（六）镁

按当前的分类镁属于中量元素。镁是植物结构组分元素。土壤中的二价镁离子随质流向植物根系移动。以二价镁离子的形式被根尖吸收，细胞膜对镁离子的透过性较小。植物根吸收镁的速率很低。镁主要是被动吸收，顺电化学势梯度而移动。

1. 镁缺乏症状 镁是活动性元素，在植株中移动性很好，植物组织中全镁含量的 70% 是可移动的，并与无机阴离子和苹果酸盐、柠檬酸盐等有机阴离子相结合。所以一般缺镁症状首先出现在低位衰老叶片上，共同症状是下位叶叶肉为黄色、青铜色或红色，但叶脉仍呈绿色。进一步发展，整个叶片组织全部淡黄，然后变褐直至最终坏死。大多发生在生育中后期，尤其以种子形成后多见。

马铃薯、番茄和糖用甜菜是对缺镁较为敏感的作物。菠萝、香蕉、柑橘、葡萄、柿子、苹果、牧草、玉米、油棕、棉花、烟草、可可、油橄榄、橡胶等也容易缺镁。

禾谷类作物早期叶片脉间褪绿出现黄绿相间的条纹花叶，严重时呈淡黄色或黄白色。麦类为中下位叶脉间失绿，残留绿斑相连成串呈念珠状（对光观察时明显），尤以小麦典型，为缺镁的特异症状。水稻亦为黄绿相间条纹叶，叶狭而薄，黄化从前端逐步向后半部扩展，边缘呈黄红色，稍内卷，叶身从叶枕处下垂沾水，严重时褪绿部分坏死干枯，拔节期后症状减轻。玉米先是条纹状花叶，后叶缘出现显著紫红色。

大豆缺镁症状第一对真叶即可出现，成株后，中下部叶整个叶片先褪淡，以后呈橘黄或橙红色，但叶脉保持绿色，花纹清晰，脉间叶肉常微凸而使叶片起皱。花生老叶边缘失绿，向中脉逐渐扩展，随后叶缘部分呈橘红色。苜蓿叶缘出现失绿斑点，而后叶缘及叶尖失绿，最后变为褐红色。三叶草首先是老叶脉间失绿，叶缘为绿色，以后叶缘变褐色或红褐色。

棉花老叶脉间失绿，网状脉纹清晰，以后出现紫色斑块甚至全叶变红，叶脉保持绿色，呈红叶绿脉状，下部叶片提早脱落。

油菜从子叶起出现紫红色斑块，中后期老叶脉间失绿，显示出橙、红、紫等各种色彩的大理石花纹，落叶提早。

马铃薯老叶的叶尖、叶缘及脉间褪绿，并向中心扩展，后期下部叶片变脆、增厚。严重时植株矮小，失绿叶片变棕色而坏死、脱落，块根生长受抑制。

烟草下部叶的叶尖、叶缘及脉间失绿，茎细弱，叶柄下垂，严重时下部叶趋于白色，少数叶片干枯或产生坏死斑块。甘蔗在老叶上首先出现脉间失绿斑点，再变为棕褐色，随后这些斑点再结合为大块锈斑，茎秆细长。

蔬菜作物一般为下部叶片出现黄化。莴苣、甜菜、萝卜等通常都在脉间出现显著黄斑，并呈不均匀分布，但叶脉组织仍保持绿色。芹菜首先在叶缘或叶尖出现黄斑，进一步坏死。番茄下位叶脉间出现失绿黄斑，叶缘变为橙、赤、紫等各种色彩，色素和缺绿在叶中呈不均匀分布，果实亦由红色褪成淡橙色，果肉黏性减小。

苹果叶片脉间呈现淡绿斑或灰绿斑，常扩散到叶缘，并迅速变为黄褐色转暗褐色，随后叶脉间和叶缘坏死，叶片脱落，顶部呈莲座状叶丛，叶片薄而色淡，严重时果实不能正常成熟，果小、着色不良，风味差。柑橘中下部叶片脉间失绿，呈斑块状黄化，随之转黄红色，提早脱落，结实多的树常重发，即使在同一树上，也因枝梢而异，结实多的症重，结实少的轻或无症，通常无核少核品种比多核品种症状轻。梨树老叶脉间显出紫褐色至黑褐色的长方形斑块，新梢叶片出现坏死斑点，叶缘仍为绿色，严重时从新梢基部开始，叶片逐步向上脱落。葡萄的较老叶片脉间先呈黄色，后变红褐色，叶脉绿色，色界极为清晰，最后斑块坏死，叶片脱落。

2. 市场上主要的含镁化肥 目前专门施镁肥的不多，含大量镁的营养载体也不多。石灰材料中的白云质石灰石中含有碳酸镁，钙镁磷肥和钢渣磷肥中也含有效镁，硫酸钾镁和硝酸钾镁中也含镁，硅酸镁、氧化镁和氯化镁也用作镁肥。常用的水溶性镁肥是硫酸镁，其次是硝酸镁，都可以作为速效镁肥施用，也可以用来配制叶面喷施溶液。

（七）硼

硼是非植物结构组分元素。1923年发现它是植物必需元素。植物以硼酸分子被动吸收硼。硼随质流进入根部，在根表自由空间与糖络合，吸收作用很快，是一个扩散过程。硼的运输主要受蒸腾作用的控制，因此很容易在叶尖和叶缘处积累，导致植物毒害。硼在植物体内相对不易移动，再利用率很低。

1. 硼缺乏症状　硼不易从衰老组织向活跃生长组织移动，最先出现缺硼的是顶芽停止生长。缺硼植物受影响最大的是代谢旺盛的细胞和组织。硼不足时根端、茎端生长停止，严重时生长点坏死，侧芽、侧根萌发生长，枝叶丛生。叶片增厚变脆、皱缩歪扭、褪绿萎蔫，叶柄及枝条增粗变短、开裂、木栓化，或出现水渍状斑点或环节状突起。茎基膨大。肉质根内部出现褐色坏死、开裂。花粉畸形，花、蕾易脱落，受精不正常，果实种子不充实。

甘蓝型油菜缺硼时花而不实。植株颜色淡绿，叶柄下垂不挺，下部叶片边缘首先出现紫红色斑块，叶面粗糙、皱缩、倒卷，枝条生长缓慢，节间缩短，甚至主茎萎缩。茎、根肿大，纵裂，褐色。花簇生，花柄下垂不挺，大多数因不能授粉而脱落，花期延长。已授粉的荚果短小，果皮厚，种子小。

棉花缺硼，叶柄呈浸润状暗绿色环状或带状条纹、顶芽生长缓慢或枯死、腋芽大量发生，在棉株顶端形成莲座效应（大田少见）。植株矮化。蕾而不花，蕾铃裂碎，花蕾易脱落。老叶叶片厚，叶脉突起，新叶小，叶色淡绿，皱缩，向下卷曲、直至霜冻都呈绿色、难落叶。

大豆幼苗期症状表现为顶芽下卷，甚至枯萎死亡，腋芽抽发。成株矮缩，叶片脉间失绿，叶尖下弯，老叶粗糙增厚，主根尖端死亡，侧根多而短、僵直，根瘤发育不良。开花不正常，脱落多，荚少，多畸形。三叶草植株矮小，茎生长点受抑，叶片丛生，呈簇形，多数叶片小而厚、畸形、皱缩，表面有突起，叶色浓绿，叶尖下卷，叶柄短粗，有的叶片发黄，叶柄和叶脉变红，继而全叶呈紫色，叶缘为黄色，形成明显的"金边"叶。病株现蕾开花少，严重的种子无收。

块根作物与块茎作物中，甜菜幼叶叶柄短粗弯曲，内部暗黑色，中下部叶出现白色网状皱纹，褶皱逐渐加深而破裂，老叶叶脉变黄、变脆，最后全叶黄化死亡，有时叶柄上出现横向裂纹，叶片上出现黏状物，根颈部干燥萎蔫，继而变褐腐烂，向内扩展成中空，称"腐心病"。甘薯藤蔓顶端生长受阻，节间短，常扭曲，幼叶中脉两侧不对称，叶柄短粗扭曲，老叶黄化，提早脱落，薯块畸形不整齐，表面粗糙，质地坚硬，严重时表面出现瘤状物及黑色凝固的渗出液，薯块内部形成层坏死。马铃薯生长点及分枝简短死亡，节间短，侧芽丛生，老叶粗糙增厚，叶缘卷曲，叶片提早脱落，块茎小而畸形，有的表皮溃烂，内部出现褐色或组织坏死。

果树中多数对缺硼敏感。柑橘表现叶片黄化、枯梢，称"黄叶枯梢病"，开始时顶端叶片黄化，从叶尖向叶基延展以后变褐枯萎，逐渐脱落，形成秃枝并枯梢，老叶变厚、变脆，叶脉变粗，木栓化，表皮爆裂，树势衰弱，坐果稀少，果实内汁囊萎缩发育不良，渣多汁少，果实中心常出现棕褐色胶斑，严重的果肉几乎消失，果皮增厚、显著皱缩，形小坚硬如石，称"石果病"。苹果表现为新梢顶端受损，甚至枯死，导致细弱侧枝多量发生，叶变厚，叶柄短粗变脆，叶脉扭曲，落叶严重，并出现枯梢，幼果表面出现水渍状褐斑，随后木栓化，干缩硬化，表皮凹陷不平、龟裂，称"缩果病"，病果常于成熟前脱落，或以干缩果挂于树上，果实内部出现褐色木栓化，或呈海绵状空洞化，病变部分果肉带苦味。葡萄初期表现为花序附近叶片出现不规则淡黄色斑点，逐渐扩展，直至脱落，新梢细弱，伸长不良，节间短，随后先端枯死，开花结果时症状最明显，特点是红褐色的花冠常不脱落，坐果少或不坐果，果串中有多量未受精的无核小粒果。

需硼量高的作物有苹果、葡萄、柑橘、芦笋、硬花球花椰菜、抱子甘蓝、卷心菜、芹菜、花椰菜、三叶草、甘蓝、大白菜、羽衣甘蓝、萝卜、马铃薯、油菜籽、芝麻、红甜菜、菠菜、向日葵、豆类及豆科绿肥作物等。

2. 硼过量症状　硼过量会阻碍植物生长，大多数耕作生硼毒害。施用过量硼肥会造成毒害，因为溶液中硼浓度从短缺到致毒之间跨度很窄。高浓度硼积累的部位出现失绿、焦枯坏死症状。叶缘最易积累，所以硼中毒最常见的症状之一是作物叶缘出现规则黄边，称"金边菜"。老叶中硼积累比新叶多，症状更重。

3. 市场上主要的含硼化肥　应用最广泛的硼肥是硼砂（Na_2B_7 ·

$10H_2O$）和硼酸。缺硼土壤上一般采用基施，也有浸种或拌种作种肥使用的，必要时还可以喷施。这两种肥料水溶性都很好。

（八）铁

1844 年发现铁是必需元素。它是微量元素中被植物吸收最多的一种。铁是植物结构组分元素。植物根系主要吸收二价铁离子（亚铁离子），也吸收螯合态铁。植物为了提高对铁的吸收和利用，当螯合态铁补充到根系时，在根表面螯合物中的三价铁先被还原使之与有机配位体分离，分离出来的二价铁被植物吸收。

1. 铁缺乏症状 铁离子在植物体中是最为固定的元素之一，通常呈高分子化合物存在，流动性很小，老叶片中的铁不能向新生组织转移，因此缺铁首先出现在植物幼叶上。缺铁植物叶片失绿黄白化，心叶常白化，称失绿症。初期脉间退色而叶脉仍绿，叶脉颜色深于叶肉，色界清晰，严重时叶片变黄，甚至变白。双子叶植物形成网纹花叶，单子叶植物形成黄绿相间条纹花叶。不同作物症状为：

果树等木本树种容易缺铁。新梢叶片失绿黄白化，称"黄叶病"，失绿程度依次由下向上加重，夏、秋梢发病多于春梢，病叶多呈清晰的网目状花叶，又称"黄化花叶病"。通常不发生褐斑、穿孔、皱缩等。严重黄白化的，叶缘亦可烧灼、干枯、提早脱落，形成枯梢或秃枝。如果这种情况几经反复，可以导致整株衰亡。

花卉观赏作物也容易缺铁。网状花纹清晰，色泽清丽，可增添几分观赏价值。一品红缺铁，植株矮小，枝条丛生，顶部叶片黄化或变白。月季花缺铁，顶部幼叶黄白化，严重时生长点及幼叶枯焦。菊花严重缺铁失绿时上部叶片多呈棕色，植株可能部分死亡。

豆科作物如大豆最易缺铁，因为铁是豆血红素和固氮酶的成分。缺铁使根瘤菌的固氮作用减弱，植株生长矮小。缺铁时上部叶片脉间黄化，叶脉仍保持绿色，并有轻度卷曲，严重时全部新叶失绿呈黄白色，极端缺乏时，叶缘附近出现许多褐色斑点，进而坏死。

禾谷类作物水稻、麦类及玉米等缺铁，叶片脉间失绿，呈条纹花叶，症状越近心叶越重。严重时心叶不出，植株生长不良，矮缩，生育延迟，有的甚至不能抽穗。

果菜类及叶菜类蔬菜缺铁，顶芽及新叶黄白化，仅沿叶脉残留绿色，叶片变薄，一般无褐变、坏死现象。番茄叶片基部还出现灰黄色斑点。

木本植物比草本植物对缺铁敏感。果树经济林木中的柑橘、苹果、桃、李、乌桕、桑，行道树种中的樟、枫杨、悬铃木、湿地松，大田作物中的玉米、花生、甜菜，蔬菜作物中的花椰菜、甘蓝、空心菜（蕹菜），观赏植物中的绣球花、栀子花、蔷薇花等都是对缺铁敏感或比较敏感的。其他敏感型作物有浆果类、柑橘属、蚕豆、亚麻、饲用高粱、梨树、杏、樱桃、山核桃、粒用高粱、葡萄、薄荷、大豆、苏丹草、马铃薯、菠菜、番茄、黄瓜、胡桃等。耐受型作物有水稻、小麦、大麦、谷子、苜蓿、棉花、紫花豌豆、饲用豆科、牧草、燕麦、鸭茅、糖用甜菜等。

在实际诊断中，根据外部症状判别作物缺铁时，由于铁、锰、锌三者容易混淆，需注意鉴别。缺铁和缺锰：缺铁褪绿程度通常较深，黄绿间色界常明显，一般不出现褐斑，而缺锰褪绿程度较浅，且常发生褐斑或褐色条纹。缺铁和缺锌：缺锌一般出现黄斑叶，而缺铁通常全叶黄白化而呈清晰网状花纹。

2. 铁过量症状　实际生产中铁中毒不多见。在 pH 低的酸性土壤和强还原性的嫌气条件土壤即水稻土中，三价铁离子被还原为二价铁离子，土壤中亚铁过多会使作物发生铁中毒。我国南方酸性渍水稻田常出现亚铁中毒。如果此时土壤供钾不足，植株含钾量低，根系氧化力下降，则对二价铁离子的氧化能力削弱，二价铁离子容易进入根系积累而致害。因此铁中毒常与缺钾及其他还原性物质的危害有关。单纯的铁中毒很少。水稻铁中毒，地上部生长受阻，下部老叶叶尖、叶缘脉间出现褐斑，叶色深暗，根部呈灰黑色，易腐烂等。宜对铁中毒的田块施石灰或磷肥、钾肥。旱作土壤一般不发生铁中毒。

3. 市场上主要的含铁化肥　最常用的铁肥是硫酸亚铁，俗称绿矾。尽管它的溶解性很好，但施入土壤后立即被固定，所以一般不进行土壤施用，而采用叶面喷施，从叶片气孔进入植株以避免被土壤固定，对果树也可采用根部注射法。螯合铁肥既可土壤施用，又可叶面喷施。

（九）铜

1932 年发现铜是植物必需元素，它是植物结构组分元素。植物根系主要吸收二价铜离子，土壤溶液中二价铜离子浓度很低，二价铜离子与各种配位体（氨基酸、酚类以及其他有机阴离子）有很强的亲和力，形成的螯合态铜也被植物吸收，在木质部和韧皮部也以螯合态转运。作物吸收的铜量很少，这容易导致草食动物的铜营养不良。铜能强烈抑制植物对锌的吸收，反之亦然。

1. 铜缺乏症状　植物缺铜一般表现为顶端枯萎，节间缩短，叶尖发白，叶片变窄变薄、扭曲，繁殖器官发育受阻、裂果。不同作物往往出现不同症状。麦类作物病株上位叶黄化，剑叶尤为明显，前端黄白化，质薄，扭曲披垂，坏死，不能展开，称"顶端黄化病"。老叶在叶舌处弯折，叶尖枯萎，呈螺旋或纸捻状卷曲枯死。叶鞘下部出现灰白色斑点，易感染霉菌性病害，称为"白瘟病"。轻度缺铜时抽穗前症状不明显，抽穗后因花器官发育不全，花粉败育，导致穗而不实，又称"直穗病"。至黄熟期病株保持绿色不褪，田间景观常黄绿斑驳。严重时穗发育不全、畸形，芒退化，并出现发育程度不同的大小不一的麦穗，有的甚至不能伸出叶鞘而枯萎死亡。草本植物的"开垦病"，又叫"垦荒症"，最早在新开垦地块发现，病株先端发黄或变褐，逐渐凋萎，穗部变形，结实率低。柑橘、苹果和桃等果树的"枝枯病"或"夏季顶枯病"。叶片失绿畸形，嫩枝弯曲，树皮上出现胶状水疱状褐色或赤褐色皮疹，逐渐向上蔓延，并在树皮上形成一道道纵沟，且相互交错重叠。雨季时流出黄色或红色的胶状物质。幼叶变成褐色或白色，严重时叶片脱落、枝条枯死。有时果实的皮部也流出胶样物质，形成不规则的褐色斑疹，果实小，易开裂，易脱落。豆科作物新生叶失绿、卷曲，老叶枯萎，易出现坏死斑点，但不失绿。蚕豆缺铜的形态特征是花由正常的鲜艳红褐色变为暗淡的漂白色。甜菜、蔬菜中的叶菜类也易发生顶端黄化病。物种之间对缺铜的敏感性差异很大，敏感作物主要是小麦、玉米、菠菜、洋葱、莴苣、番茄、苜蓿和烟草，其次为白菜、甜菜，以及柑橘、苹果和桃等。其中小麦、燕麦是良好的缺铜指示作物。其他对铜反应强烈的作物有大麻、亚麻、水稻、胡萝卜、莴苣、菠菜、苏丹草、李、杏、梨和洋葱。耐受缺铜的作物有菜豆、豌豆、马铃薯、芦笋、黑麦、禾本科牧草、百脉根、大豆、羽扇豆、油菜和松树。黑麦对缺铜土壤有独特的耐受性，在不施铜的情况下，小麦完全绝产，而黑麦却生长健壮。小粒谷物对缺铜的敏感性顺序通常为：小麦＞大麦＞燕麦＞黑麦。在新开垦的酸性有机土上种植的植物最先出现的营养性疾病常是缺铜症，这种状况常被称为"垦荒症"。许多地区有机土的底土层存在对铜的有效性产生不利影响的泥灰岩、磷酸石灰石或其他石灰性物质等沉积物，致使缺铜现象十分复杂。其余情况下土壤缺铜不普遍。根据作物外部症状进行判断，对新垦泥炭土地区的禾谷类作物"开垦病"和麦类作物的"顶端黄化病"以及果树的"枝枯病"均容易识别。

2. 铜过量中毒症状　铜中毒症状是新叶失绿，老叶坏死，叶柄和叶的背面出现紫红色。新根生长受抑制，伸长受阻而畸形，支根量减少，严重时根尖枯死。铜中毒很像缺铁，由于铜能氧化二价铁离子变成三价铁离子，会阻碍植物对二价铁离子的吸收和铁在植物体内的转运，导致缺铁而出现叶片黄化。不同作物铜中毒表现不同。水稻插秧后不易成活，即使成活根也不易下扎，白根露出地表，叶片变黄，生长停滞。麦类作物根系变褐，盘曲不展，生长停滞，常发生萎缩症状，叶片前端扭曲、黄化。豌豆幼苗长至 $10\sim 20$ 厘米即停止生长，根粗短、无根瘤，根尖呈褐色枯死。萝卜主根生长不良，侧根增多，肉质根呈粗短的椰头形。柑橘叶片失绿，生长受阻，根系短粗，色深。铜毒害现象一般不常见。反复使用含铜杀虫剂（如波尔多液）后可能出现铜过量。

3. 市场上主要的含铜化肥　最常用的铜肥是蓝矾（$CuSO_4 \cdot 5H_2O$），即五水硫酸铜，其水溶性很好。一般用来叶面喷施。螯合铜肥可以土壤施用和叶面喷施。

（十）锌

1926 年发现锌是必需元素。它是植物结构组分元素。植物主动吸收锌离了，因此早春低温对锌的吸收会有一定的影响。锌主要以锌离子形态从根部向地上部运输。锌容易积累在根系中，虽然从老叶向新叶转移锌的速度比铁、锰、铜等元素稍快一些，但还是很慢。

1. 锌缺乏症状

锌在植物中不能迁移，因此缺锌症状首先出现在幼嫩叶片上和其他幼嫩植物器官上。许多作物共有的缺锌症状主要是植物叶片褪绿黄白化，叶片失绿，脉间变黄，出现黄斑花叶，叶形显著变小，常发生小叶丛生。称为"小叶病""簇叶病"等，生长缓慢、叶小、茎节间缩短，甚至节间生长完全停止。缺锌症状因物种和缺锌程度不同而有所差异。

果树缺锌的特异症状是"小叶病"，以苹果为典型。其特点是新梢生长失常，极度短缩，形态畸变，腋芽萌生，形成多量细瘦小枝，梢端附近轮生小而硬的花斑叶，密生成簇，故又名"簇叶病"。簇生程度与树体缺锌程度呈正相关。轻度缺锌，新梢仍能伸长，入夏后可能部分恢复正常；严重时，后期落叶，新梢由上而下枯死。如锌营养未能改善，则次年再度发生。柑橘类缺锌症状出现在新梢上、中部叶片，叶缘和叶脉保持绿色，脉间出现黄斑，黄色深，健康部绿色浓，反差强，形成鲜明的"黄斑叶"，又称"绿肋黄化病"。严重时新叶小，前端尖，有时也出现丛生状的小叶，果小皮厚，果肉木质化，汁少，淡而乏味。桃树缺锌新叶变窄褪绿，逐渐形成斑叶，并发生不同程度皱叶，枝梢短，近顶部节间呈莲座状簇生叶，提前脱落。果实多畸形，很少有食用价值。

玉米缺锌苗期出现"白芽症"，又称"白苗""花白苗"，成长后程"花叶条纹病""白条干叶病"。3～5 叶期开始出现症状，幼叶呈淡黄至白色，特别从基部到 2/3 一段更明显。轻度缺锌，气温升高时症状可以渐消退。植株拔节后如继续缺锌，在叶片中肋和叶缘之间出现黄白失绿条斑，形成宽而白化的斑块或条带，叶肉消失，呈半透明状，似白绸或塑膜状，风吹易撕裂。老叶后期病部及叶鞘常出现紫红色或紫褐色，病株节间缩短，株型稍矮化，根系变黑，抽雄吐丝延迟，甚至不能吐丝抽穗，或者抽穗后，果穗发育不良，形成缺粒不满尖的"稀癞"玉米棒。燕麦也发生"白苗病"，一般是幼叶失绿发白，下部叶片脉间黄化。

水稻缺锌引起的形态症状名称很多，大多称"红苗病"，又称"火烧苗"。出现时间一般在插秧后 2～4 周内。直播稻在立针后 10 天内。一般症状表现是新叶中脉及其两侧特别是叶片基部首先褪绿、黄化，有的连叶鞘脊部也黄化，以后逐渐转化为棕红色条斑，有的出现大量紫色小斑，遍布全叶，植株通常有不同程度的矮缩，严重时叶枕距平位或错位，老叶叶鞘甚至高于新叶叶鞘，称为"倒缩苗"或"缩苗"。如发生时期较早，幼叶发病时由于基部褪绿、内容物少，不充实，使叶片展开不完全，出现前端展开而中后部折合、出叶角度增大的特殊形态。如症状持续到成熟期，植株极度矮化、色深、叶小而短似竹叶，叶鞘比叶片长，拔节困难，分蘖松散呈草丛状，成熟延迟，虽能抽出纤细稻穗，大多不实。

小麦缺锌节间短，抽穗扬花迟而不齐，叶片沿主脉两侧出现白绿条斑或条带。

棉花缺锌从第一片真叶开始出现症状，叶片脉间失绿，边缘向上卷曲，茎伸长受抑，节间缩短，植株呈丛生状，生育推迟。

烟草缺锌下部叶片的叶尖及叶缘出现水渍状失绿坏死斑点，有时叶缘周围形成一圈淡色的"晕轮"，叶小而厚，节间短。

马铃薯缺锌生长受抑，节间短，株型矮缩，顶端叶片直立，叶小，叶面上出现灰色至古铜色的不规则斑点，叶缘上卷。严重时叶柄及茎上均出现褐点或斑块。

豆科作物缺锌生长缓慢，下部叶脉间变黄，并出现褐色斑点，逐渐扩大并连成坏死斑块，继而坏死组织脱落。大豆的特征是叶片呈柠檬黄色，蚕豆出现"白苗"，成长后上部叶片变黄、叶形变小。

叶菜类蔬菜缺锌新叶出生异常，有不规则的失绿，呈黄色斑点。番茄、青椒等果菜类缺锌呈小叶丛生状，新叶发生黄斑，黄斑渐向全叶扩展，还易感染病毒病。

果树中的苹果、柑橘、桃和柠檬，大田作物中的玉米、水稻以及菜豆、亚麻和啤酒花对锌敏感；其次是马铃薯、番茄、洋葱、甜菜、苜蓿和三叶草；不敏感作物是燕麦、大麦、小麦和禾本科牧草等。

2. 锌过量中毒症状　一般锌中毒症状是植株幼嫩部分或顶端失绿，呈淡绿或灰白色，进而在茎、叶柄、叶的下表面出现趋红紫色或红褐色斑点，根伸长受阻。水稻锌中毒幼苗长势不良，叶片黄绿并逐渐萎蔫，分蘖少，植株低矮，根系短而稀疏。小麦叶尖出现褐色条斑，生长迟缓。豆类中的大豆、蚕豆、菜豆对过量锌敏感，大豆首先在叶片中肋出现赤褐色色素，随后叶片向外侧卷缩，严重时枯死。

3. 市场上主要的含锌化肥　最常用的锌肥是七水硫酸锌（$ZnSO_4 \cdot 7H_2O$），易溶于水，但吸湿性很强，氯化锌（$ZnCl_2$）也溶于水，有吸湿性。氧化锌（ZnO）不溶于水。它们可作基肥、种肥，可溶性锌肥也可作叶面喷肥。

（十一）锰

1922年发现锰是必需元素。它是植物结构组分元素。植物根系主要吸收二价锰离子，锰的吸收受代谢作用控制。与其他二价阳离子一样，锰也参加阳离子竞争。土壤 pH 和氧化还原电位影响锰的吸收。植物体内锰的移动性很低，因为韧皮部汁液中锰的浓度很低。大多数重金属元素都是如此。锰的转运主要是以二价锰离子形态而不是有机络合态。锰优先转运到分生组织，因此植物幼嫩器官通常富含锰。植物吸收的锰大部分积累在叶子中。

1. 锰缺乏症状　锰为较不活动元素。缺锰植物首先在新生叶片叶脉间绿色褪淡发黄，叶脉仍保持绿色，脉纹较清晰，严重缺锰时有灰白色或褐色斑点出现，但程度通常较浅，黄、绿色界不够清晰，常有对光观察才比较明显的现象。严重时病斑枯死，称为"黄斑病"或"灰斑病"，并可能穿孔。有时叶片发皱、卷曲甚至凋萎。

不同作物表现症状有差异。禾本科作物中燕麦缺锰症的特点是新叶叶脉间呈条纹状黄化，并出现淡灰绿色或灰黄色斑点，称"灰斑病"，严重时叶身全部黄化，病斑呈灰白色坏死，叶片螺旋状扭曲，破裂或折断下垂。大麦、小麦缺锰早期叶片出现灰白色浸润状斑点，新叶脉间褪绿黄化，叶脉绿色，随后黄化部分逐渐变褐坏死，形成与叶脉平行的长短不一的短线状褐色斑点，叶片变薄变阔，柔软萎垂，特称"褐线萎黄症"。其中大麦症状更为典型，有的品种有节部变粗现象。棉花、油菜幼叶首先失绿，叶脉间呈灰黄或灰红色，显示网状脉纹，有时叶片还出现淡紫色及淡棕色斑点。豆类作物如菜豆、蚕豆及豌豆缺锰称"湿斑病"，其特点是未发芽种子上出现褐色病斑，出苗后子叶中心组织变褐，有的在幼茎和幼根上也有出现。甜菜生育初期表现叶片直立，呈三角形，脉间呈斑块黄化，称"黄斑病"，继而黄褐色斑点坏死，逐渐合并延及全叶，叶缘上卷，严重坏死部分脱落穿孔。番茄叶片脉间失绿，距主脉较远部分先发黄，随后叶片出现花斑，进一步全叶黄化，有时在黄斑出现前，先出现褐色小斑点。严重时生长受阻，不开花结实。马铃薯叶脉间失绿后呈浅绿色或黄色，严重时脉间几乎全为白色，并沿叶脉出现许多棕色小斑。最后小斑枯死、脱落，使叶面残缺不全。柑橘类幼叶淡绿色并呈现细小网纹，随叶片老化而网纹变为深绿色，脉间浅绿色，在主脉和侧脉附近出现不规则的深色条带，严重时叶脉间呈现许多不透明的白色斑点，使叶片呈灰白色或灰色，继而部分病斑枯死，细小枝条可能死亡。苹果叶脉间失绿呈浅绿色，杂有斑点，从叶缘向中脉发展。严重时脉间变褐并坏死，叶片全部为黄色。其他果树也出现类似症状，但由于果树种类或品种不同，有些果树的症状并不限于新梢、幼叶，也可出现在中上部老叶上。燕麦、小麦、豌豆、大豆被认为是锰的指示作物。根据作物外部缺锰症状进行诊断时需注意与其他容易混淆症状的区别。缺锰与缺镁：缺锰失绿首先出现在新叶上，缺镁首先出现在老叶上。缺锰与缺锌：缺锰叶脉黄化部分与绿色部分的色差没有缺锌明显。缺锰与缺铁：缺铁褪绿程度通常较深，黄绿间色界常明显，一般不出现褐斑，而缺锰褪绿程度较浅，且常发生褐斑或褐色条纹。

2. 锰过量症状 锰会阻碍作物对钼和铁的吸收，往往使植物出现缺钼症状。锰中毒会诱发双子叶植物如棉花、菜豆等缺钙（皱叶病）。根一般表现颜色变褐、根尖损伤、新根少。叶片出现褐色斑点，叶缘白化或变成紫色，幼叶卷曲等。不同作物表现不同。水稻锰中毒植株叶色褪淡黄化，下部叶片、叶鞘出现褐色斑点。棉花锰中毒出现萎缩叶。马铃薯锰中毒在茎部产生线条状坏死。茶树受锰毒害叶脉呈绿色，叶肉出现网斑。柑橘锰过量出现异常落叶症，大量落叶，落下的叶片上通常有小型褐色斑和浓赤褐色较大斑，称"巧克力斑"。初出现呈油渍状，以后鼓出于叶面，以叶尖、叶边缘分布多，落叶在果实收获前就开始，老叶不落，病树从春到秋发叶数减少，叶形变小。此外，树势变弱，树龄短的幼树生长停滞。

3. 市场上主要的含锰化肥 目前常用的锰肥主要是硫酸锰（$MnSO_4 \cdot 3H_2O$），易溶于水，速效，使用最广泛，适于喷施、浸种和拌种。其次为氯化锰（$MnCl_2$）、氧化锰（MnO）和碳酸锰（$MnCO_3$）等。它们溶解性较差，可以作基肥施用。

（十二）钼

钼是植物结构组分元素。1939 年发现钼是必需元素。钼主要以钼酸根阴离子形态被植物吸收。一般植株干物质中的钼含量是 1 毫克/千克。由于钼的螯合形态，植物相对过量吸收后无明显毒害。土壤溶液中钼浓度较高时（大于 4 微克/千克），钼通过质流转运到植物根系，钼浓度低时则以扩散为主。在根系吸收过程中，硫酸根和钼酸根是竞争性阴离子。而磷酸根却能促进钼的吸收，这种促进作用可能产生于土壤中，因为土壤中水合氧化铁对阴离子的固定，磷和钼也处于竞争地位。根系对钼酸盐的吸收速率与代谢活动密切相关。钼以无机阴离子和有机钼-硫氨基酸络合物形态在植物体内移动。韧皮部中大部分钼存在于薄壁细胞中，因此钼在体内的移动性并不大。大量钼积累在根部和豆科作物根瘤中。

1. 钼缺乏症状 植物缺钼症有两种类型，一种是叶片脉间失绿，甚至变黄，易出现斑点，新叶出现症状较迟。另一种是叶片瘦长畸形、叶片变厚，甚至焦枯。一般表现叶片出现黄色或橙黄色大小不一的斑点，叶缘向上卷曲呈杯状。叶肉脱落残缺或发育不全。不同作物的症状有差别。缺钼与缺氮相似，但缺钼叶片易出现斑点，边缘发生焦枯，并向内卷曲，组织失水而萎蔫。一般症状先在老叶上出现。

十字花科作物如花椰菜缺钼出现特异症状"鞭尾症"，先是叶脉间出现水渍状斑点，继之黄化坏死，破裂穿孔，孔洞继续扩大连片，叶子几乎丧失叶肉而仅在中肋两侧留有叶肉残片，使叶片呈鞭状或犬尾状。萝卜缺钼时也表现叶肉退化，叶裂变小，叶缘上翘，呈鞭尾趋势。

柑橘缺钼呈典型的"黄斑症"，叶片脉间失绿变黄，或出现橘黄色斑点。严重时叶缘卷曲，萎蔫而枯死。首先从老叶或茎的中部叶片开始，渐及幼叶及生长点，最后可导致整株死亡。

豆科作物叶片褪绿，出现许多灰褐色小斑并散布全叶，叶片变厚、发皱，有的叶片边缘向上卷曲呈杯状，大豆常见。

禾本科作物仅在严重时才表现叶片失绿，叶尖和叶缘呈灰色，开花成熟延迟，籽粒皱缩，颖壳生长不正常。

番茄在第一、二真叶时叶片发黄，卷曲，随后新出叶片出现花斑，缺绿部分向上拱起，小叶上卷，最后小叶叶尖及叶缘均皱缩死亡。叶菜类蔬菜叶片脉间出现黄色斑点，逐渐向全叶扩展，叶缘呈水渍状，老叶深绿至蓝绿色，严重时也显示"鞭尾病"症状。

敏感作物主要是十字花科作物如花椰菜、萝卜等，其次是柑橘以及蔬菜作物中的叶菜类和黄瓜、番茄等。豆科作物、十字花科作物、柑橘和蔬菜类作物易缺钼。需钼较多的作物有甜菜、棉花、胡萝卜、油菜、大豆、花椰菜、甘蓝、花生、紫云英、绿豆、菠菜、莴苣、番茄、马铃薯、甘薯、柠檬等。根据作物症状表现进行判断，典型的症状如花椰菜的"鞭尾病"，柑橘的"黄斑病"容易确诊。

2. 钼中毒症状 钼中毒不易显现症状。茄科植物较敏感，症状表现为叶片失绿。番茄和马铃薯小枝呈红黄色或金黄色。豆科作物对钼的吸收积累量比非豆科作物大得多。牲畜对钼十分敏感，长期取食的食草动物会发生钼毒症，由饮食中钼和铜的不平衡引起。牛中毒出现腹泻、消瘦、毛褪色、皮肤发红和不育，严重时死亡。可口服铜、体内注射甘氨酸铜或对土壤施用硫酸铜来克服。采用施硫和锰及改善排水状况也能减轻钼毒害。

3. 市场上主要的含钼化肥　　最常用的钼肥是钼酸铵 $[(NH_4)_6Mo_7O_{24} \cdot 4H_2O]$，易溶于水，可用作基肥、种肥和追肥，喷施效果也很好。有时也使用钼酸钠，也是可溶性肥料。三氧化钼为难溶性肥料，一般不太使用。

（十三）氯

1954 年发现氯是必需元素。到目前为止人们对氯营养的研究还很不够，因为氯在自然界中广泛存在并且容易被植物吸收，所以大田中很少出现缺氯现象，有人认为，植物需氯几乎与需硫一样多。其实一般植物含氯 100～1 000 毫克/千克即可满足正常生长需要，但大多数植物中含氯高达 2 000～20 000 毫克/千克，已达中、大量元素水平，可能是因为氯的奢侈吸收跨度较宽。人们普遍担心的是氯过量影响农产品的产量和品质。土壤中的氯主要以质流形式向根系供应。氯以氯离子形态通过根系被植物吸收，地上部叶片也可以从空气中吸收氯。植物中积累的正常氯浓度一般为 0.2%～2.0%。

1. 氯缺乏症状　　植物缺氯时根细短，侧根少，尖端凋萎，叶片失绿，叶面积减少，严重时组织坏死，由局部遍及全叶，不能正常结实。幼叶失绿和全株萎蔫是缺氯的两个最常见症状。

番茄表现为下部叶的小叶尖端首先萎蔫，明显变窄，生长受阻。继续缺氯，萎蔫部分坏死，小叶不能恢复正常，有时叶片出现青铜色，细胞质凝结，并充满细胞间隙。根短缩变粗，侧根生长受抑。及时加氯可使受损的基部叶片恢复正常。莴苣、甘蓝和苜蓿缺氯，叶片萎蔫，侧根粗短呈棒状，幼叶叶缘上卷呈杯状、失绿，尖端进一步坏死。

棉花缺氯叶片凋萎，叶色暗绿，严重时叶缘干枯，卷曲，幼叶发病比老叶重。

甜菜缺氯叶片生长缓慢，叶面积变小，脉间失绿，开始时与缺锰症状相似。甘蔗缺氯根长较短，侧根较多。

大麦缺氯叶片呈卷筒形，与缺铜症状相似。玉米缺氯易感染茎腐病，病株易倒伏，影响产量和品质。

大豆缺氯易患猝死病。三叶草缺氯首先最幼龄小叶卷曲，继而刚展开的小叶皱缩，老龄小叶出现局部棕色坏死，叶柄脱落，生长停止。由于氯的来源广，大气、雨水中的氯远超过作物每年的需要量，即使在实验室的水培条件下因空气污染也很难诱发缺氯症状。因此大田生产条件下不易发生缺氯症。椰子、油棕、洋葱、甜菜、菠菜、甘蓝、芹菜等是喜氯作物。氯化钠或海水可使椰子产量提高。

2. 氯中毒症状　从农业生产实际看，氯过量比缺氯更被人担心。氯过量主要表现是生长缓慢，植株矮小，叶片少，叶面积小，叶色发黄，严重时叶尖呈烧灼状，叶缘焦枯并向上卷筒，老叶死亡，根尖死亡。另外氯过量时种子吸水困难，发芽率降低。氯过量主要的影响是增加土壤水的渗透压，因而降低水对植物的有效性。另外一些木本植物，包括大多数果树及浆果类、蔓生植物和观赏植物对氯特别敏感，当氯离子含量达到干重的 0.5% 时，植物会出现叶烧病症状，烟草、马铃薯和番茄叶片变厚且开始卷曲，对马铃薯块茎的储藏品质和烟草熏制品质都有不良影响。氯过量对桃、鳄梨和一些豆科植物作物也有害。作物氯害的一般表现是生长停滞、叶片黄化，叶缘似烧伤，早熟性发黄及叶片脱落。作物种类不同，症状有差异。小麦、大麦、玉米等叶片无异常特征，但分蘖受抑。水稻叶片黄化并枯萎，但与缺氮叶片均匀发黄不同，开始时叶尖黄化而叶片其余部分仍保持深绿。柑橘典型氯毒害叶片呈青铜色，易发生异常落叶，叶片无外表症状，叶柄不脱落。葡萄氯毒害叶片严重烧边。油菜、小白菜于三叶期后出现症状，叶片变小，变形，脉间失绿，叶尖叶缘先后枯焦，并向内弯曲。甘蔗氯毒害时根长较短，无侧根。马铃薯氯毒害主茎萎缩、变粗，叶片褪淡黄化，叶缘卷曲有焦枯。影响马铃薯产量及淀粉含量。甘薯氯毒害叶片黄化，叶面上有褐斑。茶树氯毒害叶片黄化、脱落。烟草氯毒害主要不在产量而在品质方面，氯过量使烟叶糖/氮比升高，影响烟丝的吸味和燃烧性。

　　氯对所有作物都是必需的，但不同作物耐受氯的能力差别很大。耐氯强的有甜菜、水稻、谷子、高粱、小麦、大麦、玉米、黑麦草、茄子、豌豆、菊花等。耐氯中等的有棉花、大豆、蚕豆、油菜、番茄、柑橘、葡萄、茶、苎麻、葱、萝卜等。不耐氯的有莴苣、紫云英、四季豆、马铃薯、甘薯、烟草等。

　　3. 市场上主要的含氯化肥　海潮、海风、降水可以带来足够的氯，只有远离海边的地方和淋溶严重的地区才可能缺氯。人类活动产生的含氯三废可能给局部地区带来过量的氯，造成污染。专门施用氯肥的情况很少见。大多数情况下，氯是伴随其他养分元素进入土壤的，包括氯化铵、氯化钾、氯化镁、氯化钙等。我国广东、广西、福建、浙江、湖南等地曾有施用农盐的习惯，主要用于水稻，有时也用于小麦、大豆和蔬菜。农盐中除含大量氯化钠外，还有相当数量的镁、钾、硫和少量硼。氯化钠可使水稻、甜菜增产及亚麻品质改善。这除了氯的作用外，还有钠的营养作用。

第二节　增施有机肥料

　　我国有机肥资源很丰富，但利用率却很低，目前有机肥资源实际利用率不足40％。其中，畜禽粪便养分还田率为50％左右，秸秆养分直接还田率为35％左右。增施有机肥料是解决农业面源污染的"双面"有效办法。

一、有机肥概述

（一）有机肥的概念

有机肥肥料是指有大量有机物质的肥料。这类肥料在农村可就地取材，就地积制，对生态农业的发展起着很大的作用。

（二）有机肥的特点

有机肥料种类多、来源广、数量大、成本低、肥效长，有以下几个特点。

1. 养分全面 有机肥不但含有作物生育所需必需的大量、中量和微量营养元素，而且还含有丰富的有机质，其中包括胡敏酸、维生素、生长素和抗生素等物质。

2. 肥效缓 有机肥料中的植物营养元素多呈有机态，必须经过微生物的转化才能被作物吸收利用，因此，肥效缓慢。

3. 对培肥地力有重要作用 有机肥养分不仅能够供应作物生长发育需要的各种养分，而且还含有有机质和腐殖质，能改善土壤耕性。协调水、气、热、肥力因素，提高土壤的保水保肥能力。有机肥对增加作物营养，促进作物健壮生长，增强抗逆能力，降低农产品成本，提高经济效益，培肥地力，促进农业良性循环有着极其重要的作用。

4. 含生物活性物质 有机肥料中含有大量的微生物，以及各种微生物的分泌物——酶、刺激素、维生素等生物活性物质。

现在的有机肥料一般养分含量较低，施用量大，费工费力。因此，需要提高质量。

（三）有机肥料的作用

增施有机肥料是提高土壤养分供应能力的重要措施。有机肥中含氮、磷、钾大量营养元素以及植物所需的各种营养元素，施入土壤后，一方面经过分解逐步释放出来，成为无机状态，可使植物直接摄取，提供给作物全面的营养，减少微量元素缺乏症。另一方面经过合成，部分形成腐殖质，促使土壤中生成各级粒径的团聚体，可贮藏大量有效水分和养分，使土壤内部通气良好，增强土壤的保水、保肥和缓冲性能，供肥时间稳定且长效，能使作物前期发棵稳长，使营养生长与生殖生长协调进行，生长后期仍能供应营养物质，延长植株根系和叶片的功能时间，使生产期长的间套作物丰产丰收。

二、有机肥料的施用

有机肥料种类较多、性质各异，在使用时应注意各种有机肥的成分、性质，做到合理施用。

1. 动物质有机肥的施用 动物肥料有人粪尿，家畜粪尿、家禽粪、厩肥等。人粪尿含氮较多，而磷、钾较少，所以常做氮肥施用。家畜粪尿中磷、钾的含较高，而且一半以上为速效性，可做速效磷、钾肥料。马粪和牛粪由于分解慢，一般做厩肥或堆肥基料施用较好，腐熟后作基肥使用。人粪和猪粪腐熟较快，可做基肥，也可作追肥加水浇施。厩肥是家畜粪尿和各种垫圈材料混合积制的肥料，新鲜厩肥中的养料主要为有机态，作物大多不能直接利用，待腐熟后才能施用。

有机肥料腐熟的目的是为了释放养分，提高肥效，避免肥料在土壤中腐熟时产生某些对作物不利的影响。如与幼苗争夺水分、养分或因局部地方产生高温、氮浓度过高而引起的烧苗现象等，有机肥料的腐熟过程是通过微生物的活动，使有机肥料发生两方面的变化，从而符合农业生产的需要。在这个过程中，一方面是有机质的分解，增加肥料中的有效养分；另一方面是有机肥料中的有机物由硬变软，质地由不均匀变得比较均匀，并在腐熟过程中，使杂草种子和病菌虫卵大部分被消灭。

2. 植物质有机肥的施用 植物质肥料中有饼肥、秸秆等。饼肥为肥分较高的优质肥料，富含有机质、氮素，并含有相当数量的磷、钾及各种微量元素，饼肥中氮磷多呈有机态，为迟效性有机肥。作物秸秆也富含有机质和各种作物营养元素，是目前生产上有机肥的主要原料来源，多采用厩肥或高温堆肥的方式进行发酵腐熟后作为基肥施用。

随着生产力的提高，特别是灌溉条件的改善，在一些地方也应用了作物秸秆直接还田技术。在应用秸秆还田时需注意保持土壤墒足和增施氮素化肥，由于秸秆还田的碳氮比较大，一般为 $60\sim100:1$，作物秸秆分解的初期，首先需要吸收大量的水分软化和吸收氮素来调整碳氮比，一般分解适宜的碳氮比为 25：1，所以应保持足墒和增施氮素化肥，否则会引起干旱和缺氮。试验证明，小麦、玉米、油菜等秸秆直接还田，在不配施氮、磷肥的条件下，不但不增产，相反还有较大程度的减产。另外，在一些高产地区和高产地块目前秋季玉米秸秆产量较大，全部还田后加上耕层浅，掩埋不好，上层变暄，容易造成小麦苗根系悬空和缺乏氮肥而发育不良甚至死亡。

在一些秋作物上，如玉米、棉花、大豆等适当采用麦糠、麦秸覆盖农田新技术，利用夏季高温多雨等有利气象因素，能蓄水保墒抑制杂草生长，增加土壤有机质含量，提高土壤肥力和肥料利用力，能改变土壤水、肥、气、热条件，能促进作物生长发育增产增收。该技术节水、节能、省劳力，经济效益显著，是发展高效农业、促进农业生产持续稳定发展的有效措施。采用麦糠、麦秸覆盖，第一，可以减少土壤水分蒸发、保蓄土壤水分。据试验，玉米生长期覆盖可多保水 154 毫米，较不覆盖节水 29%。第二，提高土壤肥力，覆盖一年后氮、磷、钾等营养元素含量均有不同程度的提高。第三，能改变土壤不良理化性状。覆盖保墒改变了土壤的环境条件，使土壤湿度增加，耕层土壤通透性变好，田块不裂缝，不板结，增加了土壤团粒结构，土壤容量下降 0.03%～0.06%。第四，能抑制田间杂草生长。据调查，玉米覆盖的地块比不覆盖地块杂草减少 13.6%～71.4%。由于杂草减少，土壤养分消耗也相对减少，同时提高了肥料的利用率。第五，夏季覆盖能降低土壤温度，有利于农作物的生长发育。覆盖较不覆盖的农作物株高、籽粒、千粒重、秸草量均有不同程度的增加，一般玉米可增产 10%～20%。麦秸、麦糠覆盖是一项简单易行的土壤保墒增肥措施，覆盖技术应掌握适时适量，麦秸应破碎不宜过长。一般夏玉米覆盖应在玉米长出 6～7 片叶时，每 667 平方米秸料 300～400 千克，夏棉花覆盖于 7 月初，棉花株高 30 厘米左右时进行，在株间均匀撒麦秸每 667 平方米 300 千克左右。

施用有机肥不但能提高农产品的产量，而且还能提高农产品的品质，净化环境，促进农业生产的生态良性循环。另一方面还能降低农业生产成本，提高经济效益。所以搞好有机肥的积制和施用工作，对增强农业生产后劲，保证生态农业健康稳定发展，具有十分重要的意义。

三、当前推进有机肥利用的措施

（1）推广机械施肥技术，为秸秆还田、有机肥积造等提供有利条件，解决农村劳动力短缺的问题。

（2）推进农牧结合，通过在肥源集中区、规模化畜禽养殖场周边、畜禽养殖集中区建设有机肥生产车间或生产厂等，实现有机肥资源化利用。

（3）争取扶持政策，已补助的形式鼓励新型经营主体和规模经营主体增加有机肥施用，引导农民积造农家肥、应用有机肥。

（4）创新服务机制，发展各种社会化服务组织，推进农企对接，提高有机肥资源的服务化水平。

（5）加强宣传引导，加大对新型经营主体和规模经营主体科学施肥的培训力度，营造有机肥应用的良好氛围。

第三节　合理施用化学肥料

在增施有机肥的基础上，合理施用化学肥料，是调节作物营养、提高土壤肥力、获得农业持续高产的一项重要措施。但是盲目地施用化肥，不仅会造成浪费，还会降低作物的产量和品质。特别是在目前情况下，应大力提倡经济有效地施用化肥，使其充分有效发挥化肥效应，提高化肥的利用率，降低生产成本，获得最佳产量，并防止造成污染。

一、化学肥料的概念和特点

一般认为凡是用化学方法制造的或者采矿石经过加工制成的肥料统称为化学肥料。

从化肥的施用方面来看，化学肥料具有以下几个方面的特点：

1. 养分含量高，成分单纯　与有机肥相比，化肥养分含量高，成分单一，并且便于运输、贮存和施用。

2. 肥效快，肥效短　化学肥料一般易溶于水，施入土壤后能很快被作物吸收利用，肥效快；但也能挥发和随水流失，肥效不持久。

3. 有酸碱反应　化学肥料有两种不同的酸碱反应，即化学酸碱反应和生理酸碱反应。

化学酸碱反应指肥料溶于水中以后的酸碱反应。如过磷酸钙是酸性，碳酸氢铵为碱性，尿素为中性。

生理酸碱反应指经作物吸收后产生的酸碱反应。生理碱性肥料是作物吸收肥料中的阴离子多于阳离子，剩余的阳离子与胶体代换下来的碳酸氢根离子形成重碳酸盐，水解后产生氢氧根离子，增加了土壤溶液的碱性。如硝酸钠肥料。生理酸性肥料是作物吸收肥料中的阳离子多于阴离子，使从胶体代换下来的氢离子增多，增加了土壤溶液的酸性。如硫酸铵肥料。

4. 不含有机物质　单纯大量使用会破坏土壤结构。化学肥料一般不含有机物质，它不能改良土壤，在施用量大的情况下，长期单纯施用某一种化肥会破坏土壤结构，造成土壤板结。

基于化学肥料的以上特点，在施用时要注意平衡、经济的施用，使化肥在农业生产中发挥更大的作用。并且要防止土壤板结、土壤肥力下降。

二、化肥的合理施用原则

合理施用化肥，一般应遵循以下几个原则。

1. 根据化肥性质，结合土壤、作物条件合理选用肥料品种　在目前化肥不充足的情况下，应优先在增产效益高的作物上施用，使之充分发挥肥效。一般在雨水较多的夏季不要施用硝态氮肥，因为硝态氮易随水流失。在盐碱地不要大量施用氯化铵，因为氯离子会加重盐碱危害。薯类含碳水化合物较多，最好施用铵态氮肥，如碳酸氢铵、硫酸铵等。小麦分蘖期喜欢硝态氮肥，后期则喜欢铵态氮肥。

2. 根据作物需肥规律和目标产量，结合土壤肥力和肥料中养分含量以及化肥利用率确定适宜的施肥时期和施肥量 不同作物对各种养分的需求量不同。据试验，一般每 667 平方米产 100 千克的小麦需从土壤中吸收 3 千克纯氮，1.3 千克五氧化二磷，2.5 千克氧化钾；每 667 平方米产 100 千克的玉米需从土壤中吸收 2.5 千克纯氮，0.9 千克五氧化二磷，2.2 千克氧化钾；每 667 平方米产 100 千克的花生（果仁）需从土壤中吸收 7 千克纯氮，1.3 千克五氧化二磷，3.9 千克氧化钾；每 667 平方米产 100 千克的棉花（棉籽）需从土壤中吸收纯氮 5 千克，五氧化二磷 1.8 千克，氧化钾 4.8 千克。根据作物目标产量，用化学分析的方法或田间试验的方法，首先诊断出土壤中各种养分的供应能力，再根据肥料中有效成分的含量和化肥利用率，用平衡施肥的方法计算出肥料的施用量。

作物不同的生育阶段，对养分的需求量也不同，还应根据作物的需肥规律和土壤的保肥性来确定适宜的施肥时期和每次数量。在通常情况下，有机肥、磷肥、钾肥和部分氮肥作为基肥一次施用。一般作物苗期需肥量少，在底肥充足的情况下可不追施肥料；如果底肥不足或间套种植的后茬作物未施底肥时，苗期可酌情追施肥料，应早施少施，追施量不应超过总施肥量的 10%，作物生长中期，即营养生长和生殖生长并进期，如小麦起身期、玉米拔节期、棉花花铃期、大豆和花生初花期、白菜包心期，生长旺盛，需肥量增加，应重施追肥；作物生长后期，根系衰老，需肥能力降低，一般追施肥料效果较差，可适当进行叶面喷肥，加以补充，特别是双子叶作物叶面吸肥能力较强，后期喷施肥料效果更好，作物的一次追肥数量，要根据土壤的保肥能力确定。一般沙土地保肥能力差，应采用少施勤施的原则，一次每 667 平方米追施标准氮肥（硫酸铵）不宜超过 15 千克；两合土保肥能力中等，每次每 667 平方米追施标准氮肥不宜超过 30 千克；黏土地保肥能力强，每次每 667 平方米追施标准氮肥不宜超过 40 千克。

3. 根据土壤、气候和生产条件，采用合理的施肥方法 肥料施入土壤后，大部分会被植物吸收利用或被胶体吸附保存起来，但是还有一部分会随水渗透流失或形成气体挥发，所以要采用合理的施肥方法。因此，一般要求基肥应深施，结合耕地边耕边施肥，把肥料翻入土中；种肥应底施，把肥料条施于种子下面或种子一旁下侧，与种子隔离；追肥应条施或穴施，不要撒施。应施在作物一侧或两侧的土层中，然后覆土。

硝态氮肥一般不被胶体吸附，容易流失，提倡灌水或大雨后穴施在土壤中。

铵态和酰铵态氮肥，在沙土地的雨季也提倡大雨后穴施，施后随即盖土，一般不应在雨前或灌水前撒施。

第四节　叶面肥喷施技术

叶面喷肥是实现作物高效种植的重要措施之一，一方面作物高效种植，生产水平较高，作物对养分需要量较多；另一方面，作物生长初期与后期根部吸收能力较弱，单一由根系吸收养分已不能完全满足生产的需要。叶面喷肥作为强化作物营养和防治某些缺素症的一种施肥措施，能及时补充营养，可较大幅度地提高作物产量，改善农产品品质，是一项肥料利用率高、用量少而经济有效的施肥技术措施。实践证明，叶面喷肥技术在农业生产中有较大增产潜力。现把叶面喷肥在主要农作物上的应用技术和增产作用介绍如下。

一、叶面喷肥的特点及增产效应

1. 养分吸收快 叶面肥由于喷施于作物叶表，各种营养物质可直接从叶片进入体内，直接参与作物的新陈代谢过程和有机物的合成过程，吸收养分快。据测定，玉米 4 叶期叶面喷用硫酸锌，3.5 小时后上部叶片吸收已达 11.9%，48 小时后已达 53.1%。如果通过土壤施肥，施入土壤中首先被土壤吸附，然后再被根系吸收，通过根、茎输送才能到达叶片，这种养分转化输送过程最快也需要 80 小时以上。因此，从速度、效果方面，叶面喷肥比土壤施肥的作用来得及时、显著。在土壤中，一些营养元素供应不足，成为作物产量的限制因素时，或需要量较小，土壤施用难以做到均匀有效时，利用叶面喷施反应迅速的特点，在作物各个生长时期及不同阶段喷施叶面肥，以协调作物对各种营养元素的需要与土壤供肥之间的矛盾，促进作物营养均衡、充足，保持健壮生长发育，才能使作物高产优质。

2. 光合作用增强，酶的活性提高　在形成作物产量的若干物质中，90%～95%来自光合作用的产物。但光合作用的强弱，在同样条件下与植株内的营养水平有关。作物叶面喷肥后，体内营养均衡、充足，促进了作物体内各种生理进程的进展，显著地提高了光合作用的强度。据测定，大豆叶面喷施后平均光合强度达到 22.69 毫克/(分米^2·时)，比对照提高了 19.5%。

作物进行正常代谢的必不可少的条件是酶的参与，这是作物生命活动最重要的因素，其中，也有营养条件的影响，因为许多作物所需的常量元素和微量元素是酶的组成部分或活性部分。如铜是抗坏血酸氧化镁的活性部分，精氨酸酶中含有锰，过氧化氢酶和细胞色素中含有铁、氨、磷和硫等营养元素。叶面喷施能极明显地促进酶的活性，有利于作物体内各种有机物的合成、分解和转变。据试验，花生在荚果期喷施叶面肥，固氮酶活性可提高 5.4%～24.7%，叶面喷肥后能促进根、茎、叶各部位酶的活性提高 15%～31%。

3. 肥料用料省，经济效益高　叶面喷肥用量少，既可高效能利用肥料，也可解决土壤施肥常造成一部分肥料被固定而降低使用效率的问题。叶面喷肥效果大于土壤施肥。如叶面喷硼肥的利用率是施基肥的 8.18 倍；洋葱生长期间，每每 667 平方米用 0.25 千克硫酸锰加水喷施与土壤撒施 7 千克的硫酸锰效果相同。

二、主要作物叶面喷肥技术

叶面喷肥一般是以肥料水溶液形式均匀地喷洒在作物叶面上。

实践证明，肥料水溶液在叶片上停留的时间越长，越有利于提高利用率。因此，在中午烈日下和刮风天喷洒效果较差，以无风阴天和晴天 9 时前或 16 时后进行为宜。由于不同作物对某种营养元素的需要量不同，不同土壤中多种营养元素含量也有差异，所以不同作物在不同地区叶面施用肥料效果也差别很大。现把一些肥料在主要农作物上叶面喷施的试验结果分述如下：

1. 小麦

尿素：每 667 平方米用量 0.5～1.0 千克，对水 40～50 千克，在拔节至孕穗期喷洒，可增产 8%～15%。

磷酸二氢钾：每 667 平方米用量 150～200 克，对水 40～50 千克，在抽穗期喷洒，可增产 7%～13%。

以硫酸锌和硫酸锰为主的多元复合微肥，每 667 平方米用量 200 克，对水 40～50 千克，在拔节至孕穗期喷洒，可增产 10% 以上。

综合应用技术，在拔节期喷微肥，灌浆期喷磷酸二氢钾，缺氮发黄田块增加尿素，对预防常见的干热风危害作物较好。蚜虫发病较重的田块，结合防蚜虫进行喷施。可起到一喷三防的作用，一般增加穗粒数 1.2～2 个，提高千粒重 1～2 克，每 667 平方米增产 30 千克左右，增产 20% 以上。

2. 玉米 近年来玉米植株缺锌症状明显，应注意增施硫酸锌，每 667 平方米用量 100 克，加水 40～50 千克，在出苗后 15～20 天喷施，隔 7～10 天再喷 1 次，可增加穗长 0.2～0.8 厘米；秃顶长度减少 0.2～0.4 厘米，千粒重增加 12～13 克，增产 15% 以上。

3. 棉花 棉花生育期长，对养分的需要量较大，而且后期根系功能明显减退，但叶面较大且吸肥功能较强，叶面喷肥有显著的增产作用。

喷氮肥防早衰：在 8 月下旬至 9 月上旬，用 1% 尿素溶液喷洒，每 667 平方米 40～50 千克，隔 7 天左右喷 1 次，连喷 2～3 次，可促进光合作用，防早衰。

喷磷促早熟：从 8 月下旬开始，用过磷酸钙 1 千克加水 50 千克，溶解后取其过滤液，每 667 平方米用 50 千克，隔 7 天 1 次，连喷 2～3 次，可促进种子饱满，增加铃重，提早吐絮。

喷硼攻大桃：一般从铃期开始用 0.1％硼酸水溶液喷施，每 667 平方米用 50 千克，隔 7 天 1 次，连喷 2～3 次，有利于多坐桃，结大桃。

综合性叶面棉肥：每 667 平方米每次用量 250 克，加水 40 千克，在盛花期后喷施 2～3 次，一般增产 15.2％～31.5％。

4. 大豆　大豆对钼反应敏感，在苗期和盛花期喷施浓度为 0.05％～0.1％的钼酸铵溶液每 667 平方米每次 50 千克，可增产 13％左右。

5. 花生　花生对锰、铁等微量元素敏感，"花生王"是以该两种元素为主的综合性施肥，从初花期到盛花期，每 667 平方米每次用量 200 克，加水 40 千克喷洒 2 次，可使根系发达，有效侧枝增多，结果多，饱果率高。一般增产 20％～35％。

6. 叶菜类蔬菜（如大白菜、芹菜、菠菜等）　叶菜类蔬菜产量较高，在各个生长阶段需氮较多，叶面肥以尿素为主，一般喷施浓度为 2％，每 667 平方米每次用量 50 千克，在中后期喷施 2～4 次，另外中期喷施 0.1％浓度的硼砂溶液 1 次，可防止芹菜茎裂病、菠菜矮小病、大白菜烂叶病。一般增产 15％～30％。

7. 瓜果类蔬菜（如黄瓜、番茄、茄子、辣椒等）　此类蔬菜一生对氮磷钾肥的需要比较均衡，叶面喷肥以磷酸二氢钾为主，喷施浓度以 0.5％为宜，每 667 平方米每次用量 50 千克。在中后期喷施 3～5 次，可增产 8.6％。

8. 根茎类蔬菜（如大蒜、洋葱、萝卜、马铃薯等）　此类蔬菜一生中需磷钾较多，叶面喷肥应以磷钾为主，喷施硫酸钾浓度为 0.2％或 3％过磷酸钙加草木灰浸出液，每 667 平方米每次用量 50 千克液，在中后期喷施 3～4 次。另外，萝卜在苗期和根膨大期各喷 1 次 0.1％的硼酸溶液。每 667 平方米每次用量 40 千克，可防治褐心病。一般可增产 17％～26％。

随着高效种植和产量效益的提高，一种作物同时缺少几种养分的现象将普遍发生，今后的发展方向将是多种肥料混合喷施，可先预备一种肥料溶液，然后按用量加入其他肥料，而不能先配置好几种肥液再混合喷施。在加入多种肥料时应考虑各种肥料的化学性质，在一般情况下起反应或拮抗作用的肥料应注意分别喷施。如磷、锌有拮抗作用，不宜混施。

叶面喷施在农业生产中虽有独到之功，增产潜力很大，应该不断总结经验加以完善，但叶面喷肥不能完全替代作物根部土壤施肥。因为根部比叶面有更大更完善的吸收系统。必须在土壤施肥的基础上，配合叶面喷肥，才能充分发挥叶面喷肥的增效、增产、增质作用。

第五节　推广应用测土配方施肥技术

测土配方施肥技术是对传统施肥技术的深刻变革，是建立在科学理论基础之上的一项农业实用技术，对搞好农业生产具有十分重要的意义。开展测土配方施肥工作既是提高作物单产，保障农产品安全的客观要求；也是降低生产成本，促进节本增效的重要途径；还是节约能源消耗，建设节约型社会的重大行动；更是不断培肥地力，提高耕地产出能力的重要措施；也是提高农产品质量，增强农业竞争力的重要环节；还是减少肥料流失，保护农业生态环境的需要。

一、测土配方施肥的内涵

测土配方施肥其涵义是指：综合运用现代农业科技成果，根据作物需肥规律、土壤供肥性能与肥料效应，在以有机肥为基础的条件下，产前提出氮、磷、钾和微肥的适宜用量和比例以及相应的施肥技术。通过测土配方施肥满足作物均衡吸收各种营养，维持土壤肥力水平，减少养分流失和对环境的污染，达到高产、优质和高效的目的。

测土配方施肥的关键是确定不同养分的配比和施肥量。一是根据土壤供肥能力、植物营养需求、肥料效应函数等，确定需要通过施肥补充的元素种类及数量；二是根据作物营养特点、不同肥料的供肥特性，确定施肥时期及各时期的肥料用量；三是制定与施肥相配套的农艺措施，选择切实可行的施肥方法，实施施肥。

二、测土配方施肥的三大程序

1. 测土　摸清土壤的家底，掌握土壤的供肥性能。就像医生看病，首先进行把脉问诊。

2. 配方　根据土壤缺什么，确定补什么，就像医生针对病人的病症开处方抓"药"。其核心是根据土壤、作物状况和产量要求，产前确定施用肥料的配方、品种和数量。

3. 施肥　执行上述配方，合理安排基肥和追肥比例，规定施用时间和方法，以发挥肥料的最大增产作用。

三、测土配方施肥的理论依据

1. 养分归还学说　1840 年，德国著名农业化学家、现代农业化学的倡导者李比希在英国有机化学学会上做了《化学在农业和生理学上的应用》的报告，在该报告中，他系统地阐述了矿质营养理论，并以此理论为基础，提出了养分归还学说。矿质营养理论和养分归还学说，归纳起来有四点：其一，一切植物的原始营养只能是矿物质，而不是其他任何别的东西。其二，由于植物不断地从土壤中吸收养分并把它们带走，所以土壤中这些养分将越来越少，从而缺乏这些养分。其三，采用轮作和倒茬不能彻底避免土壤养分的匮乏和枯竭，只能起到减轻或延缓的作用，或是使现存养分利用得更协调些。其四，完全避免土壤中养分的损失是不可能的，要想恢复土壤中原有物质成分，就必须施用矿质肥料使土壤中营养物质的损耗与归还之间保持着一定的平衡，否则，土壤将会枯竭，逐渐成为不毛之地。

种植农作物每年带走大量的土壤养分，土壤虽是个巨大的养分库，但并不是取之不尽的，必须通过施肥的方式，把某些作物带走的养分"归还"于土壤，才能保持土壤有足够的养分供应容量和强度。我国每年以大量化肥投入农田，主要是以氮、磷两大营养元素为主，而钾素和微量养分元素归还不足。

2. 最小养分律　1843 年，德国著名农业化学家李比希在矿质理论和养分归还学说的基础上，提出了"农作物产量受土壤中那个相对含量最小养分的制约"。随着科技的发展和生产实践，目前对最小养分应从以下五个方面进行理解：第一，最小养分是指按照作物对养分的需要来讲土壤中相对含量最少的那种养分，而不是土壤中绝对含量最小的养分。第二，最小养分是限制作物产量的关键养分，为了提高作物产量必须首先补充这种养分，否则，提高作物产量将是一句空话。第三，最小养分因作物种类、产量水平和肥料施用状况而有所变化，当某种最小养分增加到能够满足作物需要时，这种养分就不再是最小养分了，而是另一种养分又会成为新的最小养分。第四，最小养分可能是大量元素，也可能是微量元素，一般而言，大量元素因作物吸收量大，归还少，土壤中含量不足或有效性低，而转移成为最小养分。第五，某种养分如果不是最小养分，即使把它增加再多也不能提高产量，而只能造成肥料的浪费。

测土配方施肥首先要发现农田土壤中的最小养分，测定土壤中的有效养分含量，判定各种养分的肥力等级，择其缺乏者施以某种养分肥料。

3. 各种营养元素同等重要与不可替代律　植物所需的各种营养元素，不论他们在植物体内的含量多少，均具有各自的生理功能，它们各自的营养作用都是同等重要的。每一种营养元素具有其特殊的生理功能，是其他元素不能代替的。

4. 肥料效应报酬递减律　肥料效应报酬递减律其内涵指施肥与产量之间的关系是在其他技术条件相对稳定的前提下，随着施肥量的逐渐增加，作物产量也随之增加，但作物的增产量却随着施肥量的增加而逐渐递减。当施肥量超过一定限度后，如再增加施肥量，不仅不能增加产量，反而会造成减产，肥料不是越多越好。

5. 生产因子的综合作用律　作物生长发育的状况和产量的高

低与多种因素有关，气候因素、土壤因素、农业技术因素等都会对作物生长发育和产量的高低产生影响。施肥不是一个孤立的行为，而是农业生产中的一个环节，可用函数式来表达作物产量与环境因子的关系：

$$Y = f\ (N、W、T、G、L)$$

式中　　Y——农作物产量；

　　　　f——函数的符号；

　　　　N——养分；

　　　　W——水分；

　　　　T——温度；

　　　　G——CO_2浓度；

　　　　L——光照。

此式表示农作物产量是养分、水分、温度、CO_2浓度和光照的函数，要使肥料发挥其增产潜力，必须考虑到其他4个主要因子，如肥料与水分的关系，在无灌溉条件的旱作农业区，肥效往往取决于土壤水分，在一定的范围内，肥料利用率随着水分的增加而提高。五大因子应保持一定的均衡性，方能使肥料发挥应有的增产效果。

四、测土配方施肥应遵循的基本原则

1. 有机无机相结合的原则　土壤肥力是决定作物产量高低的基础。土壤有机质含量是土壤肥力最重要的指标之一。增施有机肥料可有效地增加土壤有机质。根据中国农业科学院土壤肥料研究所的研究，有机肥和化肥的氮素比例以3∶7至7∶3较好，具体视不同土壤及作物而定。同时，增施有机肥料能有效促进化肥利用率提高。

2. 氮磷钾相配合的原则　原来我国绝大部分土壤的主要限制因子是氮，现在很多地方土壤的主要限制因子是钾。在目前高强度利用土壤的条件下，必须实行氮磷钾肥的配合施用。

3. 辅以适量的中微量元素的原则　在氮磷钾三要素满足的同

时，还要根据土壤条件适量补充一定的中微量元素，不仅能提高肥料利用率，而且能改善产品品质，增强作物抗逆能力，减少农业面源污染，达到作物高产、稳产、优质的目的。

4. 用地养地相结合，投入产出相平衡的原则　要使作物-土壤-肥料形成能量良性循环，必须坚持用地养地相结合、投入和产出相平衡。也就是说，没有高能量的物质投入就没有高能量物质的产出，只有坚持增施有机肥、氮磷钾和微肥合理配施的原则，才能达到高产优质低耗。

五、测土配方施肥技术路线

主要围绕"测土、配方、配肥、供肥、施肥指导"5个环节开展11项工作。11项工作的主要内容有：①野外调查。②采样测试。③田间试验。④配方设计。⑤校正试验。⑥配肥加工。⑦示范推广。⑧宣传培训。⑨信息系统建立。⑩效果评价。⑪技术研发。

测土配方施肥的目的是以耕层土壤测试为核心，以作物产量反应为依据，达到节本、增产、增效。

六、配方施肥的基本方法

经过试验研究和生产实践，广大肥料科技工作者已经总结出了适合我国不同类型区的作物测土配方施肥的基本方法。要搞好本地区的作物测土配方施肥工作，必须首先学习和掌握这些基本方法。

1. 第一类：地力分区法　方法：利用土壤普查、耕地地力调查和当地田间试验资料，把土壤按肥力高低分成若干等级，或划出一个肥力均等的田片，作为一个配方区。再应用资料和田间试验成果，结合当地的实践经验，估算出这一配方区内，比较适宜的肥料种类及其施用量。该方法优缺点如下：

优点：较为简便，提出的用量和措施接近当地的经验，方法简单，群众易接受。

缺点：局限性较大，每种配方只能适应于生产水平差异较小的地区，而且依赖于一般经验较多，对具体田块来说针对性不强。在推广过程中必须结合试验示范，逐步扩大科学测试手段和理论指导的比重。

2. 第二类：目标产量法　包括养分平衡法和地力差减法；根据作物产量的构成，由土壤本身和施肥两个方面供给养分的原理来计算肥料的用量。

方法是先确定目标产量，以及为达到这个产量所需要的养分数量。再计算作物除土壤所供给的养分外，需要补充的养分数量。最后确定施用多少肥料。

目标产量就是计划产量，是肥料定量的最原始依据。目标产量并不是按照经验估计，或者把其他地区已达到的绝对高产作为本地区的目标产量，而是由土壤肥力水平来确定。

作物产量对土壤肥力依赖率的试验中，把土壤肥力的综合指标 X（空白田产量）和施肥可以获得的最高产量 Y 这两个数据成对地汇总起来，经过统计分析，两者之间同样也存在着一定的函数关系，即 $Y=X/(a+bX)$ 或 $Y=a+bX$，这就是作物定产的经验公式。

一般推荐把当地这一作物前 3 年的平均产量，或前 3 年中产量最高而气候等自然条件比较正常的那一年的产量，作为土壤肥力指标，然后提高 10%，最多不超过 15%，拟定为当年的目标产量。

（1）**养分平衡法**　平衡是相对的、动态的，是方法论。不同时空不同作物的平衡施肥是变化的。利用土壤养分测定值来计算土壤供肥量，然后再以斯坦福公式计算肥料需要量。

肥料需要量＝[（作物单位产量养分吸收量×目标产量）－（土壤养分测定值×0.15×校正系数）]/（肥料中养分含量×肥料当季利用率）

作物单位产量养分吸收量，可由田间试验和植株地上部分分析化验或查阅有关资料得到。由于不同作物的生物特性有差异，使得不同作物每形成一定数量的经济产量所需养分总量是不同的。主要作物形成 100 千克经济产量所需养分量见表 3-2。

表3-2 主要作物形成100千克经济产量所需养分量

作物	纯氮（千克）	五氧化二磷（千克）	氧化钾（千克）
玉米	2.62	0.90	2.34
小麦	3.00	1.20	2.50
水稻	1.85	0.85	2.10
大豆	7.20	1.80	4.09
甘薯	0.35	0.18	0.55
马铃薯	0.55	0.22	1.02
棉花	5.00	1.80	4.00
油菜	5.80	2.50	4.30
花生	6.80	1.30	3.80
烟叶	4.10	0.70	1.10
芝麻	8.23	2.07	4.41
大白菜	0.19	0.087	0.342
番茄	0.45	0.50	0.50
黄瓜	0.40	0.35	0.55
大蒜	0.30	0.12	0.40

由于不同地区，不同产量水平下作物从土壤中吸收养分的量也有差异，故在实际生产中应用表3-2的数据时，应根据情况，酌情增减。

作物总吸收量＝作物单位产量养分吸收量×目标产量

土壤养分供给量（千克）＝土壤养分测定值×0.15×校正系数

土壤养分测定值以毫克/千克表示，0.15为该养分在每667平方米15万千克表土中换算成每667平方米千克的系数。

校正系数＝（空白田产量×作物单位养分吸收量）/（养分测定值×0.15）

优点：概念清楚，理论上容易掌握。

缺点：由于土壤的缓冲性和气候条件的变化，校正系数的变异较大，准确度差。因为土壤是一个具有缓冲性的物质体系，土壤中各养分处于一种动态平衡之中，土壤能供给的养分，随作物生长和环境条件的变化而变化，而测定值是一个相对值，不能直接计算出土壤的"绝对"供肥量，需要通过试验获得一个校正系数加以调整，才能估计土壤供肥量。

（2）**地力差减法** 原理：从目标产量中减去不施肥的空白田的产量，其差值就是增施肥料所能得到的产量，然后用这一产量来算出作物的施肥量。计算公式：

肥料需要量＝[作物单位产量养分吸收量×（目标产量－空白田产量）]/（肥料中养分含量×肥料当季利用率）

优点：不需要进行土壤养分的化验，避免了养分平衡法的缺陷，在理论上养分的投入与利用也较为清楚，人们容易接受。

缺点：空白田的产量不能预先获得，给推广带来困难。由于空白田产量是构成作物产量各种环境条件（包括气候、土壤养分、作物品种、水分管理等）的综合反映，无法找出产量的限制因素对症下药。当土壤肥力愈高，作物吸自土壤的养分越多，作物对土壤的依赖性也愈大，这样一来由公式所得到的肥料施用量就越少，有可能引起地力损耗而不能觉察，所以在使用这个公式时，应注意这方面的问题。

3. 第三类：田间试验法 包括肥料效应函数法、养分丰缺指标法、氮磷钾比例法。该类的原理是通过简单的单一对比，或应用较复杂的正交、回归等试验设计，进行多点田间试验，从而选出最优处理，确定肥料施用量。

（1）**肥料效应函数法** 采用单因素、二因素或多因素的多水平回归设计进行布点试验，将不同处理得到的产量进行数理统计，求得产量与施肥量之间的肥料效应方程式。根据其函数关系式，可直观地看出不同元素肥料的不同增产效果，以及各种肥料配合施用的联应效果，确定施肥上限和下限，计算出经济施肥量，作为实际施肥量的依据。如单因子、多水平田间试验法，一般应用模型为：

$$Y=a+bx+cx^2$$

$$最高施肥量＝-b/2c$$

优点：能客观地反映肥料等因素的单一和综合效果，施肥精确度高，符合实际情况。

缺点：地区局限性强，不同土壤、气候、耕作、品种等需布置多点不同试验。对于同一地区，当年的试验资料不可能应用，而应用往年的函数关系式，又可能因土壤、气候等因素的变化而影响施肥的准确度，需要积累不同年度的资料，费工费时。这种方法需要进行复杂的数学统计运算，一般群众不易掌握，推广应用起来有一定难度。

（2）**养分丰缺指标法**　利用土壤养分测定值与作物吸收养分之间存在的相关性，对不同作物通过田间试验，根据在不同土壤养分测定值下所得的产量分类，把土壤的测定值按一定的级差分等（如极缺、缺、中、丰、极丰），一般为3～5级，制成养分丰缺及应该施肥量对照检索表。在实际应用中，只要测得土壤养分值，就可以从对照检索表中，按级确定肥料施用量。

（3）**氮、磷、钾比例法**　其原理是通过田间试验，在一定地区的土壤上，取得某一作物不同产量情况下各种养分之间的最好比例，然后通过对一种养分的定量，按各种养分之间的比例关系，来决定其他养分的肥料用量。如以氮定磷、定钾，以磷定氮、以钾定氮等。

优点：减少了工作量，比较直观，一看就懂，容易为群众所接受。

缺点：作物对养分的吸收比例，与应施肥料养分之间的比例是两个不同的概念。土壤中各养分含量不同，土壤对各种养分的供应强度不同，按上述比例在实际应用时难以定得准确。

七、有机肥和无机肥比例的确定

以上配方施肥各法计算出来的肥料施用量，主要是指纯养分。而配方施肥必须以有机肥为基础，得出肥料总用量后，再按一定方法来分配化肥和有机肥料的用量。主要方法有同效当量法、产量差减法和养分差减法。

1. 同效当量法　由于有机肥和无机肥的当季利用率不同，通过试验先计算出某种有机肥料所含的养分，相当于几个单位的化肥所含的养分的肥效，这个系数，就称为同效当量。例如，测定氮的有机无机同效当量在施用等量磷、钾（满足需要，一般可以氮肥用量的一半来确定）的基础上，用等量的有机氮和无机氮两个处理，并以不施氮肥为对照，得出产量后，用下列公式计算同效当量：

同效当量＝（有机氮处理－无机氮处理）/（化学氮处理－无氮处理）

例如：小麦施有机氮（N）7.5 千克的产量为 265 千克，施无机氮（N）的产量为 325 千克，不施氮肥处理产量为 104 千克，通过计算同效当量为 0.63，即 1 千克有机氮相当于 0.63 千克无机氮。

2. 产量差减法　原理：先通过试验，取得某一种有机肥料单位施用量能增产多少产品，然后从目标产量中减去有机肥能增产部分，减去后的产量，就是应施化肥才能得到的产量。

例如：有 667 平方米水稻，目标产量为 325 千克，计划施用厩肥 900 千克，每百千克厩肥可增产 6.93 千克稻谷，则 900 千克厩肥可增产稻谷 62.37 千克，用化肥的产量为 262.63 千克。

3. 养分差减法　在掌握各种有机肥料利用率的情况下，可先计算出有机肥料中的养分含量，同时，计算出当季能利用多少，然后从需肥总量中减去有机肥能利用部分，留下的就是无机肥应施的量。

化肥施用量＝（总需肥量－有机肥用量×养分含量×该有机肥当季利用率）/（化肥养分×化肥当季利用率）

第六节　高产土壤的特点与培肥

土壤培肥工作是生态农业发展过程中一个十分重要的环节，关系到是否能搞好植物生产环节和可持续生产能力。要从了解高产土壤的特点入手，努力培肥土壤，建设和管理好高产农田。

一、高产土壤的特点

俗话说："万物土中生"，要使作物获得高产，必须有高产土壤作为基础。因为只有在高产土壤中，水、肥、气、热、松紧状况等各个肥力因素才有可能调节到适合作物生长发育所要求的最佳状态，使作物生长发育有良好的环境条件，通过栽培管理，才有可能获得高产。高产土壤要具备以下几个特点：

1. 土地平坦，质地良好 高产土壤要求地形平坦，排灌方便，无积水和漏灌的现象，能经得起雨水的侵蚀和冲刷，蓄水性能好，一般中、小雨不会流失，能做到水分调节自由。

2. 良好的土壤结构 高产土壤要求土壤质地以壤质土为好，从结构层次来看，通体壤质或上层壤质下层稍黏为好。

3. 熟土层深厚 高产土壤要求耕作层要深厚，以 30 厘米以上为宜。土壤中固、液、气三相物质比以 $1:1:0.4$ 为宜。土壤总孔隙度应在 55% 左右，其中大孔隙应占 15%，小孔隙应占 40%。土壤容重在 $1.1 \sim 1.2$ 克/厘米^3 为宜。

4. 养分含量丰富且均衡 高产土壤要求有丰富的养分含量，并且作物生长发育所需要的大、中量和微量元素含量还要均衡，不能有个别极端缺乏和过分含量现象。在黄淮海平原潮土区一般要求土壤中有机质含量要达到 1% 以上，全氮含量要大于 0.1%，其中水解氮含量要大于 80 毫克/千克，全磷含量要大于 0.15%，其中速效磷含量要大于 30 毫克/千克，全钾含量要大于 1.5%，其中速效钾含量要大于 150 毫克/千克。另外，其他作物需要的钙、镁、硫中量元素和铁、硼、锰、铜、钼、锌、氯等微量元素也不能缺乏。

5. 适中的土壤酸碱度 高产土壤还要求酸碱度适中，一般 pH 在 7.5 左右为宜。石灰性土壤还要求石灰反应正常，钙离子丰富，从而有利于土壤团粒结构的形成。

6. 无农药和重金属污染 按照国家对无公害农产品土壤环境

条件的要求，农药残留和重金属离子含量要低于国家规定标准。

需要指出的是：以上对高产土壤提出的养分含量指标，只是一个应该努力奋斗的目标，它不是对任何作物都十分适宜的，具体各种作物对各种养分的需求量在不同地区和不同土壤中以及不同产量水平条件下是不尽相同的，故各种作物对高产土壤中各种养分含量的要求也不一致。一般小麦吸收氮、磷、钾养分的比例为 3：1.3：2.5，玉米则为 2.6：0.9：2.2，棉花是 5：1.8：4.8，花生是 7：1.3：3.9，红薯是 0.5：0.3：0.8，芝麻是 10：2.5：11。在生产中，应综合应用最新科研成果，根据作物需肥、土壤供肥能力和近年的化肥肥效，在施用有机肥料的基础上，产前提出各种营养元素肥料适宜用量和比例以及相应的施肥技术，积极开展测土配方施肥工作，合理而有目的的指导调节土壤中养分含量，将对各种作物产量的提高和优质起到重要的作用。

二、用养结合，努力培育高产稳产土壤

我国有数千年的耕作栽培历史，有丰富的用土改土和培肥土壤的宝贵经验。各地因地制宜在生产中根据高产土壤特点，不断改造土壤和培肥土壤，才能使农业生产水平得到不断提高。

1. 搞好农田水利建设是培育高产稳产土壤的基础　土壤水分是土壤中极其活跃的因素，除它本身有不可缺少的作用外，还在很大程度上影响着其他肥力因素，因此搞好农田水利建设，使之排灌方便，能根据作物需要人为地调节土壤水分因素是夺取高产的基础。同时，还要努力搞好节约用水工作，在高产农田要提倡推广滴灌和渗灌技术，以提高灌溉效益。

2. 实行深耕细作，广开肥源，努力增施有机肥料，培肥土壤　深耕细作可以疏松土壤，加厚耕层，熟化土壤，改善土壤的水、气、热状况和营养条件，提高土壤肥力。瘠薄土壤大部分土壤容重值大于 1.3 克/厘米^3，比高产土壤要求的容重值大，所以需要逐步加深耕层，疏松土壤。要迅速克服目前存在的小型耕作机械作业带来的耕层变浅局面，按照高产土壤要求改善耕作条件，不断加

深耕层。

增施有机肥料，提高土壤中有机质的含量，不仅可以增加作物养分，而且还能改善土壤耕性，提高土壤的保水保肥能力，对土壤团粒结构的形成，协调水、气、热因素，促进作物健壮生长有着极其重要的作用。目前大多数土壤有机肥的施用量不足，质量也不高，在一些坡地或距村庄远的地块还有不施有机肥的现象。因此需要广开肥源，在搞好常规有机肥积造的同时，还要大力发展养殖业和沼气生产，以生产更多的优质有机肥，在增加施用量的同时还要提高有机肥质量。

3. 合理轮作，用养结合，调节土壤养分 由于各种作物吸收不同养分的比例不同，根据各作物的特点合理轮作，能相应地调节土壤中的养分含量，培肥土壤。生产中应综合考虑当地农业资源，研究多套高效种植制度，根据市场行情，及时进行调整种植模式。同时在比较效益不低的情况下应适当增加豆科作物的种植面积，充分发挥作物本身的养地作用。

第四章
农药与除草剂的合理施用技术

　　农作物病虫草害是制约农业生产的重要因素之一，随着农业生产水平的提高和现代化生产方式的发展，利用农药来控制病虫草害的技术，已成为夺取农业丰收不可缺少的关键技术措施。化学农药防治病虫草害可节省劳力，达到增产、高效、低成本的目的，特别是在控制危险性、暴发性病虫草害时，农药就更显示出其不可取代的作用和重要性。

　　农药的科学使用也是一项技术性很强的工作，近年来，我国农药工业发展迅速，许多高效、低毒的新品种、新剂型不断产生，农药的应用技术也在不断革新，又促使农药不断更新换代。由于化学防治病虫草害在应用时要求严格，既要考虑选择有效、安全、经济、方便的品种，力求提高防治效果，也要避免产生药害进行无公害生产，还要兼顾对环境的保护，防止对自然资源的破坏。当前各地在病虫草害化学防治中，还存在着药剂选择不当、用药剂量不准、用药不及时、用药方法不正确，见病、见虫、见草就用药等问题。造成了费工、费药、污染重、有害生物抗药性迅速增强、对作物危害加重的后果。生产中需要了解农药新知识新技术，应用绿色防控理念与技术进行防治。

第一节　农药基础知识

一、农药的概念与种类

　　农药是农用药剂的总称，指用于防治危害农林作物及农林产品害虫、螨类、病菌、杂草、线虫、鼠类等有害生物的化学物质，包括提高这些药剂效力的辅助剂、增效剂等。随着科学技术的不断发展和农药的广泛应用，农药的概念和它所包括的内容也在不断地充实和发展。

农药的品种繁多，而且，农药的品种还在不断增加。因此，有必要对农药进行科学分类，以便更好地对农药进行研究、使用和推广。农药的分类方法很多，按农药的成分及来源、防治对象、作用方式等都可以进行分类。其中最常用的方法是按照防治对象，将农药分为杀虫剂、杀螨剂、杀菌剂、杀线虫剂、除草剂、杀鼠剂、植物生长调节剂七大类，每一大类下又有分类。

（一）杀虫剂

杀虫剂是用来防治有害昆虫的化学物质，是农药中发展最快、用量最大、品种最多的一类药剂，在我国农药销售额中居第一位。

1. 杀虫剂按成分和来源可分为四类

（1）无机杀虫剂　以天然矿物质为原料的无机化合物，如硫黄等。

（2）有机杀虫剂　分为直接由天然有机物或植物油脂制造的天然有机杀虫剂，如棉油皂等；有效成分为人工合成的有机杀虫剂，即化学杀虫剂，如有机磷类的辛硫磷、拟除虫菊酯类的甲氰菊酯（灭扫利）、特异性杀虫剂灭幼脲等。

（3）微生物杀虫剂　即用微生物及其代谢产物制造而成的一类杀虫剂。主要有细菌杀虫剂如苏云金杆菌（Bt），真菌杀虫剂如白僵菌等，病毒杀虫剂如核多角体病毒等；生物源杀虫剂阿维菌素、甲维盐等。

（4）植物性杀虫剂　即用植物产品制成的一类杀虫剂，如鱼藤精、除虫菊等。

2. 杀虫剂按作用方式可分为十类

（1）胃毒剂　药物通过昆虫取食而进入其消化系统发生作用，使之中毒死亡，如毒死蜱等。

（2）触杀剂　药剂接触害虫后，通过昆虫的体壁或气门进入害虫体内，使之中毒死亡，如异丙威等。

（3）熏蒸剂　药剂能化为有毒气体，害虫经呼吸系统吸入后中毒死亡，如敌敌畏、磷化铝等。

（4）内吸剂　药物通过植物的茎、叶、根等部位进入植物体内，并在植物体内传导扩散，对植物本身无害，而能使取食植物的害虫中毒死亡，如吡虫啉等。

（5）拒食剂　药剂能影响害虫的正常生理功能，消除其食欲，使害虫饥饿而死，如拒食胺等。

（6）引诱剂　药剂本身无毒或毒效很低，但可以将害虫引诱到一处，便于集中消灭，如棉铃虫性诱剂等。

（7）驱避剂　药剂本身无毒或毒效很低，但由于具有特殊气味或颜色，可以使害虫逃避而不来危害，如樟脑丸、避蚊油等。

（8）不育剂　药剂使用后可直接干扰或破坏害虫的生殖系统而使害虫不能正常生育，如喜树碱等。

（9）昆虫生长调节剂　药剂可阻碍害虫的正常生理功能，扰乱其正常的生长发育，形成没有生命力或不能繁殖的畸形个体，如灭幼脲等。

（10）增效剂　这类化合物本身无毒或毒效很低，但与其他杀虫剂混合后能提高防治效果，如激活酶细胞修复酶等。

（二）杀螨剂

杀螨剂主要用来防治危害植物的螨类的药剂。根据化学成分，可分为有机氯、有机磷、有机锡等几大类。另外，有不少杀虫剂对防治螨类也有一定的效果，如齐螨素、阿维菌素等。

（三）杀菌剂

杀菌剂是用来防治植物病害的药剂，它的销售额在我国仅次于杀虫剂。

1. 杀菌剂按化学成分分为四类　①天然矿物或无机物质成分的无机杀菌剂，如石硫合剂等。②人工合成的有机杀菌剂，如酸式络氨铜、吗胍铜等。③植物中提取的具有杀菌作用的植物性杀菌剂，如辛菌胺醋酸盐、香菇多糖、大蒜素等。④用微生物或其代谢产物制成的微生物杀菌剂，又称抗生素，如地衣芽孢杆菌、多抗菌素、井冈霉素等。

2. 杀菌剂按作用方式可分为保护剂和治疗剂两种

（1）保护剂　在病原菌侵入植物前，将药剂均匀地施在植物表面，以消灭病菌或防止病菌入侵，保护植物免受危害。应该注意，这类药剂必须在植物发病前使用，一旦病菌侵入后再使用，效果很差。如波尔多液、石硫合剂、百菌清等。

（2）治疗剂　病原菌侵入植物后，这类药剂可通过内吸进入植物体内，传导至未施药的部位，抑制病菌在植物体内的扩展或消除其危害。如酸式络氨铜、辛菌胺、辛菌胺醋酸盐、地衣芽孢杆菌、多抗霉素等。

3. 杀菌剂按施药方法可分为三类　①在植物茎叶上施用的茎叶处理剂，如粉锈宁等。②用浸种或拌种方法以保护种子的种子处理剂，如地衣芽孢杆菌种子包衣剂、拌种灵等。③用来对带菌的土壤进行处理以保护植物的土壤处理剂，如吗啉胍、硫酸铜、五氯硝基苯等。

（四）杀线虫剂

杀线虫剂是用来防治植物病原线虫的一类农药，如线虫磷、硫酸铜等。施用方法多以土壤处理为主。另外，有些杀虫剂也兼有杀线虫作用，如阿维菌素等。

（五）除草剂

除草剂是用以防除农田杂草的一类农药，近年来发展较快，使用较广，在我国农药销售额中居第三位。

1. 按除草剂对植物作用的性质分为两类　①无选择性，接触此药的植物均受害致死的灭生性除草剂，如草甘膦、百草枯等。②在一定剂量范围内在植物间具有选择性，只毒杀杂草而不伤作物的选择性除草剂，如敌稗等。

2. 按除草剂杀草的作用方式也可分两类　①施药后能被杂草吸收，并在杂草体内传导扩散而使杂草死亡的内吸性除草剂，如西玛津、扑草净等。②施药后不能在杂草内传导，而是杀伤药剂所接触的绿色部位，从而使杂草枯死的触杀性除草剂，如五氯酚钠等。

另外，按除草剂的使用方法还可分为土壤处理剂和茎叶处理剂两类。

（六）杀鼠剂

杀鼠剂是用以防治鼠害的一类农药。杀鼠剂按化学成分可分为无机杀鼠剂（如磷化锌等）和有机合成杀鼠剂（如敌鼠钠盐等）；按作用方式可分为急性杀鼠剂（如安妥等）和作用缓慢的抗凝血杀鼠剂（如大隆等）。

（七）植物生长调节剂

植物生长调节剂是一类能够调节植物生理机能，促进或抑制植物生长发育的药剂。按作用方式可分为两类，一类是生长促进剂，如赤霉素、芸薹素内酯、复硝酚钠等；另一类是生长抑制剂，如矮壮素、青鲜素、胺鲜酯等。但应该注意的是，这两种作用并不是绝对的，同一种调节剂在不同浓度下会对植物有不同的作用。

二、农药的剂型及特点

原药经过加工，成为不同外观形态的制剂。外观为固体状态的称为干制剂；为液体状态的称为液制剂。制剂可供使用的形态和性能的总和称为剂型。除极少数农药原药如硫酸铜等不需加工，可直接使用外，绝大多数原药都要经过加工，加入适当的填充剂和辅助剂，制成含有一定有效成分、一定规格的制剂，才能使用。否则就无法借助施药工具将少量原药分散在一定面积上，无法使原药充分发挥药效，也无法使一种原药扩大使用方式和用途，以适应各种不同场合的需要。同时，通过加工，制成颗粒剂、微囊剂等剂型，可使农药耐贮藏，不变质，并且可使剧毒农药制成低毒制剂，使用安全。

随着农药加工业的发展，农药剂型也由简到繁。依据农药原药的理化性质，一种原药可加工成一种或多种制剂。目前世界上已有50多种剂型，我国已经生产和正在研制的有30多种。

1. 粉剂　是用原药加上一定量的填充料混合，加工制成的。在质量上，粉剂必须保证一定的粉粒细度，要求95％能通过200目筛，分离直径在30微米以下。粉剂的优点是施药方法简易方便，既可用简单的药械撒布，也可混土用手撒施。具有喷撒功效高、速度快、不需要水、不易产生药害、在作物中残留量较少等优点。用途广泛，可以喷粉、拌种、制毒土、配制颗粒剂、处理土壤等。但它易被风雨吹失，污染周围环境；不易附着在植物体表；用量较大；防治果树等高大作物的病虫害，一般不能获得良好的效果。如丁硫克百威干粉剂等。

2. 可湿性粉剂 是原药与填充料极少量湿润剂按一定比例混合，加工制成的。具有在水溶液中分散均匀、残效期长、耐雨水冲刷、贮运安全方便、药效比同一种农药的粉剂高等特点。适合于对水喷雾。如多抗霉素可湿性粉剂。

3. 乳油 将原药按一定比例溶解在有机溶剂中，加入一定量的乳化剂而配成的一种均匀油状药剂。乳油加水稀释后呈乳化状。具有有效成分含量高、稳定性好、使用方便、耐贮存等特点，其药效比同一药剂的其他剂型要高，是目前最常用的剂型之一，可用来喷雾、泼浇、拌种、浸种、处理土壤等。如阿维菌素乳油等。

4. 颗粒剂 是用原药、辅助剂和载体制成的粒状制剂。具有用量少、残效期长、污染范围小、不易引起作物药害和人畜中毒等特点，主要用来撒施或处理土壤。如辛硫磷颗粒剂。

5. 胶悬剂 由原药加载体加分散剂混合制成的药剂。具有有效成分含量高、在水中分散均匀、在作物上附着力强、不易沉淀等特点。可分为水胶悬剂和油胶悬剂，水胶悬剂用来对水喷雾，如很多除草剂都做成该剂型。油胶悬剂不能对水喷雾，只有用于超低容量喷雾，如10%硝基磺草酮油胶悬剂。

6. 微胶囊剂 农药的原药用具有控制释放作用或保护膜作用的物质包裹起来的微粒状制剂。该剂型显著降低了有效成分的毒性和挥发性，可延长残效期。

7. 烟剂 是由原药、燃料、助燃剂、阻燃剂，按一定比例均匀混合而成。烟剂主要用于防治温室、仓库、森林等相对密闭环境中的病虫害。具有防效高、功效高、劳动强度小等优点，如保护地常用的杀虫烟剂20%异丙威烟剂，食用菌棚室常用的消毒除杂菌的烟剂 10％百菌清烟剂。

8. 超低容量喷雾剂　一般是含农药有效成分 20％～50％的油剂，不需稀释而用超低量喷雾工具直接喷洒。如花卉常用的保色保鲜灵等。

9. 气雾剂　农药的原药分散在发射剂中，从容器的阀门喷出并分散成细物滴或微粒的制剂。主要用于室内防治卫生害虫，如灭害灵等。

10. 水剂　把水溶性原药溶于水中而制成的匀相液体制剂。使用时再加水稀释，如杀菌剂酸式络氨铜、辛菌胺等。

11. 种衣剂　用于种子处理的流动性黏稠状制剂，或水中可分散的干制剂，加水后调成浆状。该制剂可均匀地涂布于种子表面，溶剂挥发后在种子表面形成一层药膜。如防治小麦全蚀病的地衣芽孢杆菌包衣剂。

12. 毒饵　将农药吸附或浸渍在饵料中制成的制剂。如多用于杀鼠剂。

13. 塑料结合剂　随着塑料薄膜覆盖技术的推广，现在出现了具有除草作用的塑料薄膜，而且具有缓释作用。其制备方法是直接把药分散到塑料母体中，加工成膜，也可以把药聚合到某一载体上，然后将其涂在膜的一面。

14. 气体发生剂　指由组分发生化学变化而产生气体的制剂。如磷化铝片剂，可与空气中的水分发生反应，而产生磷化氢气体。可用于防治仓储害虫。

在实际生产中，要考虑高效、环保、安全、好用等因素，确定生产剂型的一般原则是：能生产可溶性粉剂的不做成水剂，能生产成水剂的不做可湿性粉剂，能生产成可湿性粉剂的不做成乳油；选择填料时能用水则不用土，能用土则不用有机溶剂等。

三、农药的合理使用

（一）基本原则与方法

使用农药防治病、虫、草、鼠害，必须做到安全、经济、有效、简易。具体应掌握以下几个原则：

1. 选用对口农药 各种农药都有自己的特性及各自的防治对象，必须根据防治对象选定对它有防治效果的农药，做到有的放矢，药到"病"除。

2. 按照防治指标施药 每种病虫害的发生数量要达到一定的程度，才会对农作物的危害造成经济上的损失。因此，各地植保部门都制定了当地病、虫、草、鼠的防治指标。如果没有达到防治指标就施药防治，就会造成人力和农药的浪费；如果超过了防治指标再施药防治，就会造成经济上的损失。

3. 选用适当的施药方法 施药方法很多，各种施药方法都有利弊，应根据病虫的发生规律、危害特点、发生环境、农药特性等情况确定适宜的施药方法。如防治地下害虫，可用拌种、拌毒土、土壤处理等方法；防治种子带菌的病害，可用药剂处理种子或温汤浸种等方法；用对种子胚芽比较安全的地衣芽孢杆菌拌种既能直接对种子表面消毒又能在种子生根发芽时代谢高温蛋白因子对作物二次杀菌和增加免疫力等。

由于病虫危害的特点不同，施药具体部位也不同，如防治棉花苗期蚜虫，喷药重点部位在棉苗生长点和叶背；防治黄瓜霜霉病时着重喷叶背；防治瓜类炭疽病时，叶正面是喷药重点。

4. 掌握合理的用药量和用药次数 用药量应根据药剂的性能、不同的作物、不同的生育期、不同的施药方法确定。如棉田用药量一般比稻田高，作物苗期用药量比生长中后期少。施药次数要根据病虫害发生时期的长短、药剂的持效期及上次施药后的防治效果来确定。

5. 轮换用药 对一种防治对象长期反复使用一种农药，很容易使这种防治对象对此农药产生抗性，久而久之，施用该农药就无法控制这种防治对象的危害。因此，要轮换、交替施用对防治对象作用不同的农药，以防抗性的产生。

另外，也要搞好安全用药，合理地混用农药。

(二) 合理使用准则

1. 喷雾 喷雾是利用喷雾器械把药液雾滴均匀地喷洒到防治

对象及寄主体上的一种施药方法，这是农药最常用的使用方法。喷雾法具有喷洒均匀、黏着力强、不易散失、残效持久、药效好等优点。根据单位面积喷施药液量的多少，可将喷雾分为常量喷雾、低容量喷雾、超低容量喷雾。如用喷雾法杀虫、防病治病，常常是一次进行。

2. 喷粉　喷粉是利用喷粉器械将粉剂农药均匀地喷布于防治对象及其活动场所和寄主表面上的施药方法。喷粉法的优点是使用简便、不受水源限制、防治功效高；缺点是药效不持久、易冲刷、污染环境等。

3. 种子处理　种子处理是通过浸种或拌种的方法来杀死种子所带病菌或处理种苗使其免受病虫危害。该方法具有防效好、不杀伤天敌、用药量少、对病虫害控制时间长等优点。如用地芽菌对小麦种子包衣。

4. 土壤处理　把杀虫剂敌百虫等农药均匀喷洒在土壤表面，然后翻入或耙入土中，或开沟施药后再覆盖上。土壤处理主要用来防治小麦吸浆虫、地下害虫、线虫等；用吗胍·硫酸铜处理土壤传播的病害，用除草剂处理杂草的萌动种子和草芽等。

5. 毒饵　毒饵是利用粮食、麦麸、米糠、豆渣、饼肥、绿肥、鲜草等害虫、害鼠喜吃的饵料，与具有胃毒作用的农药按一定比例拌和制成。常在傍晚将配好的毒饵撒施在植物的根部附近或害虫、害鼠经常活动的地方。

6. 涂抹法　是将农药涂抹在农作物的某一部位上，利用农药的内吸作用，起到防治病虫草害以及调节作物生长的效果。涂抹法可分为点心、涂花、涂茎、涂干等几种类型。例如用络氨铜涂抹树干防治干腐病、枝腐病等。

7. 熏蒸法　是指利用熏蒸剂或容易挥发的药剂所产生的毒气来杀虫灭菌的一种施药方法，适用于仓库、温室、土壤等场所或作物茂密的情况，具有防效高、作用快等优点。

8. 熏烟法　是利用烟剂点烟或利用原药直接加热发烟来防治病虫的施药方法，适合在密闭的环境（如仓库、温室）或在郁闭度高的情况（如森林、果园）以及大田作物的生长后期使用。药剂形成的烟雾毒气要有较好的扩散性和适当的沉降穿透性，空间停留时间较长，又不过分上浮飘移，这样才能取得好的效果。选择做烟剂的原药熔点在 300 ℃以上，在高温下要保持药效。如异丙威烟剂和百菌清烟剂。

（三）农药的毒性及预防

1. 农药的毒性 绝大多数农药都是有毒的化学物质，既可以防治病虫害，同时对人畜也有毒害。

农药进入人畜体内有 3 条途径：一是经口腔进入消化道，一般是误食农药或农药污染的食品而造成的；二是经皮肤浸入，一般是直接接触农药或农药污染的衣服、器具而造成的；三是吸收农药的气体、烟雾、雾滴和粉粒而造成的。常将上述 3 种分别称为口服毒性、经皮毒性和呼吸毒性。另外，根据农药毒性的大小和导致中毒时间的长短，将农药毒性分为：急性毒性、亚急性毒性、慢性毒性。

近几年来，随着对农药残留和毒性的研究，人们对农药毒性的评价有了新的认识，对其毒性不只看急性口服毒性的大小，而主要看它是否易于在自然界消失、是否在生物体内浓缩积蓄为主要指标。原因是有些农药虽然口服毒性高，但接触毒性低，使用比较安全，即使是使用不大安全的农药，也可以通过安全操作措施来避免发生中毒事故。而具有慢性毒性的农药，因其急性毒性较低，常被人们所忽视，但对人畜的潜在威胁较大，且使用时又无法避免对环境及人体的接触，所以近年来国内外对慢性毒性高农药的使用给予高度的重视。

2. 农药毒性的预防 在农药的运输、保管和使用过程中，要认真学习农药安全使用的有关规定，采取相应的预防措施，防止农药中毒事故的发生。

（1）农药搬运中的预防措施 ①搬运前，要检查包装是否牢固，发现破损要重新包装好，防止农药渗透或沾染皮肤。②在搬运过程中和搬运之后，要及时洗净手、脸和被污染的皮肤、衣物等。

③在运输农药时，不得与粮食、瓜果、蔬菜等食物和日用品混合装载，运输人员不得坐在农药的包装物上。

（2）农药保管中的预防措施　①保管剧毒农药，要有专用库房或专用柜并加锁；绝对不能和食物、饲料及日用品混放在一起。农户未用完的农药，更应注意保管好。②保管要指定专人负责，要建立农药档案，出入库要登记和办理审批手续。③仓库门窗要牢固，通风透气条件要好；库房内不能太低洼，严防雨天进水和受潮。

（3）施药过程中的预防措施　①检查药械有无漏水、漏粉现象，性能是否正常。发现有损坏或工作性能不好，必须修好后才能使用。②配药和拌种时要有专人负责，在露天上风处操作，以防吸入毒气或药粉。配药时，应该用量筒、量杯、带橡皮头的吸管量取药液。拌种时必须用工具翻拌，严禁直接用手操作。③配药和施药人员要选身体健康的青壮年。凡年老多病、少年和"三期"（即月经期、孕期和哺乳期）妇女不能参加施药工作。④在施药时，要穿戴好工作服、口罩、鞋帽、手套、袜子等，尽量不使皮肤外露。⑤在施药过程中禁止吸烟、喝水、吃东西，禁止用手擦脸、揉眼睛。⑥施用药的田块要做好标记，禁止人畜进入。对施药后剩余的药液等，要妥善处理；对播种后剩余的药种，严禁人畜食用。⑦施药结束后，必须用肥皂洗净手和脸，最好用肥皂洗澡。污染的衣服、口罩、手套等，必须及时用肥皂或碱水浸泡洗净。⑧用过的药箱、药袋、药瓶等，应集中专人保管或深埋销毁，严禁用来盛装食用品。

第二节　新农药介绍

一、杀菌剂

（一）络氨铜　属直接性杀菌剂

[理化性质及杀菌机理]　络氨铜是一种由硫酸四氨合铜和其他络合物的混合制剂，既是一种广谱性有机铜类杀菌剂，又是一种植物生长调节剂。对人、畜低毒，具有保护和渗透作用，主要通过铜

离子发挥杀菌作用，铜离子与病原菌细胞膜表面上的钾离子、氢离子等阳离子交换，使病原菌细胞膜上的蛋白质凝固，同时部分铜离子渗透入病原菌细胞内与某些酶结合，影响其活性，从而抗病和增产。

[剂型]　剂型有14％、25％络氨铜水剂。

因络合剂不同分酸式络氨铜和碱式络氨铜；二者杀菌效果不分上下，酸式络氨铜能在花期和作物苗期混用，能与酸性、中性、弱碱性农药混用，且不会产生药害；碱式络氨铜在作物花期必须慎用，易产生药害，不能与酸性农药农肥混用，（为了适应作物，多数农药为酸性）混用时易出现拮抗，影响使用效果。

[防治对象和使用方法]　本药剂可防治多种作物病害，使用方法为喷雾、涂抹、灌根、拌种。

（1）喷雾　用25％水剂300～450倍液，于发病初期叶面喷洒，可防治黄瓜角斑病、番茄疫病、芹菜褐斑病、稻曲病和瓜类炭疽病、霜霉病、枯萎病等。防治水稻纹枯病最佳使用期为初发期，病情连续发生可连续使用。以下午4时后喷药为宜，喷后4小时内遇雨应重喷。

（2）涂抹　对苹果腐烂病，于发病初期刮去病斑，涂抹10～20倍液。

（3）灌根　用25％水剂300～600倍液灌根，每株（穴）250～500克稀释药液，可防治西瓜、黄瓜枯萎病。

（4）淋茎基　用25％酸式络氨铜对水500倍，把喷头去掉，用喷杆喷淋茎基，治疗细菌性基腐病、根腐病、重茬死棵病等。喷淋病株时数"1、2、3、4、5、6"六个数确定用量，喷淋健株时数"1、2、3"三个数，用量减少，省工省时，药液直接接触病灶，效果明显，比传统灌根效果好。

[注意事项]

（1）在水稻上安全使用间隔期7天，每个作物周期的最多使用次数为2～3次。

（2）酸式络氨铜不宜与汞制剂、碱性化肥混用；能与酸性或中性农药农肥等混用。碱式络氨铜不宜与汞制剂、酸性农药农肥混用，易发生拮抗。

（3）当水稻发育到破口期、扬花期时，禁止用碱式络氨铜；酸式络氨铜很安全，但扬花期用时不要用机动喷雾机，以免冲击力太大影响授粉，最好用手动喷雾器。

（4）对鱼类等水生物有毒应远离水产养殖区施药，禁止在河塘等水体中清洗施药器具。

（5）药品置于阴凉通风干燥处，避光保存。

（6）误食引起急性中毒，表现为头痛、头晕、乏力、口腔黏膜呈蓝色、口有金属沫、齿龈出血、舌发青、腹泻、腹绞痛、黑大便，患者昏迷、痉挛、血压下降等经口中毒，应立即催吐、洗胃，解毒剂为依地酸二钠钙，并配合对症治疗。

（二）百菌清

［**理化性质及杀菌机理**］ 百菌清是一种高效、低毒、低残留、广谱性、非内吸杀菌剂。纯品为白色结晶体，无臭味，工业品稍有刺激性臭味。不溶于水，溶于有机溶剂。在常温和高温下稳定，耐雨水冲刷，不耐强碱，对人、畜毒性较小，对鱼类毒性大，但对蚕安全。百菌清烟剂是一种以百菌清为主的高效、广谱杀菌制剂，在高温状态下，有效成分迅速汽化又冷凝成烟雾，达到高分散胶体状态，可以向任何方向沉降，克服了喷粉和喷雾通常只能在植物上表面沉降的弊端，同时，还可减少棚内湿度增加棚温。使用时不需要任何施药设备，降低了施药成本和劳动强度，节省劳力，并且能取得较好的防治效果。

［**剂型**］ 剂型有 75％可湿性粉剂；4％粉剂；10％油剂；10％、45％烟剂；5％粉尘剂。

［**防治对象和使用方法**］ 百菌清能用于防治除敏感作物以外的多种蔬菜、果树病害。主要使用方法为叶面喷雾、喷粉和烟剂熏蒸。

（1）用 75％可湿性粉剂 400～500 倍液喷雾，可防治番茄晚疫病、灰霉病、早疫病、叶霉病、斑枯病、炭疽病等。

（2）用75％可湿性粉剂600倍液喷雾，可防治苹果白粉病、炭疽病、黑星病、早期落叶病。

（3）防治其他作物病害：用75％可湿性粉剂500～800倍液喷雾，可防治小麦叶锈病、赤霉病、白粉病，玉米大斑病，水稻稻瘟病、花生锈病、叶斑病、豆类锈病、炭疽病。

（4）烟剂治疗霜霉病初发期施药最佳，病情严重时可连续用药3次。使用时应根据棚室大小均匀布点，每667平方米大棚可设4～6个放烟点，由里向外逐个点燃，放烟后，应关闭棚室，放烟6小时后开门窗通风。施药量要根据棚室高度和虫害发生情况酌情增减。点燃时要放在瓦片上，以免土面潮湿燃烧不完，并离植株有一定距离。在保护地黄瓜上安全使用间隔期为10天。每个作物周期的最多使用次数为3次。

（5）对蚕安全，与代森锌混用，可防治家蚕的酵母霉病、白僵病、黄僵病、绿僵病、黑僵病。

［注意事项］

（1）不得与碱性药物混用。

（2）药液及药具、药械洗涤水应避免污染河流、鱼塘，以免毒杀鱼类。

（3）因药剂对人体皮肤、黏膜有一定刺激作用，施药时应注意保护。

（4）与杀螟混用，桃树易发生药害；与克螨特、三环锡等混用，茶树会产生药害。勿吸食。

（5）烟剂药品置于阴凉通风干燥处，避免受潮，远离火源，放置儿童触摸不到的地方。

（6）无全身中毒报道，皮肤，眼黏膜和呼吸道受刺激引起结膜炎和角膜炎，炎症消退较慢，应对症治疗。误服立即催吐、洗胃。

（三）井冈·多菌灵

［理化性质及杀菌机理］　多菌灵纯品为白色结晶，其工业品为浅棕色粉末，几乎不溶于水和一般有机溶剂，可溶于稀无机酸和有机酸，形成相应的盐。多菌灵对热稳定，对酸、碱不稳定。

　　井冈霉素为吸水链霉菌井冈变种产生的抗生素。纯品为白色粉末，易溶于水，可溶于甲醇、二甲基酰胺，不溶于丙酮、氯仿、苯等有机溶剂。吸湿性强，在中性和微酸性条件下稳定，能被多种微生物分解。对人、畜几乎无毒，无刺激性，对鱼类、鸟类较安全，无残留。井冈霉素具有很强的内吸性，并可被菌丝体迅速吸收而起治疗作用。耐雨水冲刷，喷药后 2 小时降雨对防效无明显影响，残效期 15～20 天。在植物任何生育期用药，均无药害。

　　井冈·多菌灵将化学农药和抗菌素类农药有效地混配在一起，配方科学合理，作用机制多，该药品被菌体细胞吸收后，能够有效的干扰、抑制菌体的有丝分裂，及细胞正常的生长发育，从而达到系统的治疗和保护作用。

　　[剂型]　井冈·多菌灵为 28％悬浮剂（多菌灵含量 24％、井冈霉素含量 4％）。

　　[防治对象和使用方法]　井冈·多菌灵可有效防治芝麻叶枯病、茎枯病、青枯病、黄枯萎病、白粉病、芝麻黑茎病、黑点缘枯病、生长点勾头病毒病、疫病；花生、大豆叶斑病、根颈基腐病、白绢病、炭疽病、死棵病；玉米茎基腐病、黄纹矮缩病、干尖死棵病、黑粉病；薯类、山药糊头病、黑斑病、疫病、根腐病等。

　　井冈·多菌灵防治稻瘟病每 667 平方米用 100～125 克对水 60 千克喷雾。

　　[注意事项]

　　（1）不能与碱性农药混用，与杀虫、杀螨剂混用应随配随用。

　　（2）不能与含铜制剂农药混用，不要长期单一用多菌灵，也不能与硫菌灵、苯菌灵等有交互抗性的杀菌剂交替使用。

　　（3）井冈·多菌灵在贮存过程中可能有分层现象，摇匀后不影响药效。

　　（4）水稻收获前 30 天，小麦收获前 20 天停止用药。喷药后 3 小时遇雨需重喷。

　　（5）勿入口。误服中毒立即送医院对症治疗。

（四）代森铵

[**理化性质及杀菌机理**]　纯品为无色结晶，熔点 72.5～72.8 ℃，工业品为淡黄色或黄色水溶液，呈弱碱性，有氨气味，易溶于水，微溶于酒精、丙酮，不溶于苯等有机溶剂，在空气中不稳定，遇 40 ℃高温易分解，不宜与碱性物质混合，对人畜安全，对鱼类毒性低，遇酸性物质易分解。

代森铵是具有保护和治疗作用的杀菌剂。其作用机理是对发病部位的病菌、几丁质合成和脂肪代谢起抑制作用，破坏细胞的结构，并直接影响细胞壁的形成，植株吸收药剂后累积于组织，从而抑制病菌侵入，阻碍病菌代谢抑制病菌生长从而起到预防作用。

[**剂型**]　剂型有 45％水型。

[**防治对象和使用方法**]　代森铵杀菌力强，且有肥效作用，同时具有不污染、用途广等优点。主要用于防治黄瓜霜霉病、白粉病；芹菜晚疫病；豆类白粉病；甘薯黑斑病；水稻白叶枯病；梨黑星病；棉花苗期炭疽病、立枯病；玉米大斑病。

（1）用 45％水剂 800～1 000 倍液喷雾，每 667 平方米每次喷药量为 70 千克。

（2）用 45％水剂 300 倍液浸薯块 10 分钟或用 45％水剂 500 倍液浸薯苗防甘薯黑斑病。

（3）用 45％水剂 200～400 倍液浇灌可防治棉花立枯病等土传病害；用 1 000 倍液浇灌可防治茄果类蔬菜苗期病害。

[**注意事项**]

（1）在玉米作物上使用安全间隔期为 7 天，每季作物最多使用次数为 4 次。

（2）不宜与石硫合剂、波尔多液、铜制剂等混用。施药时需做好保护措施，戴手套、穿长衣、长裤及胶靴，施药后用温肥皂水洗净手脸。使用过的喷雾器，应清洗干净方可用于其他农药的使用。

（3）避免药液污染水源。

（4）建议与其他不同作用机制的杀菌剂轮换使用。

（5）药品应贮存于干燥、阴凉、通风处。不用时紧锁容器。贮存于儿童接触不到的场所。远离食品和饮料。不能与食品、饲料、水源等混合贮存。

（6）中毒者会出现呕吐、腹泻、严重者会出现头疼、抽搐、循环衰竭，甚至呼吸中枢麻痹而死。一旦中毒应立即催吐、洗胃、导泻并送医院对症治疗。

（7）在玉米大斑病初发期对叶面进行喷雾，施药次数为 2～3 次，每次间隔期为 7～14 天。

（8）在气温高时对豆类作物易产生药害，使用时应注意。大风天或预计 1 小时内降雨，请勿施药。

（五）稻瘟灵

[理化性质及杀菌机理]　稻瘟灵为内吸治疗杀菌剂，主要抑制稻瘟病菌丝的形成，使病菌不能侵入，对已侵入的病菌丝能使其死亡，抑制病斑上分生孢子的形成，内吸性强且能双向传导，水稻叶片吸收的药液能输导施药后长出的新叶片内，稻根吸收的药剂能输导到叶片和穗轴部分，从而发挥防病治病效果。用于水稻稻瘟病防治。

[剂型]　主要剂型有 30% 乳油。

[防治对象和使用方法]　防治稻叶瘟病于发病前或初发期施药，每 667 平方米用药 100～150 毫升，对水 70 千克喷雾，必要时隔 10～14 天再施一次。防治穗颈瘟在水稻始穗期、齐穗期，各用药一次，施药时注意均匀喷雾。

稻瘟灵在贮藏过程中可能有分层现象，摇匀后不影响药效，使用前请摇匀。

大风天或预计 1 小时内有雨，请勿施药。

[注意事项]

（1）稻瘟灵在水稻上安全使用间隔期早稻 14 天，晚稻 28 天。每个作物周期的最多使用次数为早稻 3 次，晚稻 2 次。使用时注意与其他不同机制的杀菌剂混用或轮用，防止产生抗药性。

（2）稻瘟灵对鱼类有毒，施药时防止污染鱼塘等水产养殖区，禁止在河塘等水体中清洗施药器具。使用过后的容器和包装物应妥善处理，不可做它用。

（3）禁止与强碱性物质混用。

（4）药品置于阴凉通风干燥处，避光保存。放置儿童触摸不到的地方。勿与食品、饲料同运同贮，远离火源。

（5）稻瘟灵低毒，误服用盐水洗胃，保持安静，并立即送医院治疗可采用一般含硫化合物的治疗药物。

（六）甲基硫菌灵

[**理化性质及杀菌机理**]　甲基硫菌灵是苯并咪唑类广谱杀菌剂，具有内吸、预防和治疗的作用。主要作用机制是在植物体内转化为多菌灵，但药效高于多菌灵，干扰病菌有丝分裂中纺锤体的形成，从而影响细胞分裂。对菌核、炭疽、叶霉病害效果显著。

[**剂型**]　主要剂型有 70% 可湿性粉剂。

[**防治对象和使用方法**]

（1）番茄叶霉病初发期施药最佳，对水均匀喷雾，连续用药 2～3 次，间隔 7～10 天施药 1 次。

（2）高温季节早、晚施药较好，对水 1 200～1 500 倍液叶面喷施。

（3）药品在贮藏过程中可能结块，化开搅匀后不影响药效。

[**注意事项**]

（1）在番茄上安全使用间隔期为 10 天。每个作物周期的最多使用次数为 3 次。

（2）该药与多菌灵有交互抗性，不能交替使用，应与不同作用机制杀菌剂交替或轮换使用，以防抗性产生。

（3）施药时应穿戴防护服和手套，禁止吸烟和饮食，施药后用清水洗净手和脸。勿入口。使用过的容器和包装物应妥善处理，不可做它用，禁止在河塘等水体中清洗施药器具。

（4）药品置于阴凉通风干燥处，避光保存。

（5）无全身中毒报道，对皮肤、眼结膜和呼吸道受刺激引起结膜炎和角膜炎，炎症消退较慢。若误服中毒，应立即催吐、洗胃，并送当地医院对症治疗。

（七）硫酸链霉素

[**理化性质及杀菌机理**]　硫酸链霉素属抗生素杀菌剂，对人、畜低毒。具有保护和治疗作用。

[**剂型**]　主要剂型有 72％的可湿性粉剂。

[**防治对象和使用方法**]　主要防治蔬菜瓜类上的软腐病；柑橘溃疡病；用于防治水稻白叶枯病和果树细菌性病害。

（1）可作喷雾、灌根、浸种使用。喷雾每 667 平方米用量14～28克，对水 70 千克。

（2）防治水稻白叶枯病于初发期施药最佳，均匀喷雾，每 7 天左右施药一次，可连续用药 2～3 次。视作物生育期和病情轻重调节用药量和使用次数。

[**注意事项**]

（1）药品易吸潮结块，加水化开搅匀后不影响药效，使用时应现配现用，药液不能久存。

（2）药品在水稻上安全使用间隔期为 10 天。每个作物周期的最多使用次数为 3 次。建议与其他不同作用机制的杀菌剂轮换用药。

（3）不能与碱性农药混用，不能用污水配制药液。施药时应穿戴防护服和手套，施药后洗净手脸，禁止在河塘等水体中清洗施药器具。使用过的容器和包装物应妥善处理，不可做它用。

（4）药品置于阴凉通风干燥处，避免受潮。放置儿童触摸不到的地方。勿与食品、饲料同运。

（5）该药品低毒，若发生中毒应送医院对症治疗。

（八）嘧霉·多菌灵

[**理化性质及杀菌机理**]　嘧霉胺是一种苯胺基嘧啶类杀菌剂，施用后能迅速被植物吸收，并输送到植物各部位，杀死已侵染的病原菌。多菌灵是一类内吸性杀菌剂，兼具治疗和保护作用，通过干扰病菌有丝分裂中纺锤体的形成，影响细胞分裂，造成病菌死亡。嘧霉胺与多菌灵复配新农药嘧霉·多菌灵防治效果更好。

[剂型]　主要剂型为有效成分含量 30%（嘧霉胺含量 5%、多菌灵含量 25%）的悬浮液。

[防治对象和使用方法]　可防治蔬菜、瓜类、豆类白粉病、灰霉病等；花生、芝麻叶斑病、黑斑病、茎腐病等；水稻纹枯病。每次每 667 平方米用药 75～100 克，对水 70 千克喷雾。

（1）在病害初发期开始喷药，喷雾需均匀周到，隔 7～10 天 1 次，连续 2～3 次。

（2）白粉病严重时连喷 2 次，间隔 2～3 天。

[注意事项]

（1）该药品在黄瓜上安全施用间隔期为 7 天，每季最多施用 2 次。

（2）忌与碱性物质和无机铜混用。

（3）施药时应穿戴防护服和手套，施药后洗净手脸，禁止在河塘等水体中清洗施药器具。

（4）包装物妥善处理，不可做它用。

（5）中毒症状为头晕、恶心、呕吐等。若药液不慎溅在皮肤上，应用大量温肥皂水清洗干净；药液不慎溅眼睛，应将眼睑翻开，用清水冲洗 15 分钟；发生吸入，立即将患者转移到空气新鲜处，并请医生诊治。

（九）烯唑醇

[理化性质及杀菌机理]　烯唑醇是一种三唑类杀菌剂，具有治疗作用，在真菌的麦角甾醇生物合成中抑制 14α-脱甲基化作用，引起麦角甾醇缺乏，导致真菌细胞膜不正常，最终杀灭真菌。

[剂型]　主要剂型有 12.5%可湿性粉剂。

[防治对象和使用方法]　该药品能有效防治小麦白粉病。建议在小麦白粉病发病初期喷雾施药，隔 7～10 天施药一次，连续用药 2～3 次。每 667 平方米每次用药 32～64 克，对水 70 千克喷雾。

[注意事项]

（1）在小麦上安全使用间隔期为 21 天。每个作物周期的最多使用次数为 2 次。忌与碱性物质混用。

（2）用药时禁止吸烟和饮食，药后需用肥皂水洗净裸露皮肤和工作服。

（3）施药时应避开作物扬花期，禁止在池塘、河流等水域清洗施药器械。

（4）孕妇和哺乳期妇女禁止接触本品。

（5）该药品低毒，如药剂污染皮肤，应用肥皂水和清水清洗干净；如药液溅入眼睛，应用大量清水冲洗，仍有刺激感觉时，应请眼科医生治疗。发生吸入，应立即将吸入者转移到空气新鲜处。如误食中毒，应立即催吐、洗胃，并送当地医院对症治疗。

（十）地衣芽孢杆菌

［**理化性质及杀菌机理**］　地衣芽孢杆菌又名地芽菌，地衣芽孢杆菌种子包衣剂采用地衣芽孢杆菌、阿维菌素、生根粉、激活酶、细胞修复酶、植酶膜及进口助剂精制成。地衣芽孢杆菌在生长代谢过程中能产生多种抗虫驱虫抗菌物质和高温蛋白酶及多种生长因子。具有抑制病源菌的生长，促进有益微生物的繁殖，增强农作物的免疫功能，其代谢因子对重茬、根腐有二次杀菌作用。应用于小麦种子包衣，防治小麦全蚀病，特别是对小麦三叶期全蚀病有特效，具有低毒、内吸性较强，药效较高。正常使用时对作物安全，持效期长等特点。

［**剂型**］　主要剂型为总有效成分 80 亿个/毫升水剂。

［**防治对象和使用方法**］

（1）防治西瓜枯萎病，甜瓜等瓜类根腐病、蔓枯病用 80 亿个单位药量对水 400～600 倍灌根，苗期病株 30～50 毫升，健株 10～20 毫升；成株期病株 150～200 毫升，健株 50～100 毫升效果显著。

（2）防治小麦全蚀病，采用种子包衣。用药量：药种比为 1∶（55～65）。

［**注意事项**］

（1）被包衣的小麦种子应为精选后的良种，种子发芽率不能低于 85%，包衣种子水分不能高于 13%。

（2）药品有稍许沉淀或分层（内有生根粉所致）不影响药效，使用时应充分摇匀。包衣剂是固定剂型，只作种衣包衣处理，严禁田间喷雾。不能加水且不能与其他肥料、农药混配使用。

（3）包衣种子要专库分批贮存，仓库要求干燥，在常温下贮存期不得超过 4 个月，包衣种子不得食用，不得作饲料，不可与食品、粮食共同存放。

（4）使用时，必须严格遵守农药相关规定，佩戴防护用具进行操作，禁止与小孩、牲畜接触。

（5）剩余农药不可直接倒入鱼塘、河流等水体。

（6）正常存放或运输时堆码高度为两层，过高易使包装损坏，造成不必要的损失，长期存放应在安全、人畜不易接触、避光的室内保存，勿与食品、饮料、饲料等其他商品同贮同存，避免儿童接触。

（7）本品灌根或喷施时每季最多使用 3 次。

（8）沉淀不影响药效，用时请摇匀，置于儿童接触不到的地方。

（9）本品不得与苯酚、过氧化氢、过氧乙酸、氯化汞、碳基水杨酸等物质混用。

（10）施药时需做好保护措施，戴好口罩、手套、穿长衣、长裤及胶靴。施药后用温肥皂水洗净手脸及暴露部分皮肤。

（11）施药器械的清洗及残剩药剂的处理不可污染水源。

（12）哺乳期妇女和孕妇禁止接触本品。过敏者禁用，使用中有任何不良反应及时就医。

中毒急救：未见人体中毒报道。如皮肤接触：立即脱掉被污染的衣服，用肥皂和大量清水彻底清洗受污染的皮肤；若药剂误入眼睛，立即将眼睑翻开，用清水冲洗 10～15 分钟，再请医生诊治。一旦误服，用牛奶催吐，并携带本标签，立即送往医院对症治疗。使用中有任何不良反应及时就医。与本品接触后，如出现头晕、头痛、恶心、四肢无力，出虚汗等中毒症状，应停止工作，转移至空气新鲜处，并在医护人员指导下进行对症治疗。

（十一）盐酸吗啉胍·三氮唑核苷

［理化性质及杀菌机理］ 盐酸吗啉胍·三氮唑核苷为混配抗病毒杀菌剂，具有内吸、保护、治疗作用。盐酸吗啉胍抑制植物细胞体内病毒核酸和脂蛋白的形成，三氮唑核苷阻止病菌穿入植物宿主细胞，阻碍核苷生成，并影响病毒脱壳，从而起到抗毒杀菌作用。两者混配后能有效地控制作物病毒病的发生。

［剂型］ 主要剂型为总有效成分含量31％的可溶性粉剂（盐酸吗啉胍含量30％、三氮唑核苷含量1％）。

［防治对象和使用方法］

（1）水稻条纹叶枯病初发期施药最佳，病情严重时可连续用药2～3次。每667平方米每次用药37.5～50克，对水70千克喷雾。

（2）该药品在贮藏过程中可能有结块现象，搅匀化开后不影响药效，3小时内遇雨需补喷。

［注意事项］

（1）该药品在水稻上安全使用间隔期为10天。每个作物周期的最多使用次数为2～3次。施药时应穿戴防护服和手套，禁止吸烟和饮食，施药后用清水清洗手和脸。

（2）使用过的容器和包装物应妥善处理，不可做它用，禁止在河塘等水体中清洗施药器具。

（3）药品置于阴凉通风干燥处，打开包装后要注意密封保存以免受潮。

（4）对人未见毒性反应，如眼睛和皮肤受污染，必须用大量清水和肥皂冲洗15分钟，如误服送医院对症治疗。

（十二）吗啉胍·硫酸铜

［理化性质及杀菌机理］ 盐酸吗啉胍是一种广谱病毒防治剂。药剂可通过水气孔进入植物体内，抑制或破坏核酸和脂蛋白的形成，阻止病毒的复制过程，起到防治病毒的作用；硫酸铜为杀藻剂和叶面保护性杀菌剂，能防止孢子萌发。盐酸吗啉胍与硫酸铜配合防治病毒效果更佳。

［剂型］ 主要剂型有总有效成分含量20％的水剂（盐酸吗啉

胍含量 16％、硫酸铜含量 4％）。

[**防治对象和使用方法**] 吗胍·硫酸铜能防治多种作物病毒病，防治效果较好。

（1）在防治辣椒病毒病时，于发病初期开始施药，连续喷药 3 次，每次每 667 平方米用药 60～100 克对水 70 千克喷雾；每次施药间隔 7～10 天。

（2）在防治水稻条纹叶枯病时，于发病初期施药 2 次，施药间隔 7 天。每次每 667 平方米用药 95～115 克对水 70 千克喷雾。

[**注意事项**]

（1）该药品安全使用间隔期为 5 天。每个最多使用次数为 3 次。

（2）不可与碱性药剂混合使用。

（3）沉淀不影响药效，用时请摇匀，勿入口。

（4）铜制剂对水生生物毒性高，施药器械的清洗及残剩药剂的处理应避免污染到水源和池塘。

（5）本品对铁敏感，若使用铁质容器，请选用带漆的。

（6）哺乳期妇女和孕妇禁止接触本品。

（7）该药品中毒多由硫酸铜引起，中毒症状表现为头痛、头晕、乏力、口腔黏膜呈蓝色、口内有金属味，齿龈出血，舌发青，腹泻，腹绞痛，黑大便，重者昏迷、痉挛，血压下降等。经口中毒，立即催吐、洗胃。解毒剂为依地酸二钠钙，并配合对症治疗。

（十三）辛菌胺醋酸盐

[**理化性质及杀菌机理**] 辛菌胺醋酸盐是甘氨酸类杀菌剂，通过破坏各类病原体的细胞膜、凝固蛋白、阻止呼吸和酵素活动等方式达到杀菌（病毒）。该药具有一定的内吸和渗透作用。可高效治疗和预防作物病害。

[**剂型**] 主要剂型为有效成分含量 1.8％的水剂。

[**防治对象和使用方法**] 辛菌胺醋酸盐主要防治棉花、水稻等作物病害。

（1）在防治棉花枯萎病时，于发病初期开始施药最佳，用 200～300 倍液连续喷药 3 次，病情严重时使用间隔 3 天左右，预防病时每次施药间隔 10 天。

（2）在防治水稻条纹叶枯病时，应在发病初期连续施药 2 次，苗期每 667 平方米每次用药 50～100 克对水 15 千克喷雾。成株期每 667 平方米每次用药 200～250 克对水 60～70 千克喷雾，病情严重时期施药间隔 3～5 天，预防病时施药间隔 7～10 天，喷药时需均匀喷洒。在防治水稻稻瘟病时，应在发病初期连续施药 2 次，均匀喷施于叶片正反两面。

（3）该药品在棉花上安全使用间隔期为 14 天，在水稻上安全使用间隔期为 14 天。每种作物最多使用次数为 4 次。

［注意事项］

（1）该药品沉淀不影响药效，用时请摇匀，勿入口。

（2）建议与其他不同作用机制的杀菌剂轮换使用。

（3）施药时应穿戴防护服和手套，切勿在施药时吸烟饮食，施药后洗净手脸。使用过的施药器械，应清洗干净方可用于其他农药的使用。施药器械的清洗剂及残留药剂的处理应避免污染到水源和池塘，使用后的废旧容器不可随意丢弃。

（4）哺乳期妇女和孕妇禁止接触本品。

（5）未见中毒报道。如皮肤接触应立即脱掉被污染的衣服，用肥皂和大量清水彻底清洗受污染的皮肤；若药剂误入眼睛，立即将眼睑翻开，用清水冲洗 10～15 分钟，再请医生诊治。一旦误服，应立即送往医院对症治疗。

（十四）敌磺钠

［理化性质及杀菌机理］　纯品为淡黄色结晶，工业品为黄棕色无臭的粉末。在碱性介质中稳定，可溶解于酒精，不溶于乙醚、苯、石油等有机溶剂。水溶液遇光热易分解，对人、畜中等毒性。

［剂型］　剂型有 95％、75％敌磺钠可湿性粉剂，55％敌磺钠膏剂。

［防治对象和使用办法］　敌磺钠是较好的种子和土壤处理杀菌剂，也可喷雾使用，对作物具有一定的内吸渗透作用。主要用于防治蔬菜、烟草、棉花等作物病害。防治白菜、黄瓜、莴苣、菠菜霜

霉病，白菜软腐病、白斑病、黑斑病；辣椒枯萎病可用原粉 500～800 倍液喷雾。

用原粉 500～800 倍液浇灌根部及周围土壤，可防治白菜软腐病、甘蓝黑腐病、茄子黄萎病、辣椒枯萎病；用 1 000～1 500 倍液浇灌可防治黄瓜枯萎病、西瓜枯萎病等。

用种子量 0.3％的原粉拌种可防治白菜霜霉病、小麦腥黑穗病、谷子黑穗病。用种子量 0.5％的原粉拌种防治棉花炭疽、立枯病，拌种时最好把原粉与 10～15 倍干细土配成药土后再与种子拌。防治烟草黑颈病，每 667 平方米用原粉 350 克与 15～20 千克细土混匀，在移栽时和起垄培土前，将药土撒在烟苗基部周围，并立即覆土。也可用原粉 500 倍药液喷洒在烟苗基部及周围土面，每 667 平方米用药液 100 千克，每隔 15 天喷药一次，共 3 次。防治水稻苗期立枯病、黑根病、烂秧病，每 667 平方米秧田用原粉 921 克对水泼浇或喷雾。

[注意事项]

（1）敌磺钠在日光照射下不稳定，土壤处理及灌注时必须尽快施入土内。喷雾最好选择阴天或傍晚，并现用现配。

（2）不能与碱性农药和农用抗菌素混合使用。

（3）由于敌磺钠溶解较慢，可先加少量水搅拌均匀后再加水稀释溶解。

（4）敌磺钠能使食道、呼吸道和皮肤等部位引起中毒，一定要按农药安全操作规程施药。

（十五）叶枯灵

[理化性质及杀菌机理] 纯品为白色鳞状结晶，熔点 145～146℃，易溶于二甲亚砜，溶于氯仿、二氯甲烷，微溶于甲醇，不溶于石油醚、正己烷等。工业品为淡色颗粒。

[剂型] 主要剂型有 25％叶枯灵可湿性粉剂。

[防治对象和使用办法] 本药剂主要用于防治水稻白叶枯病，对凋萎型白叶枯病也有同样药效。此外，还可以用于防治部分作物的疫病。

（1）防治水稻白叶枯病：用 25％可湿性粉剂 250 倍液，在水稻孕穗期至抽穗期喷雾，每隔 7 天施 1 次药，共施药 2～3 次。

（2）防治疫病：用 25％可湿性粉剂 300 倍液喷雾，可防治番茄晚疫病；用 250 倍液喷雾，可防治番茄早疫病；用 120 倍液喷雾，可防治黄瓜疫病。

［注意事项］

（1）不可与碱性药物混用。

（2）本品应贮藏在阴凉干燥处，避免受潮。

（十六）多抗霉素

［理化性质及杀菌机理］　多抗霉素为肽嘧啶核苷酸类抗菌素，它是金色产色链霉菌所产生的代谢产物，主要成分是多抗霉素 A 和多抗霉素 B。多抗霉素易溶于水，不溶于有机溶剂。对紫外线稳定，在酸性和中性溶液中稳定，但在碱性溶液中不稳定。

［剂型］　剂型有 10％可湿性粉剂，3％、2％、1.5％多抗霉素可湿性粉剂。

［防治对象和使用办法］　多抗霉素可用于防治小麦白粉病、烟草赤星病、黄瓜霜霉病、瓜类枯萎病、瓜类叶斑病、水稻纹枯病、苹果斑点落叶病、番茄晚疫病、梨黑斑病等多种真菌病害。

（1）2％可湿性粉剂每 667 平方米 0.5 千克，对水 50～100 千克喷雾，每间隔 7 天喷 1 次，共喷 3～4 次，可防治白粉病、赤星病、霜霉病、枯萎病、叶斑病、纹枯病、晚疫病等。

（2）2％可湿性粉剂 1 千克，对水 100～200 千克，每颗成树用药液 10 千克喷雾，可防治梨黑斑病、灰霉病、叶斑病等。

［注意事项］

（1）不可与酸、碱性药剂混合使用。

（2）应密封贮存在干燥阴凉处。

二、杀虫剂

（一）阿维菌素

［理化性质及杀虫机理］　阿维菌素属于生物源杀虫剂，具有胃

毒、触杀作用，渗透性较强，通过刺激昆虫释放一氨基丁酸来破坏害虫神经传导，当害虫与本品接触后即出现麻痹症状，不活动、不取食，而后死亡。对抗性害虫有特效。主要用于防治十字花科蔬菜小菜蛾。

[**剂型**] 主要剂型为有效成分含量 0.5％的乳油、1.5％的乳油、3％的乳油等，最近 5％的也有登记。

[**防治对象和使用方法**] 主要用于防治十字花科蔬菜小菜蛾。

（1）小菜蛾低龄幼虫盛发期为最佳施药期，每 667 平方米每次用药 80～120 克，对水 70 千克均匀喷雾，蔬菜叶子正反两面都要喷匀。

（2）大风或预计 1 小时内降雨勿施。

（3）该药品安全使用间隔期为 7 天。每个作物周期的最多使用次数为 1 次。建议与其他不同作用机制的杀虫剂轮换使用。

[**注意事项**]

（1）该药品贮存可能有沉淀现象，用时摇匀化开后不影响药效。

（2）本品对蜜蜂、鱼类等水生物有毒，施药期间应远离蜂群，禁止在鱼塘和河塘等水体中清洗施药器具。

（3）施药时要注意穿戴防护服、面具和手套，禁止吸烟和饮食，施药后用清水冲洗。使用过的容器和包装物应深埋处理，不可随意丢弃。

（4）药品置于阴凉通风干燥处。放置儿童触摸不到的地方。勿与食品、饲料同运同贮。

（5）早期症状为瞳孔放大，行动低调，肌肉颤抖，严重时导致呕吐。急救：经口，立即引吐并给患者服用吐根糖浆或麻黄素，但勿给混迷患者催吐或灌任何东西，抢救时避免给患者使用增强 γ-氨基丁酸活性药物（如巴比·丙戊酸等）并送医院对症治疗。

（二）丁硫克百威

[**理化性质及杀虫机理**] 丁硫克百威是氨基甲酸酯类杀虫剂，对害虫有内吸、触杀和胃毒作用。其杀虫机制是干扰昆虫神经系

统，抑制胆碱酯酶，使昆虫肌肉和腺体持续兴奋，导致昆虫死亡。本品用于拌种，对水稻蓟马防效显著。丁硫克百威属低毒，会在15天内水解完成。

[**剂型**]　主要剂型为有效成分含量35％的种子处理干粉剂。

[**防治对象和使用方法**]　主要防治水稻苗期害虫。

（1）将稻种浸种催芽，破胸露白后，稍晾，加入本品，每100千克种子加入本品871～1 143克，来回翻动，使之均匀地附着在种子表面，晾干后播种。

（2）在稻田使用时，避免同时使用敌稗和灭草灵，以防产生药害。

[**注意事项**]

（1）施药时要穿戴防护用具、手套、面罩，避免使药液溅到眼睛和皮肤上，避免口鼻吸入，施药后用肥皂洗手洗脸。

（2）该药品对蜜蜂、鱼类等水生生物、家蚕有毒，应避免对周围蜂群的影响、蜜源作物花期、蚕室和桑园附近禁用。远离水产养殖区施药，禁止在河塘等水体中清洗施药器具。

（3）用过的容器应妥善处理，不可做它用，也不可随意丢弃。

（4）药品置于通风、阴凉、干燥处避光保存，并远离儿童、食品和水源。

（5）拌种后多余的种子加锁保存，不能食用或作饲料。

（6）该药品为中等毒，勿与食品、饲料同运同贮。

（7）中毒症状为头晕、乏力、呕吐、视力模糊等，严重者出现意识不清、呼吸困难等症状。如不慎中毒，可用阿托品0.5～2毫克口服或肌肉注射，重者加上肾上腺素。禁用解磷定、氯磷定、双复磷和吗啡。并立即送医院对症治疗。

（三）异丙威

[**理化性质及杀虫机理与剂型**]　异丙威纯品为白色结晶状粉末，原药为浅红色片状结晶，难溶于水，可溶于苯等有机溶剂。在碱性和强酸性中易分解，在弱酸中稳定，对光和热稳定。有强的触杀作用，并有一定的胃毒和熏蒸作用。击倒力强，速效，对天敌安

全，是中等毒性杀虫剂。

异丙威烟剂是保护地专用杀虫烟剂，具有较强的触杀作用，药效速效，药剂进入虫体后，通过抑制胆碱酶使害虫中毒死亡。

[剂型] 主要剂型为有效成分含量20%的烟剂；2%、4%的粉剂；20%的乳油。

[**防治对象和使用方法**] 烟剂主要用于黄瓜（保护地）白粉虱等虫害防治。其他剂型可防治水稻、甘蔗、柑橘害虫。

（1）黄瓜（保护地）白粉虱盛发期施药最佳，每隔3～5天施药1次，连续用2次。每667平方米每次200～300克。

（2）使用时应根据棚室大小均匀布点，每667平方米大棚可设4～6个放烟点，由里向外逐个点燃，放烟后，应关闭棚室，放烟6小时后开门窗通风。

（3）施药量要根据棚室高度和虫害发生情况酌情增减。点燃时要离植株有一定距离，并放在瓦片上点燃，以免地面水分过大燃烧不完影响药效。

（4）该药品在保护地蔬菜上安全间隔使用期为5天，每个作物周期的最多使用次数为2次。

（5）每667平方米用2%粉剂2～2.5千克喷粉，防治飞虱、叶蝉；每667平方米用20%乳油150～200毫升对水50～70千克喷雾，可防治蓟马、椿象、蚂蟥。

（6）每667平方米用2%粉剂2～2.5千克或4%粉剂1～1.5千克，掺细土20千克拌成毒土，撒于心叶及叶鞘间，可防治甘蔗扁飞虱。

（7）每667平方米用20%乳油500～800倍液喷雾可防治柑橘潜叶蛾。

[**注意事项**]

（1）建议与其他作用机制杀虫剂轮换使用。

（2）本品对蜜蜂、鱼类等水生物有毒，施药期间应避免对蜜蜂的影响，桑园、蚕室、蜂源作物花期禁止用药，远离水塘。

（3）该药品对薯类作物敏感，施用时避免飘移上述作物。

（4）施药时要注意穿戴防护服和手套，点燃后立即离开棚室，施药后及时清洗手和脸。

（5）使用过的容器和包装物应妥善处理，不可做它用。

（6）药品置于阴凉通风干燥处，本品易潮易燃远离火源。

（7）该药中毒出现头昏、头痛、乏力、面色苍白、呕吐、多汗、流涎、瞳孔缩小、视力模糊症状。严重者出现血压下降、意识不清，皮肤出现接触性皮炎如风疹，局部红肿奇痒，眼结膜充血、流泪、胸闷、呼吸困难等中毒症状。中毒用阿托品 0.5～2 毫克口服或肌肉注射，重者加用肾上腺素。禁用解磷定、氯磷定、双复磷、吗啡并送医院对症治疗。

（四）吡·杀单

[理化性质及杀虫机理]　吡·杀单是吡虫啉与杀虫单复配而成的杀虫剂，有较强的触杀胃毒作用和强烈的内吸传导作用，持效期长，是防治稻飞虱等害虫的理想药剂。

[剂型]　主要剂型为总有效成分含量 70%（杀虫单含量 68%、吡虫啉含量 2%）的可湿性粉剂。

[防治对象和使用方法]　该药对飞虱害虫防效较好。

（1）该药品用于防治水稻稻飞虱最佳使用期为水稻苗床或本田中低龄若虫发生高峰期施药，每 667 平方米每次用药 50～70 克对水 70 千克均匀喷雾，视害虫发生情况可使用 2 次，间隔 15 天左右施一次。

（2）该药品对棉花、烟草、辣椒易产生药害；大豆、四季豆、马铃薯也较敏感，使用时应注意，不要让药液漂移到这些作物上，以免产生药害。

（3）打开包装久置易结块，溶化后不影响杀虫效果。大风天或预计一小时内降雨，请勿施药。

[注意事项]

（1）本品在农作物上最多使用次数为 2 次，安全使用间隔期为 10 天。

（2）建议与其他不同作用机制的杀虫剂轮换使用。

（3）不能与波尔多液、石硫合剂等碱性物质混用。

（4）对家蚕有毒，防止药液污染桑叶，禁止在蚕室附近使用。对蜜蜂和水生物有毒，禁止在蜜源作物花期和采蜜期使用，远离水源，禁止在河塘等水体中清洗施药器具。

（5）施药时要注意穿戴防护服、面具和手套，避免吸入药液，施药后用大量清水冲洗。

（6）使用过的容器和包装物应深埋处理，不可做它用。

（7）早期中毒为恶心、四肢发抖继而全身发抖，流涎，痉挛，呼吸困难，瞳孔放大。如中毒用碱性液体洗胃或冲洗皮肤，草蕈碱样症状明显者可用阿托品类药物对抗，但注意过量，忌用胆碱酯酶复能剂。送医院对症治疗。

（五）甲氨基阿维菌素苯甲酸盐

［**理化性质及杀虫机理**］　本品是阿维菌素的类似物，对害虫具有胃毒和触杀作用，持效期长，但作用缓慢。其作用机理为阻碍害虫运动，有效地干扰害虫神经麻痹死亡。对十字花科蔬菜小菜蛾防治效果显著。

［**剂型**］　主要剂型为有效成分含量1%的乳油。

［**防治对象和使用方法**］　对十字花科蔬菜小菜蛾防治效果显著。在菜蛾低龄幼虫盛发期为最佳施药期，每667平方米每次用药10～20毫升，对水60千克均匀喷雾，蔬菜叶子正反两面打透。大风或预计1小时内降雨勿施。

［**注意事项**］

（1）该药品在蔬菜上安全使用间隔期为1天，每个作物周期的最多使用次数为3次。

（2）建议与其他不同作用机制的杀虫剂轮换使用。

（3）该药品对蜜蜂、家蚕、鱼类等水生物有毒，施药期间应远离蜂群，禁止蜜源作物开花期、蚕室和桑园用药，远离水源和池塘，禁止在鱼塘和河塘等水体中清洗施药器具。

（4）施药时要注意穿戴防护服、面具和手套，禁止吸烟和饮食，施药后用清水冲洗。

（5）使用过的容器和包装物应深埋处理，不可随意丢弃。

（6）早期症状为瞳孔放大，行动低调，肌肉颤抖，严重时导致呕吐。急救：经口，立即引吐并给患者服用吐根糖浆或麻黄素，但勿给昏迷患者催吐或灌任何东西，抢救时避免给患者使用增强 r - 氨基丁酸活性药物（如巴比·丙戊酸等）并送医院对症治疗。

（六）辛硫磷

［理化性质］　纯品为浅黄色油状液体，原药为浅红色油状物，难溶于水，易溶于醇、酮类。在中性和酸性介质中稳定，在碱性介质及高温下易分解。光解速度快。是高效、低毒、广谱性有机磷杀虫剂，以触杀、胃毒为主，击倒力强，有一定杀卵作用。

［剂型］　主要剂型有 45％、50％、75％ 乳油，25％ 油剂，1％、3％、5％ 颗粒剂。

［防治对象和使用方法］　辛硫磷可防治粮食、棉花、油料、果树、蔬菜、茶等多种作物的害虫及地下害虫。

（1）喷雾：用 50％乳油 1 000～2 000 倍液喷雾，可防治麦蚜、麦叶蜂、黏虫、稻苞虫、稻纵卷叶螟、叶蝉、飞虱、蓟马、棉蚜、棉铃虫、红铃虫、地老虎、菜青虫、烟青虫及果树林木上的蚜虫、苹果小卷叶蛾、梨星毛虫、葡萄斑叶蝉、尺蠖、粉虱、刺蛾类、桑毛虫、松毛虫等。

（2）拌种：50％乳油 1 千克，对水 70 千克，拌种 1 000 千克，可防治小麦、玉米、谷子、高粱地下害虫（蝼蛄、蛴螬、金针虫）。每 667 平方米用 3％或 5％颗粒剂（也可用 50％乳油加水对沙或煤渣粒自制）2～3 千克，撒入播种沟内，或随种播入，可防治花生、大豆田的蛴螬。

（3）浇灌和灌心：50％乳油 1 000 倍液灌根可防治棉花、花生田地老虎、蛴螬；用 50％乳油 2 000 倍液灌根，可防治韭菜、葱、蒜的根蛆；50％乳油 500 倍液灌心可防治玉米螟。

［注意事项］

（1）黄瓜、菜豆、甜菜、高粱敏感，浓度大有药害，不宜使用，玉米也不宜喷雾。在大葱上使用量超过 10％时易干尖。

（2）辛硫磷易光解，施药时间要避开强光时期。

（3）应在阴暗处贮存。

（4）药液随配随用，不与碱性药剂混用，作物收获期前5天禁用。

（七）毒死蜱

[**理化性质**] 纯品为白色颗粒晶体，难溶于水，可溶于多种有机溶剂；室温下稳定，遇碱易分解；在土壤中残留期长，对铜有腐蚀作用。具胃毒、触杀和熏蒸作用，是广谱中毒有机磷杀虫剂。

[**剂型**] 主要剂型有40.7%、48%乳油，14%颗粒剂，25%、50%可湿性粉剂。

[**防治对象和使用方法**]

（1）小麦害虫：黏虫、麦蚜，每667平方米用40.7%乳油50～75毫升对水喷雾。

（2）大豆害虫：大豆食心虫、斜纹夜蛾、豆天蛾，每667平方米用40.7%乳油75～100毫升对水喷雾。

（3）棉花害虫：棉蚜、棉红蜘蛛，每667平方米用40.7乳油70～100毫升对水喷雾；棉铃虫、红铃虫，每667平方米用40.7%乳油100～169毫升喷雾。

（4）水稻害虫：稻纵卷叶螟、稻蓟马、稻瘿蚊、稻飞虱、叶蝉，每667平方米用40.7%乳油60～100毫升对水喷雾。

（5）蔬菜害虫：菜青虫、小菜蛾、豆野螟，每667平方米用40.7%乳油100～150毫升对水喷雾。

（6）果树害虫：山楂红蜘蛛、苹果红蜘蛛、柑橘潜叶蛾，用40.7%乳油1 000～2 000倍液喷雾。桃树挂果中后期勿使用，使用时易裂果。

（7）地下害虫：蛴螬，每667平方米用14%颗粒剂1.5千克撒于作物基部然后覆土或40.7%乳油10 000倍液灌根。

[**注意事项**]

（1）不能与碱性农药混用。

（2）烟草对此药敏感，不宜使用。

（3）蔬菜在收获前7天停止用药。

（4）对蜜蜂和鱼类毒性高，应注意。

（八）抗蚜威

[**理化性质**] 原药为白色无臭晶体，难溶于水，易溶于有机溶剂。成品为蓝色粉末，见光易分解，残效短，对天敌安全。是高效、速效选择性氨基甲酸酯类杀蚜虫剂，毒性中等，有触杀、熏蒸和叶面渗透作用。

[**剂型**] 主要剂型有 50％可湿性粉剂、50％水分散粒剂。

[**防治对象和使用方法**] 主要防治小麦、蔬菜、烟草、油料上的蚜虫。蔬菜、烟草上每 667 平方米用 50％可湿性粉 10～18 克，对水 50 千克喷雾；油料、小麦等粮食作物上蚜虫每 667 平方米用 50％可湿性粉剂 6～8 克，对水 50 千克喷雾。

[**注意事项**]

（1）抗蚜威对棉蚜无效。

（2）应选无风天暖时喷药，以提高防效。

（九）高效氯氰菊酯

[**理化性质**] 纯品白色至奶油色结晶固体，熔点 80.5 ℃。25 ℃，在下列溶剂中的溶解度：环己酮 515 克/升，二甲苯 315 克/升，水 5～10 毫升/升。超过 220 ℃时才发生一些失重现象。可与大多数药剂混用，但与强碱性物质混用易发生分解。

[**剂型**] 剂型有 4.5％、5％、10％乳油；0.15％喷射剂。

[**防治对象和使用方法**] 本品系高效广谱拟除虫菊酯类杀虫剂，每 667 平方米 0.37～2.33 克有效成分对水喷雾，可防治水稻、玉米、棉花、烟草、大豆、甜菜、甘蔗、饲料作物、葡萄、苹果、梨、柑橘、茶、咖啡及林区的草地夜蛾、稻纵卷叶螟、二化螟、黑尾叶蝉、飞虱、椿象、地老虎、蚜虫、玉米螟、棉铃虫、棉红铃虫、尺蠖、蓟马、粉虱、跳甲、甘蓝夜蛾、潜蝇、蠹蛾、舞毒蛾、天幕毛虫和介壳虫等许多害虫。如棉铃虫、红铃虫、蚜虫 0.5～1.5 克，菜蚜、菜青虫、小菜蛾等蔬菜害虫 0.5～1.5 克，大豆卷叶螟 1.0～1.3 克，大豆其他害虫 0.3～0.6 克有效成分。

0.15％喷射剂防治棉花棉蚜、棉铃虫的用量为 15～30 克/公顷，防治蔬菜菜青虫、小菜蛾的用量为 9～25.5 克/公顷，防治苹蚜的用量为 3～18 克/公顷，防治烟草烟青虫的用量为 15～25.5 克/公顷，防治茶树茶尺蠖的用量为 15～25.5 克/公顷，防治柑橘潜叶蛾和红蜡蚧的使用浓度为 15～20.50 毫克/升。

[注意事项]

（1）不可与碱性农药混用。

（2）该药对水生动物、蜜蜂、蚕极毒，使用中应特别注意。

（3）无特效解毒药，如误服，应立即请医生对症治疗。

（十）吡虫啉

[理化性质] 该药品为略带特殊气味的无色结晶，熔点 143.8 ℃（变态 1）、136.4 ℃（变态 2），相对密度 1.534（20 ℃）。溶解性（20 ℃）：水 0.51 克/升，二氯甲烷 50～100 克/升，异丙醇 1～2 克/升，甲苯 0.5～1 克/升，正己烷＜0.1 克/升。在 pH5～11 对水解稳定。原药纯度 80%～85%。

[剂型] 有 10%、25% 可湿性粉剂，5% 乳油。

[防治对象和使用方法] 该药品属硝基亚甲基类内吸杀虫剂，是烟酸乙酰胆碱酯酶受体的作用体，用于防治刺吸式口吸害虫，如蚜虫、叶蝉、飞虱、蓟马、粉虱及其抗性品系。对鞘翅目、双翅目和鳞翅目也有效。尤其适于种子处理和以颗粒剂施用。在禾谷类作物、玉米、水稻、马铃薯、甜菜和棉花上可早期持续防治害虫，上述作物及柑橘、落叶果树、蔬菜等生长后期的害虫可叶面喷雾防治。叶面喷雾对黑尾叶蝉、飞虱类（稻褐飞虱、灰飞虱、白背飞虱）、蚜虫类（桃蚜、棉蚜）和蓟马类有优异的防效，对粉虱、稻螟虫、稻负泥虫、稻象甲也有防效，并优于噻嗪酮、醚菊酯、抗蚜威和杀螟丹。毒土处理时，土壤中浓度为 1.25 毫克/千克时，可长时间防治白菜上的桃蚜和蚕豆上的豆卫茅蚜；以 1 克/千克种子处理，至少在 5 周内可防治豆蚜和棉蚜。如 10% 可湿性粉剂防治水稻飞虱，以 75～105 克/公顷喷雾。

[注意事项]

（1）本品在农作物上最多使用次数为 2 次，安全使用间隔期为

10 天以上。施用吡虫啉时温度应在 20 ℃以上，低温施用效果差。

（2）建议与其他不同作用机制的杀虫剂轮换使用。

（3）不能与波尔多液、石硫合剂等碱性物质混用。

（4）对家蚕有毒，防止药液污染桑叶，禁止在蚕室附近使用。对蜜蜂和水生物有毒，禁止在蜜源作物花期和采蜜期使用，远离水源，禁止在河塘等水体中清洗施药器具。

（5）施药时要注意穿戴防护服、面具和手套，避免吸入药液，施药后用大量清水冲洗。

（6）使用过的容器和包装物应深埋处理，不可做它用。

三、杀螨剂

（一）克螨特

[理化性质及杀灭机理]　纯品为深琥珀色黏稠液；160 ℃分解，相对密度 1.14，折射率 1.522 3。不溶于水，溶于大多数有机溶剂。原药至少含有 80％有效成分，相对密度 1.085～1.115，闪点 28 ℃，25 ℃水中溶解 0.5 毫克/升。

[剂型]　有 73％乳油；30％可湿性粉剂。

[防治对象和使用方法]　克螨特为广谱性杀螨剂，具有胃毒和触杀作用。对若螨和成螨均有特效，但对天敌无害，适于棉花、果树、茶树等作物上的螨类防治。防治棉花、红蜘蛛，每 667 平方米用 75％乳油 75 毫升（54.8 克有效成分）对水喷雾；防治柑橘红蜘蛛，用 73％乳油 2 000 倍液（有效浓度 365 毫克/升）喷雾，或用 30％可湿性粉剂 4 000 倍液（有效浓度 300 毫克/升）喷雾，防治柑橘锈壁虱，用 73％乳油 4 000 倍液（有效浓度 182.5 毫克/升）喷雾，防治茶橙瘿螨，每 667 平方米用 73％乳油 123 毫升（有效成分 90 克）对水 175 千克喷雾。在柑橘上安全间隔期为 7 天；使用浓度高时，对柑橘嫩梢有药害，故抽梢期使用必须谨慎；接近成熟期使用，影响果实退绿，在果脐附近形成不规则绿色云斑；若有效成分用量相同，则乳油远比可湿性粉剂效果好。

[注意事项]

（1）作物收获前 15 天停止用药。

（2）不能与酸性或碱性农药混用，以免分解失效。

（3）贮存在阴凉干燥处，避免在烈日下暴晒。

（二）齐螨素

[理化性质及杀灭机理] 纯品为白色至浅黄色结晶，本品对螨类和昆虫具有胃毒和触杀作用，并有横向渗透传导作用。其杀虫机制是干扰害虫神经生理活动，通过刺激释放 γ－氨基丁酸（GA-BA）的加强，阻断运动神经信号的传递过程，当螨类成虫、若虫和昆虫幼虫与本品接触后即出现麻痹症状，不活动、不取食。2～4 天后死亡。可防治园艺、果树、农作物上的鞘翅目、双翅目、同翅目、鳞翅目和螨类害虫，前者持效期 8～10 天，后者为 30 天左右。对天敌安全，对抗性害虫有特效。

无定形粉末，熔点 150～155 ℃，溶解性（21 ℃）：水 0.01 毫克/升，丙酮 100 毫克/升，正丁醇 10 毫克/升，氯仿 25 毫克/升，环己烷 6 毫克/升，乙醇 20 毫克/升，异丙醇 70 毫克/升，煤油 0.5 毫克/升，甲醇 19.5 毫克/升，甲苯 350 毫克/升。稳定性：在通常贮存条件下稳定；在 pH5、7、9 和 25 ℃时，其水溶液不发生水解。

[剂型] 剂型有 1.8％乳油、0.9％乳油、0.3％乳油。

[防治对象和使用方法] 1.8％乳油防治对象及其用量：防治朱砂叶螨、棉红蜘蛛、红叶螨等害螨，8 000～10 000 倍液喷雾；防治蔬菜上的菜青虫、小菜蛾，3 000～4 000 倍液喷雾；潜叶蝇（蛾）为 4 500 倍液；棉花棉铃虫、棉蚜等，1 200～1 500 倍液喷雾；防治果树卷叶蛾、梨木虱、蚜虫、梨圆盾蚧，4 500～5 000 倍液喷雾，而红蜘蛛、瘿螨、桃小食心虫则为 9 000～12 000 倍液；防治花卉介壳虫、蓟马，3 500～4 500 倍液喷雾；防治麦蚜，稀释 1 200～1 500 倍液喷雾。

[注意事项]

（1）药品应在阴凉避光处密封贮存。

（2）对浮游生物、蜜蜂、蚕及某些鱼类敏感。

（3）若误服，可服用吐根糖浆或麻黄素解毒，在急救期间避免给患者使用增强 γ-氨基丁酸活性的药物。

（三）尼索朗

[**理化性质及杀灭机理**]　尼索朗原药为浅黄色结晶，难溶于水，微溶于甲醇、乙烷、丙酮等有机溶剂。是一种噻唑酮类杀螨剂，对植物表皮有较好的穿透性，但无内吸传导作用。在常用浓度下使用对植物安全，对天敌、蜜蜂、捕食性螨影响很小，对人、畜毒性低，可与波尔多液、石硫合剂等多种农药混用。

[**剂型**]　剂型有 5％乳油；5％可湿性粉剂。

[**防治对象和使用方法**]　尼索朗可用于防治柑橘、苹果、山楂、棉花等红蜘蛛，对卵、若螨有特效，对成螨无效。

（1）5％乳油每 667 平方米 60～100 毫升，对水 75～100 千克，于棉田红蜘蛛点片发生阶段喷雾，可有效地防治棉红蜘蛛。

（2）5％乳油每 667 平方米 50 毫升，对水 75～100 千克，于害螨盛发期喷雾，可防治柑橘、苹果、山楂红蜘蛛。

[**注意事项**]

（1）该药对成螨无效，施药时应比其他杀螨剂早些，或与其他对成螨效果好的杀螨剂混用。

（2）该药无内吸作用，因此喷药要均匀周到。

（3）注意安全用药。

四、杀线虫剂

（一）根结线虫二合一

[**理化性质及杀灭机理**]　该药品采用杀根结线虫原粉和阿维菌素及特殊高渗剂精制而成（采用强力植毒粉和吗啉胍铜及防治根结线虫毒瘤结专用原粉），杀根结线虫有特效。

[**防治对象和使用方法**]　可防治多种作物根结线虫，使用方法是备水 80～100 千克，先加杀线虫剂 300 毫升，充分搅匀再加 350 毫升线虫毒瘤结剂，充分搅匀后冲施或灌根。

［**注意事项**］

(1) 注意两种药品配合使用，随配随用。

(2) 施药时应佩戴防护用具，注意施药安全。

(二) 维巴姆

［**理化性质及杀灭机理**］ 维巴姆是有机硫杀线虫和杀菌剂。工业品为白色结晶或无定形粉末；能溶于水，水溶液呈碱性，有臭味；遇酸和金属盐可引起分解失效，对人、畜低毒，对皮肤、眼和黏膜有刺激作用。

［**剂型**］ 剂型有 35%、48% 水剂。

［**防治对象和使用方法**］ 维巴姆是一种防治范围广的水溶性土壤熏蒸剂，用于播种前土壤处理，可防治线虫及真菌引起的病害。

(1) 沟施 35% 水剂每 667 平方米 3～4 千克，对水 300～400 千克，在作物播种前 15 天，先在田间开沟，沟深 16～23 厘米，间距 24～28 厘米，将稀释的药液均匀浇施沟中，随即盖土踏实，半月后翻耕透气，再播种或移栽。如土壤干燥，可增加水的使用量或先浇水后施药，这样可以防治花生根结线虫病、水稻干尖线虫病、大豆线虫病、烟草黑胫病、瓜类枯萎病、白菜软腐病等。

(2) 喷洒 35% 水剂每 667 平方米 2.0～2.5 千克，对水 100～150 千克，用喷雾器均匀喷洒于土壤表面，然后再用大量的水，使土壤表面完全湿润，经过 14 天后即可播种。

［**注意事项**］

(1) 药液要随配随用，以免降低药效。

(2) 该药能刺激眼和黏膜，施药时应佩戴防护用具。

(3) 该药不能与波尔多液，石硫合剂及其他含钙的农药混用。

(4) 包装时应避免与金属器具。

五、除草剂

(一) 绿麦隆

［**理化性质及除草机理**］ 绿麦隆又名大克灵、氯途同。本品属脲类除草剂。纯品为无色、无臭结晶，难溶于水，稍溶于丙酮、苯

及氯仿。遇碱、遇酸，在较高温度下能被分解。制成品外观为灰白色粉末，是一种选择性内吸传导型除草剂。杂草通过根部吸收并兼有叶面触杀作用，主要是破坏杂草光合作用。对杂草种子萌发没有影响，只有当杂草萌发出土后，种子贮藏的养分消耗时才死亡，一般施药后 10 天才开始见效。该药对人畜低毒，对蜜蜂无毒，对土壤中微生物也无不良影响。本剂在土壤中持效 70 天以上。

[使用方法] 主要用于麦田，也可用于玉米、棉花、高粱、谷子、花生等作物，防除看麦娘、早熟禾、马唐、稗草、繁缕、藜、苋、婆婆纳、野燕麦等一年生杂草，对硬草和棒头草也有一定效果，但对田旋花、蓼、刺儿菜、问荆、猪殃殃、苣荬菜等防除效果差。

麦田：小麦出苗前作土壤处理或者在麦苗三叶期、杂草 1～2 叶期作茎叶喷雾处理，茎叶处理效果好，但安全性稍差。在麦苗 2～3 叶期每 667 平方米用 75～100 克（有效成分）对水 50～60 千克，均匀喷雾于杂草叶面和土表，防效可达 95％以上。

玉米田：播后苗前或者在玉米 4～5 叶期施药，每 667 平方米用有效成分 50～75 克，对水 50～60 千克喷雾。

棉花、大豆田：播后苗前每 667 平方米用有效成分 50～62.5 克，对水 50 千克均匀喷雾。

[注意事项]

（1）采用土壤处理时，要求土壤湿润，若遇干旱，应先灌水再施药，以利药效发挥。

（2）由于本剂在土壤中残留时间长、分解慢，每 667 平方米用量不宜超过有效成分 100 克，否则对后茬水稻易产生药害。油菜、蚕豆、豌豆、红花苜蓿等作物敏感，不能使用。

（3）麦田苗后茎叶处理，应掌握在杂草三叶期以内，超过三叶期，防效就差。

（4）与氟禾灵、拉索等混用时，应做到麦田无露籽。绿麦隆与苯达松、麦草畏、2 甲 4 氯等混用，可增加防效，但要现混现用。

(二) 异丙隆

[理化性质及除草机理] 本品属脲类除草剂。纯品为无色结晶，可溶于大多数有机溶剂。不易被光解，在酸碱条件下稳定，对作物安全，是内吸性土壤或茎叶处理剂，具有较好的选择性。通过抑制杂草光合作用而杀死杂草。残效期70天以上。

[使用方法] 异丙隆适用于小麦、大麦、棉花、花生、玉米、大豆、番茄、葱类等作物田，可以有效地防除马唐、看麦娘、野燕麦、早熟禾、蓼、藜、碎米荠、繁缕等一年生禾本科杂草或阔叶杂草；婆婆纳、猪殃殃对本剂有抗性。对麦田杂草，不论是出芽前或芽后使用，都有很好的防除效果。在作物播后杂草芽前至2～2.5叶期、作物播后苗前及苗后至分蘖前均可使用，施药量因气候、土壤条件不同而不同，一般每667平方米用80～150克有效成分，小麦播种后出苗前或者在小麦3～5叶期，加水30～50千克喷雾处理，对部分阔叶杂草有很好的防效。

施药方法采用喷雾或撒毒土。越冬作物可在秋天播后或春天返青后用药，用药后遇雨或灌水，可提高杂草效果。杂草密度大和较干旱时要用高药量。施药后对麦苗前期生长有一定抑制作用，但可逐渐恢复。

[注意事项]

(1) 异丙隆不宜在套种田使用。

(2) 异丙隆在有机质含量高的田块中使用，残效期短；最好在春季或冬前使用，安全间隔期为3个月。

(3) 防除麦田杂草时，可与禾草灵、燕麦敌混用，提高对燕麦及阔叶草的防效。

(4) 作物长势差和沙质土以及排水不良的地块，不宜使用本品。

(三) 苯磺隆

[理化性质及除草机理] 苯磺隆又名阔叶净、麦磺隆、巨星等。本品属磺酰脲类除草剂。原药为白色固体，在水中分散性好，常温下贮存稳定。是内吸传导型苗后选择性除草剂，可被杂草茎

叶、根吸收。并在体内传导，通过抑制乙酰乳酸酶的合成，阻碍细胞分裂抑制芽梢和根生长而使杂草死亡。对皮肤无刺激作用，对眼睛有轻微刺激，对人畜低毒。土壤残效期 60 天左右。

[使用方法] 适用于禾谷类作物田防除田蓟、繁缕、麦家公、播娘蒿、猪殃殃、婆婆纳、荠菜、雀舌草、反枝苋、地肤等，但对田旋花、野燕麦、荞麦蔓等杂草效果不明显。

小麦、大麦 3～4 叶期，杂草萌发出土后，株高不超过 10 厘米时喷药，每 667 平方米有效成分 0.67～1.33 克，对水 30 千克，为提高药效可加少量的不加酶洗衣粉。

[注意事项]

（1）阔叶净活性高，用量少，称取药量要准确，并先用少量的水分充分混匀后再倒入喷雾器内。

（2）本剂对油菜、菠菜、瓜类等阔叶作物敏感，应注意飘移药害。

（3）为提高防效、增加杀草谱，可与 2 甲 4 氯、碘苯腈、溴苯腈或氰草津混用，混剂可提高对婆婆纳等的防效。

（4）喷洒完毕，所用器具应彻底清洗干净。

（四）氯磺隆

[理化性质及除草机理] 氯磺隆又名嗪磺隆、绿磺隆。纯品为白色结晶，难溶于水微溶于有机溶剂。在干燥情况下对光稳定，从土壤中消失是因微生物作用和水解所致。本品为低毒除草剂，对眼睛有轻微刺激，对皮肤无刺激性。

本品属磺酰脲类除草剂，是侧链氨基酸抑制剂。该药剂可被杂草根系吸收，也可被叶片吸收，并传导至全身，在植物体内通过乙酰乙酸合成酶的活性，导致支链氨基酸的生物合成中断，继而抑制根和枝梢的细胞分裂，植物生长停止、失绿枯萎而死。选择性是由于抗性品系中的解毒作用所致。

[使用方法] 主要用于防除小麦、大麦、黑麦、燕麦和亚麻田杂草，也可用于防除休闲地及非耕地的杂草，如碎米荠、荠菜、雀舌草、大巢菜、繁缕、苋、藜、猪殃殃、田蓟、萹蓄、蓼等，亦能

防除稗草、早熟禾、马唐、狗尾草、看麦娘等禾本科杂草。此外，对抗苯氧羧酸类除草剂的鼬瓣花、卷茎蓼等也有卓效。抗性杂草有狗芽根、硬草、龙葵和碱茅等。

用量及使用时期因杂草种类、土壤 pH、气候及轮作制度的不同而已，通常作物每 667 平方米用 0.5～0.25 克有效成分，休闲地及非耕地每 667 平方米用 1.5～4.5 克有效成分，可在播后苗前进行土壤处理，也可用于苗后茎叶喷雾，以杂草苗后早期施用最为理想。亚麻株高 8～15 厘米、小麦拔节期前处理效果最好。

[注意事项]

（1）因作物品种、气候条件、种植方式等差异，应各小区试验后推广，以免造成药害。

（2）本制剂活性较高，用药量较少，因此，药量一定要准确，切勿过量。

（3）喷药时注意药液雾滴飘移，危害周围敏感作物，器械用后应彻底清洗。

（4）该药残留时间长，容易对后茬敏感作物如甜菜、菜豆、油菜、玉米等产生药害；在北方旱作区及在 pH 偏高的碱性土壤中不易分解，应慎重使用。

（5）为了降低残留、增加药效，可与绿麦隆、异丙隆、甲磺隆等混用。

（五）氯嘧磺隆

[理化性质及除草机理]　氯嘧磺隆又名豆磺隆、豆威、DPX-6025。纯品为固体，pH＝7 时在水中溶解性中等。水中稳定性，pH＝5，25 ℃时半衰期为 17～25 天；在土壤中半衰期为 33～99 天。对人畜低毒，对皮肤稍有刺激。

本品属磺酰脲类除草剂，是侧链氨基酸合成抑制剂。通过抑制乙酰乙酸合成酶的合成而中断缬氨酸和异亮氨酸的合成，主要用于大豆田除草，大豆可将其代谢为无活性物质。本品是以根和芽吸收为主的一种内吸性活草剂，能迅速控制敏感性杂草生长，直至生长点坏死。

[**使用方法**]　主要用于防治豆田的阔叶杂草。对豆磺隆敏感的杂草有：鼬瓣花、香薷、狼把草、苍耳、大籽蒿、牵牛、苘麻、苣荬菜、车前、荠、野薄荷、大叶藜、本氏蓼等；起抑制作用的杂草有苋、小叶藜、蓟、问荆、小苋、卷茎蓼及幼龄禾本科杂草；抗性杂草有：繁缕、鸭跖草、龙葵等。

豆磺隆可在大豆播种后出苗前或出苗后应用。苗前土壤处理时，由于土壤有机质对药剂的吸附作用，故用药量较高。一般每667平方米用有效成分1～2克，但药后土壤干旱则药效差。大豆出苗后施用药效较高，但易产生药害，易在大豆第1片三出复叶、杂草第一片真叶展开时喷药，每667平方米用有效量为有效成分0.6～0.8克，采用扇形喷头，处理后2周中耕，且喷药后1小时不应降雨。

[**注意事项**]

（1）注意事项同绿磺隆（1）、（2）、（3）。

（2）豆磺隆在土壤中的残留时间较长，故对后茬容易造成药害。春大豆使用后，次年可种植大豆、麦类作物、玉米、高粱等，但不宜种植甜菜、马铃薯、瓜类、蔬菜、油菜等；若用于夏大豆上，则宜减少药量并与其他除草剂混合使用。

（3）豆磺隆可以与乙草胺混用，也可三元混用，如每667平方米用豆磺隆0.4～0.53克＋赛克津1～1.07克＋乙草胺10～13.3克（均为有效成分），苗前使用；苗后可采用有效成分0.4～0.47克＋克阔乐7.3～14.7克或有效成分0.4～0.47克＋阔野散0.14克或杂草焚9.3克，经小区试验后使用。

（六）甲磺隆

[**理化性质及除草机理**]　甲磺隆又名甲氧嗪磺隆、合力等。甲磺隆为无色晶体，水溶性中等，溶于部分有机溶剂，易在酸性溶液中分解，土壤中半衰期33～99天。对人畜毒性低，对眼、鼻、喉、神经有轻微刺激作用。

本品属磺酰脲类除草剂，是侧链氨基酸合成抑制剂，是禾谷类作物田中的高效广谱除菌剂，能迅速被叶和根吸收，向顶和向基输导。在小麦芽前芽后是选择性的，在大麦芽后是选择性的，其选择性是由于甲磺隆在禾谷类作物植株中迅速代谢的缘故。

[使用方法] 甲磺隆是禾谷类作物田中的高效除草剂，每 667 平方米用药量为 0.26～0.53 克有效成分，施药期间在杂草苗前或苗后均可，可有效地防除阔叶杂草，对堇菜属、蓼属的一些杂草和波斯水苦荬的活性高，能防除繁缕、碎米荠、荠菜、藜、播娘蒿等阔叶杂草，对看麦娘、黑麦草等禾本科杂草也有效。

甲磺隆用药量极低，通常可在播前或播后苗前进行土壤处理，也可在苗后茎叶喷雾，以杂草出苗后早期最为理想；对看麦娘 1～2 叶期效果最佳，否则只起抑制作用。在小麦播后苗前每 667 平方米用有效成分 0.5～0.7 克甲磺隆，对水 30～40 千克均匀喷雾，或在小麦 3 叶期，每 667 平方米用 0.26～0.5 克有效成分可有效防除杂草。若返青期使用，则需每 667 平方米用 0.7～0.9 克才能获得较好效果，但对后茬影响极大。小麦田除草以小麦 3 叶期用药最佳。

[注意事项]

（1）同氯嘧磺隆（1）。

（2）甲磺隆对麦田后作用影响较大，最好冬前使用；复播大豆和绿豆的田块不宜施用。玉米、花生、棉花、芝麻、甜菜、瓜类、蔬菜对甲磺隆较敏感，必须限制在小麦 3 叶期前使用。

（3）为减少残留，可以与绿磺隆、噻磺隆、乙草胺等混用。

（七）好事达

[理化性质及除草机理] 原药为白色细末状粉末，微溶于水及其他有机溶剂。对人畜低毒，对哺乳动物的皮肤和眼睛有轻微刺激作用，对鸟类和蜜蜂有轻微毒性、对蚯蚓、微生物较安全。该药为磺酰脲类除草剂，药剂主要由杂草茎叶吸收后杀死杂草。在土壤中易被土壤微生物分解，不易在土壤中残留积累，在推荐剂量下对当茬麦类作物和下茬玉米较为安全。

[使用方法] 该药可防治小麦田中多数阔叶杂草。在作物出苗前杂草 2～5 叶期且生长旺盛时施药，冬小麦每 667 平方米用有效

成分 1.5～2 克，春小麦用 1.07～2 克茎叶喷雾。

［注意事项］

（1）杂草齐苗后尽早用药。

（2）对皮肤和眼睛有轻微刺激作用，施药时注意安全保护。

（八）异恶草酮

［理化性质及除草机理］　异恶草酮又名广灭灵。原药为浅棕色黏稠液体，水溶性较高，易溶于许多有机溶剂，具有轻微的挥发性和耐酸、耐碱、耐光照等特点，室温下 1 年或 50 ℃下 90 天原药无损，在酸碱介质中稳定，降解作用主要取决于微生物，化学持续期至少 6 个月。该药对人畜低毒，对眼睛和皮肤均有刺激作用。

异恶草酮属选择性芽前除草剂，可通过根和幼芽吸收，随蒸腾作用向上传导到植物的各部分，通过抑制异戊二烯化合物的合成，阻碍胡萝卜素和叶绿素的生物合成，虽能萌芽出土但无色素，在短期内死亡。大豆具特异代谢作用，使异恶草酮成为无杀伤作用的代谢物具有选择性。

［使用方法］　主要用于大豆田防治阔叶杂草和禾本科杂草，也可以用于花生、烟草、玉米、油菜、甘蔗田中，芽前或定植前混土处理，每 667 平方米用有效成分 6.7～66.7 克，防除一年生禾本科杂草和阔叶杂草。根据土壤类型，在大豆播种前、芽前或在幼苗期，以每 667 平方米 5.6～9.3 克施用，可防除禾本科杂草和阔叶杂草，有机质含量大于 3% 的沙质土用低量。

［注意事项］

（1）本剂在土壤中的土壤生物活性可持续 6 个月以上，施用异恶草酮的当年秋天或次年秋天都不宜种小麦、大麦等麦类及谷子、苜蓿等作物。施用后次年可种植水稻、玉米、棉花、花生、向日葵等作物。

（2）若溅及眼睛和皮肤，应立即用清水或肥皂水洗净；如误食，不要催吐，应令病人静卧不动，并请医生诊治。

（3）广灭灵可与塞克、利谷隆、氟乐灵、拉索等混用。但若土壤沙性过强，有机质含量过低或土壤偏碱时，广灭灵不可与塞克混用，否则会使大豆产生药害。

（九）氟草烟

[**理化性质及除草机理**]　氟草烟又名使它隆、氟草定、治莠灵。纯品为白色颗粒状结晶，无臭味，通常贮存条件下稳定，在水中溶解度小。对皮肤无刺激性，对眼睛有轻微刺激作用，对人畜低毒。

氟草烟属吡啶氧乙酸类除草剂，是内吸传导型激素型除草剂，药后很快被植物吸收，使敏感植物出现典型激素类除草剂的反应，植株畸形、扭曲。在耐药性植物如小麦体内，氟草烟可结合成轭合物失去毒性，从而具有选择性。温度对除草剂最终效果无影响，但影响药效发挥的速度。

[**使用方法**]　氟草烟适用于小麦、玉米、葡萄、果园、牧场、林地等防除阔叶杂草，如猪殃殃、田旋花、荠菜、繁缕、离子草、播娘蒿、卷茎蓼、马齿苋、龙珠果、野牡丹、萹蓄等，对禾本科杂草无效，对禾谷类作物安全。

冬小麦在冬后返青期，春麦 2～4 叶期，杂草已基本出齐后施药。每 667 平方米用氟草烟有效成分 10～20 克，对水 30 千克，并加入 0.1%～0.2%非离子型表面活性剂进行叶面喷雾处理。

玉米田中防除田旋花、小旋花、马齿苋等阔叶杂草，每 667 平方米用 13～20 克有效成分，对水 30 千克，杂草 2～4 叶期叶面喷雾。

[**注意事项**]

（1）避免将药液直接喷到果树叶上和其他双子叶作物田中。

（2）使用过的喷雾器应彻底清洗干净，方可用于其他作物喷药，切忌污染水源。

（3）如有药液溅到眼睛里，应立即用大量清水冲洗至少 15 分钟，溅到皮肤上应立即用肥皂水洗净。

（4）氟草烟可以与多种除草剂混用。如每 667 平方米用氟草烟有效成分 5 克＋2 甲 4 氯有效成分 25～30 克；氟草烟与氰草津以2：5混用等。

（十）氟草净

[**理化性质及除草机理**] 纯品为白色结晶固体，易溶于多种有机溶剂，难溶于水。氟草净属低毒除草剂，对鱼类毒性较低，对鸟类安全。

氟草净属三嗪类除草剂，是选择性内吸传导型除草剂。药剂可以被根部吸收，也可以经茎叶渗入植物体内，运送到绿色叶片内，抑制光合作总用。中毒杂草失绿，逐渐干枯死亡。其选择性与植物生态和生化反应差异有失，对刚萌发的杂草防效最好。

[**使用方法**] 氟草净适用于玉米、小麦、大豆、棉花田防除马唐、稗草、牛筋草、反枝苋等一年生杂草；对一年生阔叶杂草的效果优于对禾本科杂草效果。土壤湿度大时，除草效果会更好，但若施药 3 小时后遇到大雨，除草效果则会降低。

玉米播种后出苗前，每 667 平方米用氟草净有效成分 100～145 克，加水 40～50 千克，均匀喷雾。小麦田可于冬前或春季小麦返青后用药，对播娘蒿等阔叶草有较好防效，每 667 平方米用有效成分 80～130 克，对水 40～50 千克，均匀喷雾。

[**注意事项**]

（1）不同玉米品种的耐药性有差异，应在小区试验后再推广应用。

（2）土壤干旱时除草效果欠佳，应在灌水或降雨后施药，才可充分发挥其除草活性。

（3）施药 3～4 小时降中雨会降低除草效果。

（4）春玉米田应适当增加药量。

（5）本品对眼睛有强刺激性，应注意眼睛保护。若溅入眼内及皮肤上，应立即用清水清洗多遍。

（十一）速收

[**理化性质及除草机理**] 制剂外观为黄褐色粉末状固体，为低毒农药。速收式新型大豆田选择性芽前除草剂，是环状亚胺类高效选择性土壤处理剂，用量少，活性高，效果好。药后 4 个月后对小麦、燕麦、大麦、高粱、玉米、向日葵等后茬作物无影响。

[使用方法]　防除大豆一年生阔叶杂草及部分禾本科杂草，每 667 平方米用有效成分 4～6 克，喷洒液量不少于 30 千克，大豆播后面前施药；在花生播后芽前，每 667 平方米用 3～4 克有效成分，对水 30 千克喷雾；也可采用速收 3 克有效成分＋乙草胺 37.5 克有效成分混配，以提高除草效果和扩大杀草谱。

[注意事项]

（1）大豆发芽后施药可产生药害，必须苗前用药。

（2）土壤干燥时可影响药效，施药前须先灌水。

（3）在沙质土或有机质含量非常低的土壤使用，药后遇大雨和气温过低双重影响，有可能产生药害。

（十二）异丙甲草胺

[理化性质及除草机理]　异丙甲草胺又名杜尔、都尔、屠莠胺、甲氧毒草胺。纯品为无色液体，原药为棕色油状液体，溶于甲醇、二氯甲烷等有机溶剂，不易挥发，产品贮存 2 年以上稳定，属低毒除草剂。

异丙甲草胺属酰胺类选择性芽前除草剂，杂草主要通过幼芽、幼根吸收，药剂进入植株体内，抑制蛋白质合成，使杂草死亡。由于禾本科杂草的幼芽吸收能力比阔叶杂草强，所以，该药防除禾本科杂草效果远比阔叶杂草效果好。

[使用方法]　适用于玉米、大豆、花生、棉花、高粱、甜菜、白菜、蚕豆、油菜等作物。可防除牛筋草、马唐、狗尾草、稗草、画眉草、千金子等一年生禾本科杂草，对马齿苋、蓼、藜等阔叶杂草也有一定防效。

在大豆、玉米、花生等作物上使用，可在播种后至苗前，每 667 平方米有效成分 72～108 克，对水 40 千克均匀喷雾。若土壤较干，喷雾后浅混土。

在棉花、茄科蔬菜、甜菜作物上，在播后苗前施用，每 667 平方米用 72～144 克有效成分。

由于异丙甲草胺对阔叶杂草的防效差，所以，在禾本科杂草与阔叶杂草混生田块可与其他杀草剂混配施用，以扩大杀草谱。如每

667 平方米用有效成分 54 克＋莠去津有效成分 40 克，加水，在播后苗前喷雾。

［注意事项］

（1）异丙甲草胺对萌发而未出土的杂草具有较好的防除效果，对已出土杂草无效。

（2）干旱情况下，施药后应混土，覆膜田施药后应立即覆膜。

（3）采用毒土法，应掌握在下雨或灌溉前后，以提高防效。

（4）沙质土及有机质含量低的田块宜用低剂量，黏土质及有机质含量高的田块宜用高剂量。

（十三）甲草胺

［理化性质及除草机理］　甲草胺又名拉索、杂草锁、草不绿。纯品为白色结晶，可溶于部分有机溶剂，在强酸或强碱条件下可水解。甲草胺为低毒除草剂，对眼睛和皮肤有刺激作用。

甲草胺是酰胺类选择性芽前除草剂。主要是被植物的幼芽吸收，少量可被种子及根吸收，通过抑制蛋白酶活动，使蛋白质无法合成，造成杂草死亡。主要杀死出苗前土壤中萌发的杂草，对已出土杂草基本无效。施药后土壤湿度对药效的发挥影响很大，湿度大时有利药效发挥。

［使用方法］　可在大豆、玉米、花生、棉花、马铃薯、甘蔗、油菜等作物上使用，防除稗草、马唐、牛筋草、狗尾草等一年生禾本科杂草，对马齿苋、蓼、藜、龙葵等一年生阔叶杂草也有一定防效。

大豆田：在大豆播种后至出苗前，每 667 平方米用甲草胺有效成分 96～144 克，对水均匀喷雾。若防除菟丝子，则应在大豆出苗后，菟丝子缠绕初期，每 667 平方米用 96～120 克对水 40 千克均匀喷雾。

玉米、蔬菜、花生田，在播后苗前或移栽前，每 667 平方米用有效成分 96～120 克，对水 40 千克均匀喷雾。

［注意事项］

（1）高粱、谷子、水稻等对拉索敏感，不宜使用。

（2）药后如土壤干旱，应先抗旱或浅混土。

（3）甲草胺对已出土杂草基本无效，应掌握在杂草萌动高峰，且未出土前使用。菟丝草缠绕冒顶后，防治效果较差。

（十四）乙草胺

［理化性质及除草机理］ 乙草胺又名禾耐斯。原药外观为淡黄色至紫色液体，微溶于水，溶于有机溶剂。该药对人畜低毒，对皮肤、眼睛有刺激，对鱼类毒性较强。在土壤中持效期在 8 周以上。

乙草胺是选择性输导型芽前除草剂，可被植物幼芽吸收。单子叶植物通过芽鞘吸收，双子叶植物通过下胚轴吸收、传导。必须在杂草出土前施药，有效成分在植物体内干扰核酸代谢及蛋白质合成，使幼芽、幼根停止生长。田间水分适宜时，杂草幼芽未出土即被杀死；土壤水分少，杂草出土后随土壤湿度的增大，杂草吸收后起作用。禾本科杂草表现心叶卷曲、枯萎，其他叶皱缩，整株枯死。对马唐等禾本科杂草活性高，反枝苋敏感，对藜、马齿苋、龙葵等双子叶杂草有一定防效，并能抑制生长，活性比禾本科杂草低，对大豆菟丝子有良好防效。大豆等耐药性作物吸收乙草胺后，药剂在体内迅速代谢为无毒物质，正常使用剂量对作物安全。

［使用方法］ 适用于大豆、花生、玉米、油菜、芝麻、甘蔗、棉花、马铃薯及十字花科、茄科、伞形花科、菊科、豆科蔬菜、果园等旱田作物，芽前使用可防除一年生禾本科杂草及某些双子叶杂草、大豆菟丝子。在土壤中通过微生物降解，对后茬作物无影响。在有机质较高的土壤中使用，亦能得到较好的防效。

在土壤湿度较好的地膜覆盖作物田，每 667 平方米用有效成分 25～35 克，夏季作物每 667 平方米用有效成分 30～40 克，蔬菜田每 667 平方米用有效成分 25～30 克；干旱严重的作物田，则每 667 平方米用 65～100 克有效成分，将每 667 平方米所需药量溶于 40～60 千克水中，在作物播后苗前、杂草出土前均匀喷洒在土壤表面；地膜田应在覆膜前施药。

大豆田：大豆播前或播后芽前，每 667 平方米用有效成分 22.5～90 克，也可与嗪草酮或豆磺隆等现场混用。

花生田：露地种植田，花生播后苗前每 667 平方米用有效成分 22.5～100 克，地膜覆盖田，每 667 平方米用 37.5～50 克有效成分。

玉米田：播后苗前，每 667 平方米用 50～75 克有效成分。可与阿特拉津或嗪草酮使用。

杂草对乙草胺的主要吸收部位是芽鞘，必须在杂草出土前施药，应根据土壤湿度和土壤有机质状况确定使用量。

[注意事项]

（1）土壤干旱影响杂草对药剂的吸收。

（2）大豆苗期遇低温、多湿、田间长期渍水等情况，乙草胺对大豆有抑制作用，症状为叶片皱缩，待大豆三复叶后，可恢复正常，一般对产量无影响。

（3）乙草胺对眼睛和皮肤有刺激作用，应注意保护，若不慎接触药液，应立即用大量清水冲洗。中毒须立即送往医院，对症治疗。

（4）乙草胺能溶解聚乙烯塑料，使用塑料喷雾器后要立即冲洗干净。

（5）制剂不可与碱性物质相混。

（6）黄瓜、菠菜、小麦、谷子和高粱等作物对乙草胺较为敏感，使用时注意避开上述敏感作物。

（十五）恶草酮

[理化性质及除草机理]　恶草酮又名农思它、恶草灵、恶草散。原药为无味不吸湿的白色结晶，不溶于水，可溶于有机溶剂，正常贮藏条件下稳定，无腐蚀性，碱性条件下分解，为低毒除草剂。

恶草酮是选择性芽前芽后除草剂。土壤处理，通过幼芽与幼苗与药剂接触、吸收而起作用；苗后施药，杂草通过地上部分吸收，药剂进入植物体后，积累在生长旺盛部位，抑制生长，导致杂草组织腐烂死亡。只有在光照条件下药剂才能发挥除草作用，杂草自萌发 2～3 叶期对恶草酮最敏感，此时施药效果最好。

[**使用方法**] 恶草酮在芽前芽后施用,能有效防除花生田、棉田、果园中的多种单、双子叶杂草。

花生田播后苗前土壤喷雾处理,在华北地区每667平方米用有效成分37.5～50克,地膜田则在花生播后膜前每667平方米用有效成分25～32.5克喷雾。

棉田播后2～3天喷药,每667平方米用有效成分25～32.5克进行土壤处理,也可在苗后做保护性定性喷雾。

[**注意事项**]

(1) 土壤湿润是药效发挥的关键。

(2) 如有药液溅到眼中或皮肤上,应用大量清水冲洗;如误服,应尽快送医院。

(3) 不宜在强风下使用,喷雾要均匀,在苗后使用,应避免药液接触作物幼嫩部位及生长点。

(十六) 喹禾灵

[**理化性质及除草机理**] 喹禾灵又名禾草克、NC-302。原药为白色或淡褐色粉末,几乎不溶于水,部分溶于有机溶剂,正常条件下贮藏稳定。属低毒除草剂。

喹禾灵为选择型内吸传导型茎叶处理剂。在禾本科杂草与双子叶作物间有高度选择性,茎叶可在几小时内完成对药剂的吸收作用,向植物体内上下移动。一年生杂草在24小时内,药剂可传遍全株,多年生杂草受药后能迅速向地下根茎组织传导,使其节间生长点受到破坏,失去再生能力。

[**使用方法**] 本剂适用于大豆、棉花、油菜、花生、甜菜、番茄、甘蓝、茄子、青椒、黄瓜等多种阔叶蔬菜田防治单子叶杂草,提高剂量时,对狗牙根、白茅、芦苇等多年生杂草亦有效。

一般在杂草3～5叶期,每667平方米用喹禾灵有效成分5～10克或精禾草克2.5～5克,对水20～40千克,均匀喷洒茎叶。在春季干旱少雨杂草生长缓慢期间用药,可采用高剂量;夏天高温多雨,杂草幼嫩时,可采用低剂量。防除4～6叶期多年生杂草,使用剂量为每667平方米喹禾灵有效成分10～20克或精禾草克有效成分5～10克，如一次施药效果不彻底，20天后重复喷一次。

[注意事项]

（1）在干旱条件下使用，某些作物如大豆有时会出现轻微药害，但能很快恢复生长，对产量无不良影响。

（2）禾本科作物对喹禾灵十分敏感，不要将药液飞溅到小麦、谷子、玉米等禾本科作物上，防止发生药害。

（3）禾喹灵抗雨性能好，施药后1～2小时遇雨对药效影响很小，不需重喷。

（4）喹禾灵属低毒除草剂，但仍需按安全操作规程操作，防止发生中毒。万一误服，应饮大量水催吐，保持安静，立即送医院治疗。

（十七）稀禾定

[理化性质及除草机理] 稀禾定又名拿捕净、硫乙草灭、乙草丁。原药为淡黄色无嗅的油状液体，微溶于水，易溶于多种有机溶剂，为低毒除草剂，与无机或有机铜化合物不能配伍。

稀禾定属肟类强选择性内吸传导性茎叶处理除草剂。是有机分裂抑制剂，几乎对所有的禾本科杂草有高活性，对阔叶植物无效而安全。稀禾定能被禾草茎叶迅速吸收，并传导到顶端和节间分生组织，使其细胞分裂遭到破坏，由生长点和节间分生组织开始坏死。

[使用方法] 稀禾定适用于大豆、棉花、油菜、花生、阔叶蔬菜、果园等防除稗草、野燕麦、狗尾草、马唐、牛筋草、看麦娘等。适当提高剂量也可防除白茅、狗芽根等。药剂使用时间应依据禾草的生育状况决定。防除一年生禾本科杂草，在3～6叶期施用，防除多年生禾本科杂草在4～7叶期施用。

大豆田：每667平方米用20%乳油66.7～133.3毫升或12.5机油乳剂66.7～100毫升，对水20～40千克喷雾。

棉花田：每667平方米用20%乳油85～100毫升或12.5机油乳剂66.4～100毫升，对水20～40千克喷雾。

油菜、花生田：每667平方米用20%乳油100～120毫升或12.5机油乳剂60～100毫升，对水20～40千克喷雾。

[注意事项]

（1）在单双子叶杂草混生地，可与虎威、苯达松等混用。

（2）喷药时注意防止飘移至邻近单子叶作物上，以免产生药害。

（3）大豆田用20％乳油最高限量为每667平方米100毫升，且只能使用一次。

（4）施药后剩余药液应妥善处理，防治污染水源。

（5）中午高温时不宜喷药，以早晚喷药为宜。

(十八) 麦草畏

[理化性质及除草机理] 麦草畏又名百草敌、麦草丹。纯品为白色晶体，易溶于有机溶剂，相混性好，贮存稳定，具有抗氧化和抗水解能力高，对人畜低毒。

麦草畏系安息香酸系的除草剂，具有内吸传导作用。对一年生和多年生阔叶杂草防效显著。麦草畏用于苗后喷雾，能很快被杂草的茎叶根吸收，通过韧皮部和木质部向上向下传导，药剂多集中在分生组织及代谢活动旺盛部位，阻碍植物激素的正常活动，从而使植株坏死。麦草畏在土壤中经微生物较快分解后消失。

[使用方法] 麦草畏适用于禾谷类作物田间防除一年生和多年生阔叶杂草。

小麦田：冬小麦4叶至分蘖期，每667平方米用百草敌有效成分6克＋2甲4氯25克均匀喷雾。

玉米田：玉米4～6叶期，每667平方米用百草敌有效成分9.6～14.4克＋莠去津有效成分60～160克或甲草胺有效成分96～192克混用，也可分期使用。

[注意事项]

（1）小麦3叶期前或小麦拔节后禁用，在玉米生长后期即雄花抽出前15天，不宜使用麦草畏。

（2）小麦由于受不正常天气影响或病虫害引起的发育不正常，不能使用麦草畏。

（3）施药后，小麦、玉米苗初期有匍匐弯曲或倾斜现象，一般经一周后可恢复正常。

（4）注意药物飘移和药械清洗。

（十九）二甲戊乐灵

[**理化性质及除草机理**]　二甲戊乐灵又名杀草通、除草通、施田补、胺硝草。纯品为橙黄色结晶，难溶于水，溶于部分有机溶剂，对酸碱稳定，属低毒除草剂。

二甲戊乐灵属于二硝基甲苯胺类选择性除草剂，主要抑制杂草分生组织的细胞分裂，不影响种子发芽，而是在杂草种子萌发过程中，通过杂草的幼芽、茎和根吸收药剂而起作用，所以，苗后使用一般要求在杂草二叶期以前使用。双子叶植物吸收部位是下胚轴，单子叶植物为幼芽，其受害状是幼芽和次生根被抑制。

[**使用方法**]　二甲戊乐灵可用于玉米、大豆、小麦、棉花、花生、蔬菜田和果园等防除马唐、狗尾草、稗草、早熟禾、藜、苋等杂草。

蔬菜田：韭菜、小葱、小白菜等直播蔬菜田，可在播种施药后浇水，每667平方米用有效成分33～50克，对水25～30千克均匀喷雾。对于生长期长的蔬菜，可在第一次用药后45天左右、再用药一次，基本可控制整个生育期杂草危害。甘蓝、莴苣、茄子、西红柿、青椒等移栽蔬菜，可在移栽前或移栽缓苗后施药，每667平方米用有效成分33～66克。

棉田：可在播前或播后苗前进行土壤处理，每667平方米用有效成分66～100克，对水均匀喷雾。

大豆田：在大豆播种前进行土壤处理，每667平方米用有效成分66～80克，对水均匀喷雾地表，然后混土播种。

玉米田：苗前施药，必须在玉米播种后出苗前5天内施药，每667平方米用有效成分66～70克，对水40～50千克均匀喷雾。施药时若土壤含水量低，可浅混土，但切忌药剂接触种子。苗后施药，应在阔叶杂草长出两片真叶、禾本科杂草1.5叶之前进行处理，用药量及方法同前。

为扩大杀草谱，提高防治效果，可与莠去津混用。用量为二甲戊乐灵有效成分 60 克＋莠去津有效成分 34 克，使用方法与单用相同。

[注意事项]

（1）进行土壤有机处理时，应先施药后浇水，这样可以增加土壤对药剂的吸附。

（2）土壤有机质含量高，土壤黏度大时，可适当增加药量，若遇长期干旱，土壤含水量低时，可适当浅混土，以提高除草效果。

（3）大豆在播前使用，如果土壤沙性严重，有机质含量低，则不宜使用。玉米、大豆种子应播在药层之下，以免药剂直接接触种子而产生药害。

（4）如果大豆播后苗前处理，必须在大豆播后出苗前 5 天内施药，否则会发生药害。

（5）除草通防除单子叶杂草效果比双子叶杂草效果好，且对二叶期内的一年生禾本科杂草和阔叶杂草防效较好，超过二叶期效果就差，对多年生杂草无效。

（二十）乙·莠

[理化性质及除草机理]　乙·莠是由乙草胺与莠去津混合而成的制剂。莠去津为选择性内吸传导型苗前、苗后除草剂，以根吸收为主，茎叶吸收很少。药剂进入植物体后，可迅速传导到植物分生组织及叶部，干扰植物的光合作用，使杂草致死。药剂进入抗性作物玉米体内，被玉米酮酶分解成无毒物质，因而对玉米安全。莠去津水溶性大，易被雨水淋洗至较深土层中，致使对某些深根性杂草有抑制作用。莠去津可被土壤微生物分解，其持效期长短受用药量、土壤质地等因素影响，一般持效期可达半年左右。乙草胺为酰胺类选择性芽前除草剂，通过杂草幼芽和幼根吸收，禾本科杂草主要通过芽鞘吸收。药剂进入植物体后抑制和破坏发芽种子细胞蛋白质合成，使杂草幼芽和幼根停止生长。如果土壤水分适宜，杂草在出土前就被杀死。

[使用方法]　乙·莠混剂可用于春、夏玉米田防除稗草、狗尾草、马唐、反枝苋、蓼、藜等多种一年生单、双子叶杂草的防除。

春玉米田：播种后出苗前施药，每 667 平方米用 40％乙·莠悬浮剂 300～400 毫升（有效成分 120～160 克），加水 40～50 千克，均匀喷雾。覆膜玉米田应在播后覆膜前施药，用量酌减。

夏玉米田：玉米播后苗前喷雾，每 667 平方米用 40％乙·莠悬浮剂 150～250 毫升（有效成分 60～100 克），加水 30～40 千克，均匀喷雾。

［注意事项］

（1）使用本剂时应注意防护，避免直接接触药剂，药后应用肥皂水洗手、洗脸及身体其他裸露部位。

（2）土壤有机质含量较低（＜1％）的沙壤土不宜使用本剂，过于干旱的土壤会影响药效发挥。

（3）本剂应贮存在阴凉、通风处，不可与种子、饲料、食品混放。

（二十一）甲·氯磺隆

［理化性质及除草机理］　10％甲·氯磺隆可湿性粉剂由甲磺隆 4.0％、氯磺隆 6.0％加助剂和填料组成。外观为疏松白色粉末，常温贮存稳定性在 2 年以上。对眼睛有刺激性。为低毒除草剂。

该混剂两药均为磺酰脲类除草剂。药剂被植物的根、茎、叶吸收后再传导到植物的其他部分，阻碍缬氨酸、亮氨酸和异亮氨酸的生物合成，阻止细胞的分裂和生长。杂草吸收药剂后，幼嫩组织失绿，有时呈紫色或花青素色，生长点坏死，叶脉失绿，植株生长严重受到抑制，植株矮化，整株死亡需要 15～25 天时间。

［使用方法］　该药仅可用于小麦田除草。对看麦娘、牛繁缕、雀舌草、猪殃殃、播娘蒿、藜、婆婆纳、大巢菜、蓼、碎米荠、泥胡菜等有较好的防治效果。

可用于小麦播后苗前土壤处理，也可于小麦苗后 2～3 叶期施药。每 667 平方米用 10％甲·氯磺隆可湿性粉剂 7.5～10 克（有效成分 0.75～1 克），二次稀释后均匀喷雾，每 667 平方米用水量 40～50 千克为宜。

以禾本科杂草为主的小麦田，应于播后苗前施药；而以阔叶杂草为主的麦田，小麦 2～3 叶期施药最佳。

[注意事项]

（1）由于该剂活性高，用药量少，应称准用药剂量，而且需采用二步稀释法，充分混合均匀后喷雾，不能重喷。

（2）该混剂持效期长，易对后茬敏感作物产生药害，应注意土壤残留情况，同时。采取有效措施增加土壤微生物，促进残留药剂的微生物分解。

（3）玉米、甜菜对该药剂敏感，其他作物对药剂的敏感性及药剂在土壤中的积累作用需做进一步试验。

（4）施药后要严格清洗药械，不要把残药液及洗药械的残液倒入田中。

（5）本药剂对眼睛有刺激性，使用时要注意对眼睛的保护。操作完毕，要用清水洗手、洗脸和身体其他裸露部位。

（6）本剂应贮藏在通风、干燥处，不得与种子、饲料、食品混放。

六、植物生长调节剂

（一）硝钠·萘乙酸

[理化性质作用机理] 该药品为新型植物生长矮丰增产调节剂，又名快丰收。萘乙酸促进细胞分裂与扩大，诱导形成不定根，增加坐果，改变雌雄花比率。复硝酚钠为植物细胞激活剂，促进细胞的原生质流动，加快植物发根速度，促进生长，生殖及结果，促进花粉管伸长，帮助受精结实，提早开花，打破休眠，促进发芽，防止落花落果，改良果实品质。

[剂型] 为总有效成分含量 2.85%（复硝酚钠含量 1.65%、萘乙酸钠含量 1.2%）的水剂。

[防治对象和使用方法]

（1）硝钠·萘乙酸在花生结荚期施药一次，喷施浓度 5 000～6 000 倍液喷雾。喷药时以均匀为好，不可重复。

（2）该药品在花生安全使用间隔期为 14 天。每个作物周期的最多使用次数为1次。

［注意事项］

（1）应按规定浓度使用，浓度过高对植物生长起到抑制作用。

（2）可与一般农药混用，除草剂及强酸性农药不可混用。

（3）操作时不得抽烟、喝水、吃东西、操作完毕应用清水及时洗手洗脸和被污染部位。

（4）药品置于阴凉通风干燥处，避光保存，远离儿童，不得与饲料、食品同贮同运。

（5）无中毒报道。

（二）复硝酚钠

［理化性质作用机理］　复硝酚钠为原药为红色针状结晶体，溶于水及丙酮、乙醚、乙醇、氯仿等有机溶剂。常规条件下贮存稳定。对人、畜、鱼类均低毒。具有促进植物生长发育、促进发芽、防止落花落果、改善植物产品品质等作用。

［剂型］　1.8%水剂。

［防治对象和使用方法］　复硝酚钠可应用于水稻、小麦、棉花、大豆、甘蔗、茶树、烟草、花生、黄麻及亚麻等多种农作物及果树、蔬菜。

使用方法：可用于叶面喷洒、浸种、苗床灌注及花蕾撒布等方式进行处理。它与其他植物激素不同，在植物播种开始至收获之间任何时期，皆可使用。

（1）在粮食作物上使用：水稻、小麦可浸种，浸种时间12小时；幼穗形成和出齐穗时可叶面喷洒；水稻移栽前可灌苗床。所用浓度均为1.8%水剂3 000倍液。玉米生长期及开花前数日，可用6 000倍液喷洒叶面及花蕾。大豆（包括豆类）幼苗期、开花前4～5天可用6 000倍液处理叶面及花蕾。

（2）在经济作物上使用：棉花生长出2片叶、8～10片叶、第一朵花开时、棉桃开裂时，可分别用3 000、2 000、2 000、2 000倍液喷洒叶面、花朵及棉桃等部位；烟草在幼苗期或移栽前4～5日，可用2 000倍液灌注苗床一次，移栽后可用1 200倍液叶面喷雾 2 次，间隔 1 周；花生在生长期，用 6 000 倍液喷洒叶茎 3 次，间隔 1 周，在开花前期喷洒叶面及花蕾一次；黄麻及亚麻幼苗期用 2 000 倍液灌注 2 次，间隔 5 天。

(3) 在果树上使用：发芽之后，花前 20 天至开花前夕、结果右后，用 5 000～6 000 倍液分别喷洒一次。此浓度范围适用于葡萄、李、柿、梅、龙眼、木瓜、番石榴、柠檬等品种。但是，梨、桃、柑、橘、橙、荔枝等品种浓度则为 1 500～2 000 倍液。成龄果树施肥时，在树干周围挖浅沟，每株浇灌 6 000 倍液 20～35 毫升。

(4) 在蔬菜上使用：大多数蔬菜种子可浸于 6 000 倍液中 8～24 小时，在暗处晾干后播种，但豆类种子只浸 3 小时左右；马铃薯是先将整个块茎浸 5～12 小时，然后切开，消毒后立即播种；温室蔬菜移栽后生长期，用 6 000 倍液进行浇灌，对防止根老化、促进新根形成效果显著；果类蔬菜如番茄、瓜类，可在生长期及花蕾期用 6 000 倍药液喷洒 1～2 次。

此外，作物发生药害时，在消除药害的基础上用 6 000～12 000 倍液处理数次，有利于恢复正常生长。

[注意事项]

(1) 使用浓度过高时，将会对作物幼芽及生长有抑制作用。

(2) 可与一般农药混用，包括波尔多液等碱性农药，与尿素及液体肥料混用时能提高功效。

(3) 不易附着药滴的作物，应先加展着剂后再喷。

(4) 结球性叶菜和烟草，应在结球前和收烟前一个月停止使用，否则会推迟结球，使烟草生殖生长过于旺盛。

(5) 密封贮藏于冷暗处。

(三) 萘乙酸

[理化性质作用机理] 萘乙酸也是一种广谱性植物生长调节剂。该药为白色针状结晶，无臭味，工业粗制品为黄褐色，微溶于冷水，易溶于热水、乙醇、酮、醋酸和苯。对人、畜低毒，对皮肤黏膜有刺激作用，对作物安全。

萘乙酸剂型有 2% 钠盐水剂、70% 钠盐、80% 粉剂。

[**防治对象和使用方法**]　萘乙酸用于小麦、水稻，可增加有效分蘖，提高成穗率，促使子粒饱满；用于棉花，可减少蕾铃脱落，增桃增重，改进纤维品质；用于茄类、瓜类，可防止落花，形成无籽果实；用于果树，可疏花、促进开花，防止落果，催熟增产；用于玉米、谷子、豆类、花生、蔬菜等，均有催熟、增产作用。使用萘乙酸对以上作物还具有增产抗旱、抗寒、抗涝、抗盐碱、抗倒伏的能力。

（1）喷雾　用70％钠盐50克，对水2 500千克，每棵成树用药液10千克左右，于苹果、梨落果前1周喷雾，可防止采前落果。每667平方米用药0.125克，对水50千克，在小麦返青至拔节期喷雾，或每667平方米用药0.09克，对水50千克，在扬花后7天对旗叶和穗部喷雾。

（2）浸种　用70％钠盐50克，对水2 500千克，浸麦种2 500千克，浸泡捞出后用清水冲洗1～2遍，风干后播种。用1克药剂对水25千克，浸玉米、谷子、白菜、萝卜等种子12小时，捞出后用清水冲洗1～2遍，而后播种。

（3）浸苗　将甘薯苗捆成捆，立放在50克药剂对水2 500千克的药液中，浸泡秧苗下部（1/3），浸6小时后取出移栽。

[**注意事项**]

（1）田间用药应选择晴朗、气温高、无风天进行。

（2）使用浓度和用药量应严格掌握，防止发生药害。

（3）在番茄和瓜蔓上喷洒，应避免重复和喷在嫩头或叶片上。

（四）细胞分裂素

[**理化性质作用机理**]　细胞分裂素能刺激细胞分裂，促进叶绿素形成，增强光合作用，增加植物含糖量和生物碱，改良农产品质量，提高植物抗病性和抗寒性，防止植物早衰和花果脱落。无毒、无污染。

[**剂型**]　主要剂型为2.85％可湿性粉剂。

[**防治对象和使用方法**]　细胞分裂素可用于粮、棉、油、果、菜、瓜、林、茶、药用植物等各种农作物。

对粮、棉、油、果、菜、瓜大田定植 10～20 天后用 600 倍液喷雾；对烟草于定株后 10～20 天用 400 倍液喷雾。每 7～10 天喷 1 次，共喷 2～8 次。使用前先用少量水调和，再用半量水稀释搅拌，然后按要求将水加足再搅拌，约停半小时弃去沉淀，倒出清液，于清晨或傍晚喷洒；如用于浸种，浓度一般为 50～200 倍液，浸种 12～48 小时。为了节省投工，使用时还可按水量加入 0.04% 的植物多效生长素＋0.1% 的尿素＋0.3% 的磷酸二氢钾和适量的低中毒杀虫、杀菌剂。

[注意事项]
(1) 该药品应在阴凉干燥处存放，有效期为 2 年。
(2) 喷后 1 天内遇雨应补喷。

(五) 防落素

[理化性质作用机理] 纯品为白色结晶，略带刺激性臭味，微溶于水，易溶于醇、酯等有机溶剂，性质稳定。为了便于使用常制成钠盐，对氯苯氧乙酸钠盐为白色絮状或粉状固体，水溶性差，遇酸生成对氯苯氧乙酸。防落素是目前国内应用极广的一种植物生长激素。它能有效地抑制作物体内脱落酸的生成，以致果柄间不易产生分离层，因而有防止水果类、茄果类、瓜果类落花落果的作用，使得产量提高。在一定的使用浓度范围内，对人、畜安全无害。

[剂型] 剂型有 1%、2.5%、5% 水剂；95% 可湿性粉剂；98% 粉剂。

[防治对象和使用方法] 防落素可用于小麦、大麦、水稻、油菜、豆类、芝麻、番茄、茄子、青椒、大白菜、西瓜、苹果、葡萄等作物及果树。防落素加水稀释后可用喷雾器直接喷洒在作物的花蕾上，如果花多，可再喷一次。对果树可采用高压喷洒全树，但应尽量避免喷洒在作物的嫩叶和新芽上。

(1) 在番茄、茄子上，用 1% 水剂 100 毫升对水 33～40 千克，花开 50% 时用药最好。

(2) 在辣椒上，在花开 50% 时用 1% 水剂 100 毫升，对水 40～65 千克稀释喷洒。

（3）在白菜上，于收获贮藏前 3～15 天，晴天下午喷洒，用 1％水剂 100 毫升对水 25～40 千克，每 667 平方米喷 70～100 千克。

（4）在西瓜上，于开花期用 1％的水剂 100 毫升对水 50 千克稀释喷洒，每 667 平方米喷药液 50 千克。

（5）在苹果上，用 1％水剂 100 毫升对水 25～40 千克，在落花期、生长期落果和收获前 1 个月各喷 1 次，提高坐果率，提高色泽，改善品质。

（6）在小麦、水稻、豆类、芝麻、油菜上，用 250～500 倍液在花期抽穗期喷洒。

（7）在柑橘上，用 1％水剂 250～500 倍液于落花期、落果期各喷一次。

（8）在茶叶上，用 1％水剂 250～500 倍液于萌芽期喷叶面。

［注意事项］

（1）避免在高温烈日下及阴雨天喷药，以免发生药害。

（2）施用时加入适量尿素、磷酸二氢钾效果最好，但要现用现配。

（六）缩节胺

［理化性质作用机理］ 缩节胺纯品为白色结晶，易溶于水，性质稳定。在土壤中易被分解成二氧化碳和氮等，对土壤微生物无害。该药安全低毒，对呼吸道、皮肤、眼睛无刺激反应，对鸟、鱼、蜜蜂无害，是一种新型内吸性植物生长调节剂。

［剂型］ 剂型有 50％水溶剂、25％水剂和 96％、98％原粉。

［防治对象和使用方法］ 主要用于棉花、小麦、玉米、大豆、花生、水稻、苹果、西瓜、番茄、菊花等多种作物及果树上。

（1）在棉花上：于苗期和现蕾期，每 667 平方米用 25％水剂 0.5～2.5 毫升，对水 50 千克喷雾；于开花初期，每 667 平方米用药 2～5 毫升或 2～4 克，对水 50 千克喷雾。

（2）在小麦上：于拔节前每 667 平方米用 25％水剂 5～7.5 毫升，对水 50 千克喷雾。

（3）在玉米上：于抽雄初期，每667平方米用25％水剂3～5毫升，对水50千克喷雾。

（4）在花生上：于初花期每667平方米用25％水剂3.5～5毫升，对水50千克喷雾。

（5）在水稻上：于抽穗前每667平方米用25％水剂3.5～5毫升，对水50千克喷雾。

（6）在番茄、西瓜、黄瓜上：于开花结果期每667平方米用25％水剂5～5.4毫升，对水50千克喷雾。

（7）在苹果、柑橘、桃、枣树上：于开花结果期每667平方米用25％水剂5～5.4毫升，对水50千克喷雾。

（8）在葡萄上：于开花前后每667平方米用25％水剂5毫升，对水50千克喷雾。

（9）在菊花上：每667平方米用25％水剂0.5～2毫升，对水50千克，在苗期至现蕾、花期喷雾。

[**注意事项**] 植物生长时期，一般少量多次喷施效果更好（将1份药分2～3次用），喷药时间决定控制部位。

（1）在缺水、缺肥、弱苗的田块不宜使用。

（2）使药后，要加强田间管理。

（3）若作物被控制过度时，可用赤霉素30～500毫克对水1千克喷施缓解。

（七）多效唑

[**理化性质作用机理**] 纯品为白色结晶，溶于甲醇、丙酮等有机溶剂，微溶于水，对光比较稳定。可于一般农药混用。常温下贮存稳定性2年以上。多效唑是活性谱非常宽的植物生长延缓剂。易为植物根、茎、叶吸收，以干扰、阻碍植物体内赤霉素的生物合成，来减慢植物生长速度，抑制茎秆伸长，促进分蘖分枝，提高抗倒能力。

[**剂型**] 剂型有15％的可湿性粉剂、25％的油剂。

[**防治对象和使用方法**] 多效唑可用于水稻、小麦、大豆、棉花、油菜、柑橘等多种作物及果树。

（1）在水稻上 培育壮秧，以一叶一心期为最佳用药期。适宜用药浓度为 15％多效唑 500 倍液，每 667 平方米用药液 100 千克，壮秧作用明显；防止水稻倒伏，在拔节期（抽穗前 30 天）每 667 平方米用多效唑 500 倍液，60 千克均匀喷洒。

（2）在小麦上 于拔节前用 15％多效唑 1 000 倍液，每 667 平方米用药液 70～100 千克均匀喷洒。

（3）在大豆上 于大豆初花期喷洒 750～1 500 倍液，每 667 平方米 70～100 千克防止疯长。

（4）在棉花上 于初花至盛花期，用 1 000 倍药液每 667 平方米 50～70 千克均匀喷雾，可有效地调整株型，控制徒长，推迟封垄，增加铃数和铃重。

（5）在油菜上 于 3～4 叶期，喷施 15％多效唑 750～1 500 倍液 50 千克。

（6）在花生上 于 3 叶期或始花期用 15％多效唑 1 000 倍药液，每 667 平方米 50～70 千克均匀喷雾，可调整株型，控制徒长，增加坐果率，提高产量。

[注意事项]

（1）多效唑在土壤中残留时间长，不要在同一田块连年使用，施药田块收获后必须进行深翻，以防对后茬作物有抑制作用。

（2）一般情况下，使用多效唑不易产生药害，若用量过大，易造成作物根部木质化，使作物提前早衰或缩短果树寿命。若用量过大，对作物产生抑制生长过度时，可增施氮肥或喷洒赤霉素或药害速解来解救。

（3）不同品种的水稻长势也不相同，生长势强的品种需多用药，生长势弱的品种则少用。

（4）要严格掌握用药适期和使用剂量。

（八）赤霉素

[**理化性质作用机理**] 赤霉素简称 GA，有 GA_1、GA_2、GA_3、GA_4 等 52 种，活性最强的为 GA_3，即常用的"九二〇"。

生产上常使用 GA₃，也使用 GA₄、GA₇ 及其二者的混合剂。纯品为白色结晶的粉末，熔点为 233～255℃，溶于甲醇、乙醇、丙酮、酯类和冰醋酸等有机溶剂，难溶于水，不溶于石油、醚、苯、氯仿等。配成水溶液后，60℃以上容易被破坏失效。工业品有片剂、乳剂、粉剂。片剂、乳剂溶于水，粉剂溶于酒精，呈酸性，在酸性和中性中稳定。在碱性溶液中不稳定。在碱性和高温下分解成无生理活性的物质。在低温干燥条件下能长期保存，但配成溶液后容易变质失效。

[剂型]　剂型有 4％乳油；10％水溶性粉剂；20％可湿性粉剂；85％结晶粉剂。

[防治对象和使用方法]　赤霉素可在多种作物上使用，使用的方法有浸种、涂抹、蘸根和喷雾等。因作物的种类、品种、生长发育阶段及栽培措施、气候、土壤等条件的不同，使用时间、浓度、方法也不尽相同。

（1）在棉花上　一般用 30 毫克/千克赤霉素溶液在盛花期喷雾 1～2 次，可减少落铃，每 667 平方米每次用药粉 1.5 克，对成 42 千克药液。

（2）在小麦上　一般于扬花末期、灌浆初期往穗部喷 1～2 次，每 667 平方米每次用药粉 1.5 克，对成 42 千克药液均匀喷洒。喷后可抗干热风、增加千粒重。

（3）在水稻上　在灌浆初期喷洒，浓度用量与棉花相同。

（4）在果树上　山楂大树用 30 毫克/千克，幼树用 50 毫克/千克，在花蕾分离期至盛花期喷花 1～2 次，着色期可提早 10 天以上；苹果、梨在花期、幼果期各喷洒 1 次。

[注意事项]

（1）每天喷施赤霉素的时间应在上午 10 时以前和下午 3 时以后，避免烈日暴晒，影响效果。喷洒后如遇雨应补喷 1 次。同时，喷洒赤霉素可与尿素、过磷酸钙、硫酸铵、乐果、敌百虫等化肥、农药混用。

（2）不能同氨水、石硫合剂等碱性化肥、农药混合。

（3）赤霉素水溶液容易失效，要随配随用。

（4）赤霉素易促进生长点，苗期慎用，易出现弱根高腿症，把圆叶畸变成长叶，若出现该症用药害速解救治。

（九）乙烯利

［理化性质作用机理］　乙烯利纯品为无色长针状结晶，工业品为淡棕色液体。易溶于水、乙醇等。在酸性溶液中稳定，在碱性溶液中很快分解，放出乙烯，对动物毒性很小。乙烯对作物具有调节生长发育、代谢等作用，是一种高效、低毒、广谱性植物生长调节剂。能防止玉米作物倒伏，增加有效分蘖，提早结果，促进果实早熟，还有明显的增产效果。

［剂型］　剂型有 40％乙烯利水剂。

［防治对象和使用方法］　乙烯利可广泛应用于棉花、玉米、水稻、小麦、蔬菜、果树、橡胶树、烟草等。

（1）在棉花上　用 400～800 倍液于 70％～80％吐絮期喷洒叶片，可催熟、增产。

（2）在小麦上　用 260～800 倍液于孕穗期至抽穗期全株喷洒 1 次，雄性不育。

（3）在南瓜上　用 1 600～4 000 倍液于苗 3～4 叶期，全株喷洒 1 次，增加雌花。

（4）在葫芦上　用 800 倍液于苗 3～4 叶期，全株喷洒 1 次，增加雌花。

（5）在水稻上　用 400 倍液于秧苗 4～6 叶（移栽前 15～20 天），喷苗 1～2 次，可壮苗、增产。

（6）在番茄上　用 400 倍液于青果后期喷果 1 次，催熟。

（7）在苹果上　用 400～800 倍液于果收前 20～30 天，全株喷洒，早熟。

（8）在黄瓜上　用 1 600～4 000 倍液于苗 3～4 叶期喷全株 2 次（间隔 10 天），增加雌花。

（9）在甘蔗上　用 400～500 倍液于收获前 4～5 周，全株喷洒 1 次，增糖。

（10）在橡胶树上　用 4～10 倍液于割胶期，涂割胶口周围，增加胶乳。

（11）在菠萝上　用 500 倍液于收获前 1～2 周，喷叶 1 次，催熟。

（12）在香蕉上　用 400～500 倍液于果收后浸蘸 1 次，催熟、脱涩。

（13）在梨上　用 1 000 倍液于果收前 20 天，全株喷洒 1 次，催熟。

［注意事项］

（1）使用剂量应根据品种、时期、温度等环境条件酌情增减。且不可过量，易降低品质，且易产生药害。

（2）不能与碱性农药混用，遇碱易分解失效。

（3）使用乙烯利水剂时，最好加 0.2% 的中性洗衣粉作湿润剂。

（4）苗种田不宜施用。

（十）芸薹素内酯

［理化性质作用机理］　芸薹素是植物六大内源激素，芸薹素内酯具有使植物细胞分裂和延长的双重作用，促进根系发达，增强光合作用，提高作物叶绿素含量，促进作物对肥料的有效吸收，辅助作物劣势部分良好生长。

［剂型］　0.004% 的水剂。

［防治对象和使用方法］　该激素适用于多种作物和果树。一般使用浓度为 1 000～2 000 倍液喷雾。作物每季只能使用该激素 1 次。

［注意事项］

（1）不可与碱性农药混用。

（2）施药时需要做好保护措施，戴好口罩、手套，施药后用温肥皂水洗净手脸。

（3）使用过的喷雾器，应清洗干净方可它用。

（4）哺乳期妇女和孕妇禁止接触该激素。

（5）无特效解毒药，一旦误服用吐根糖催吐并送医院对症治疗。

总之，随着生产水平的提高，在各种肥水及农业各种条件相同的情况下，合理使用好调节剂及部分微量元素非常重要，不但可以高产而且可以提高品质，还可以增强免疫力。方法是用0.004%芸薹素内酯10克或0.5%的萘乙酸钠10克或6%的胺鲜酯5克加入高能锌、高能钾、高能钙、高能硼等微量营养元素各1粒对水15千克喷施1～2次，可增产15%～35%，且品质提高。注意植物生长调节剂要交替使用，不要重复使用。

稻麦类，在孕穗期用0.004%芸薹素内酯10克或0.5%的萘乙酸钠10克或6%的胺鲜酯5克加入高能钼、高能钾、高能硼各1粒对水15千克，喷1～2次。可增产15%左右。且粮食品质提高。

豆类、花生、油菜等，初花期用0.004%芸薹素内酯10克或0.5%的萘乙酸钠10克或6%的胺鲜酯5克加入高能钼、高能钾、高能硼各1粒对水15千克，喷1次，荚果期再喷一次可增产20%左右，且品质提高。

玉米、高粱5～9叶期用0.004%芸薹素内酯50克或0.5%的萘乙酸钠10克或6%的胺鲜酯5克加入高能钼、高能钾、高能硼各1粒对水15千克，喷1次，若连续阴雨可喷施2次，可增产20%左右，且品质提高。

棉花初花期用0.004%芸薹素内酯20克或0.5%的萘乙酸钠10克或6%的胺鲜酯5克加入高能钼、高能钾、高能硼各1粒对水15千克，喷1次，伏桃期再用一次，可增产15%左右，且品质提高。

果树如葡萄、苹果、桃子、冬枣、红枣、柑子、香蕉、芒果、龙眼、荔枝、菠萝、柚子等各种果树，初蕾期用0.004%芸薹素内酯10克加10%植物防冻剂（或防蒸腾剂）50克或10%护胎素100克再加上高能钼、高能钾、高能硼各1粒对水15千克，喷1次，坐果后再用1次，使用间隔15～20天，喷雾均匀为度，可增产30%左右，且品质提高，味正质好。

瓜菜果类如西瓜、黄瓜、丝瓜、苦瓜、香瓜、冬瓜、木瓜、青瓜、打瓜、西葫芦、南瓜、草莓等，初花期用 0.004％芸薹素内酯10 克或 0.5％的萘乙酸钠 10 克或 6％的胺鲜酯 5 克加上高能钼、高能钾、高能硼各 1 粒对水 15 千克，喷 1 次，坐果后再用 1 次，使用间隔 15～20 天，喷雾均匀为度，可增产 35％左右，且品质提高，味正质好。

茄果类如番茄、茄子、辣椒等，初花期用 0.004％芸薹素内酯10 克或 0.5％的萘乙酸钠 10 克或 6％的胺鲜酯 5 克加上高能钼、高能钾、高能硼、高能钙、高能锌各 1 粒对水 15 千克，喷 1 次，坐果后再用 1 次，使用间隔 15～20 天，可增产 30％左右，且品质提高，味正质好。

地下根茎、根块类如马铃薯、甘薯、芋头、山药、蒜头、圆葱、白术等，初花期或现薹或现苞茎前 5～10 天，用 0.004％芸薹素内酯 10 克或 0.5％的萘乙酸钠 10 克或 6％的胺鲜酯 5 克加上高能钼、高能钾、高能硼、高能钙、高能锌各 1 粒对水 15 千克，喷1 次，间隔 18～20 天再用 1 次，可增产 35％左右，且品质提高，味正质好，细胞密实度增加，单个重增加。

叶菜类如香菜、韭菜、油麦菜、菠菜、上海青、菜薹、莴苣等，4 叶 1 心时用 0.004％芸薹素内酯 10 克或 0.5％的萘乙酸钠 10克或 6％的胺鲜酯 5 克加上高能钾、高能钙、高能铁、高能锌各 1粒对水 15 千克，喷 1 次，喷雾均匀为度，可增产 40％左右，且品质提高，色泽鲜正。

七、解毒解害抗逆营养制剂

（一）药害速解

[理化性质作用机理] 药害速解的主要成分为分解酶、升华酶、解毒酶、高渗营养酶。作物受外界因素侵害，没有病害的传染性，突然间大面积发生，如气候忽冷造成的冻害、用药用肥过量引起的烧苗、烂根、死棵，伪劣农药化肥的有毒物质使作物的生理机能受到抑制或破坏，引起的茎叶变色、生长点枯死、落花、落果、青枯甚至停止生长等症状。应用药害速解可强力排毒、解害，激活

细胞，通过改善叶面呼吸孔把毒素排掉，恢复作物正常生长。

[剂型]　10％水剂。

[防治对象和使用方法]　药害速解适应于多种作物因药害、肥害、烟害、冻害而造成的不良症状，每次每667平方米用药50克，对水30千克喷雾。

（1）与除草剂混用既可保护作物，又能提高除草效果。

（2）与杀虫杀螨剂混用，可以提高杀虫效果，节省杀虫剂用量，无须使用增效剂。

（3）与杀菌剂混用可以防疑难杂症，同时增效显著。

（4）养蚕区与阿托品混用喷施桑叶可解高残毒。

（5）喷施过高残毒农药作物使用，通过改善叶面呼吸孔排毒，降解高残毒的85％以上。

[注意事项]

（1）沉淀为有效成分，用时请摇匀。

（2）勿入口，注意对症用药。

（3）妥善保管，安全施用。

（4）无中毒报道。但要放在儿童摸不到的地方。

（二）果通红，防裂一喷红

[理化性质作用机理]　该药品的主要成分为果色酶，基因诱导酶，防裂酶，原生质转化酶等。该药品为安全型基因调控诱导果红剂，能使叶绿素快速转化为果色素往果实上集中。克服了用乙烯利促红带来的伤叶催熟危害，不伤叶、不伤小果且对小果有膨大作用，小果不会红也不产生药害。特别是对长时间不红、因病形成的"小老头"果，因光照不足出现的"阴阳果"，喷施后作用也较好，能使之快速变红。不软果，不裂果，不落果。色好，味好，果型好，籽饱肉厚单果重增加。

[剂型]　10％水剂。

[防治对象和使用方法]　该药品可广泛用于有色基因的瓜果、蔬菜上，如辣椒、番茄、茄子、西瓜、南瓜、柑橘、苹果、红枣、桃、李、杨梅、龙眼、荔枝等。一般用1 000倍液喷洒。

[注意事项]

（1）掌握好喷施时机，在果园或菜田内只要见红果即可喷施。

（2）不能光喷果子，一定要喷整个植株叶子或树冠。

（3）注意与一些微肥配合施用效果更佳。

（4）妥善保管，安全施用。

（5）想让果子红得快可加大用量也可增加使用次数，可根据市场需要把使用量加大到 300 倍液，使用间隔 2 天不会产生药害，若不要求红得太快也可间隔 7～10 天用 1 次。

（三）植物防冻神液

[理化性质作用机理] 该药品的主要成分为防冻酶、诱导酶、激活酶、细胞修复酶及微量元素组成。施用后能快速形成植物高能营养膜，能防冻、防裂，抗旱、防蒸腾、防止病菌入侵。－2 ℃至作物休眠临界温度不会受冻害。

[剂型] 有 10％水剂。

[防治对象和使用方法] 该药品适用于多种农作物和果树。

（1）抗大风降温，抗寒流袭击，激活植物链，解除寒冻引起的生长不良。

（2）对倒春寒引起的各种果树坐不住果或霉心果防效显著。

（3）可预防各种大棚蔬菜因苗期受冻引起的黑筋、烂果胎、缩果。

（4）对各种花卉草坪因寒冻引起的干尖、早衰；因干旱引起的卷曲；因连阴初晴气温异常引起的叶面蒸腾造成的急性失水、萎蔫有很好的效果。

（5）一般喷施浓度为 800～1 000 倍液。

[注意事项]

（1）冻害严重时配合药害速解施用效果更好。

（2）妥善保管，安全施用。

（四）防裂果

[理化性质作用机理] 该药品主要有激活酶、防衰酶、叶绿光合酶、防裂酶和微量元素组成。喷施作物后自然形成植酶膜，抗病防裂、防冻、防蒸腾、增亮，味正质好。

[**剂型**]　有10％乳剂和水剂。

[**防治对象和使用方法**]　该药品适用于结果类蔬菜和果树，如番茄、茄子、萝卜、马铃薯、西瓜、黄瓜、辣椒、香蕉、苹果、红枣、桃、李、杨梅、龙眼、荔枝、葡萄等。一般用800～1 000倍液喷洒。

[**注意事项**]

（1）由病毒引起的严重裂果如果脉褐筋、龟裂时，应与防治病毒病药剂配合施用。由细菌引起星裂时，应与防治细菌性病害的药剂配合施用。由真菌引起的纵裂时，应与防治真菌性病害的药剂配合施用。

（2）若因缺素引起裂果注意与一些单剂微肥如高能钙、高能硼配合施用效果更佳。

（3）妥善保管，安全施用，勿入口。

另外，在现实生产中，有时为了追求果大高产，人为使用植物生长调节剂过量，特别是如吡效隆膨大素过量或赤霉素（九二〇）使用时间不对，导致人为空果、糠果、无味果、异味果、畸形果、凸棱果等病害发生。可用香菇多糖、药害速解加高能铁、高能硼，可缓解人为异果症。如果想让果子长得好产量高品质好，在结果期每间隔15～20天用一次植物源调节剂芸薹素加上高能硼、高能钙或萘乙酸加高能钼、高能钾，轮流交替使用，连续喷施2次，效果较好。

第三节　主要大田农作物病虫害防治历

一、小麦病虫害防治历

（一）播种期至越冬期（9月下旬至翌年2月中旬）

主要防治对象：全蚀病、腥黑穗病、散黑穗病、秆黑粉病、纹枯病、根腐病、斑枯病；蝼蛄、蛴螬、金针虫、吸浆虫、麦蜘蛛、麦蚜、灰飞虱

[**主要防治措施**]

1. 农业防治措施　选用抗、耐病品种。注意品种合理布局，避

免单一品种种植；秋耕时做到深耕细耙，精细整地，减少病虫基数；施用经高温堆沤、充分腐熟的有机肥，应用配方施肥技术；根据品种特性、地力水平和气候条件，在适播期内做到精量、足墒下种，促进麦苗早发，培育壮苗，以增加植株自身抗病能力，减轻危害。

2. 化学防治

土壤处理：对地下害虫和小麦吸浆虫并重或单独重发区，要进行药剂土壤处理，每 667 平方米用阿维·菌毒二合一或 40% 辛硫磷乳油 300 毫升，加水 1～2 千克，拌沙土 25 千克制成毒土，犁地前均匀撒施地面，随犁地翻入土中。对小麦全蚀病严重发生田每 667 平方米用 80 亿单位地衣芽孢杆菌 200 毫升或 28% 井冈·多菌灵 300 毫升或 70% 甲基托布津可湿性粉剂 2～2.5 千克拌细土 25 千克撒施，重病区施药量可适度增加。病虫混发区用上述两种药剂混合使用。

药剂拌种：要大力推广应用包衣种子，对非包衣种子播种前采用优质对路的种衣剂包衣或杀虫、杀菌剂混合拌种用菌衣地虫死、菌衣无地虫、菌衣地虫灵直接包衣；杀虫剂可选用吡·杀单，辛硫磷等；杀菌剂可选用地衣芽孢杆菌、辛菌胺、敌磺钠、多抗霉素、立克秀、适乐时、敌萎丹等；任选一种杀虫剂与杀菌剂混合拌种，方法是：用 40% 辛硫磷乳油 20 毫升，加 80 亿单位地衣芽孢杆菌 20～50 毫升、1.8% 辛菌胺 20 毫升、50% 敌磺钠 15 克、3% 多抗霉素 10 克、3% 敌萎丹或 2.5% 适乐时 15～20 毫升，或 12.5% 烯唑醇，或 2% 立克秀 10～15 克对水 0.5 千克均匀拌麦种 10 千克，待药膜包匀后，晾 3～5 分钟后播种，如不能及时播种，必须用透气的袋子装，若是普通编制袋子要扎几个孔后再装包好的种子。可有效预防小麦全蚀病、纹枯病、叶枯病等土传病害。

（二）返青期至抽穗期（2 月中旬至 4 月下旬）

主要防治对象：纹枯病、白粉病、锈病、颖枯病；地下害虫、麦蜘蛛、麦蚜、吸浆虫、麦叶蜂。

主要防治措施：适时灌水，合理均匀施肥，增施磷、钾肥。12.5 烯唑醇按每 667 平方米有效成分 15 克，加水 30 千克喷洒；

每667平方米用70％甲基硫菌灵有效成分15～30克，加水30千克喷洒；用90％敌百虫晶体0.5千克，加水10～15千克，拌炒香麦麸10～15千克，于傍晚每667平方米撒1.5～2.5千克。用15％扫螨净乳油或20％粉剂或者20％爱杀螨乳油1 500～2 000倍液，每667平方米喷药液50千克；每667平方米用5％蚜虱净7～10毫升加水50千克喷洒。

（三）抽穗期至成熟期（4月底至5月底）

主要防治对象：白粉病、赤霉病、黑胚病；地下害虫、麦蜘蛛、麦蚜、黏虫、吸浆虫。

主要防治措施：小麦扬花率10％以上时，可用25％酸式络氨铜水剂或50％多菌灵可湿性粉剂或28％井冈·多菌灵悬乳剂75～100克，加水30～45千克喷洒。或每667平方米用12.5％烯唑醇15克，加水30千克喷洒，防治病害。用50％辛硫磷1 000倍液或15％扫螨净1 500～2 000倍液或4.5％高效氯氰菊酯乳油1 000～15 00倍液或40％氧化乐果1 000～1 500倍液，每667平方米喷药液50千克防治虫害。

二、玉米病虫害防治历

（一）播种期

防治对象：地下害虫、黑粉病、丝黑穗、粗缩病毒。

防治措施：50％辛硫磷0.5千克加地芽菌5千克，拌种250～500千克，晾3～5分钟后播种，如不能及时播种，必须用透气的袋子装，若是普通编织袋子要扎几个孔后再装包好的种子。毒饵诱杀：将麦麸、豆饼等炒香，每100千克饵料用90％敌百虫2千克、加水10千克稀释后拌入，在黄昏时撒入田间，若能在小雨后防治，效果更好。地衣芽孢杆菌或用20％吗啉胍·铜水剂20药种比为1∶50；50％多菌灵可湿性粉按种子量的0.5％剂量拌种，防黑粉病和丝黑穗病。

（二）苗期

防治对象：地老虎、红蜘蛛、蝼蛄、玉米铁甲、玉米蚜；纹枯病、粗缩病、黑条矮缩病、圆斑病。

防治措施：①地老虎防治：消除田边、地头杂草，消灭卵和幼虫，地老虎入土前用90％敌百虫800～1 000倍液喷雾；幼虫入土后50％敌敌畏或50％的辛硫磷每667平方米0.2～0.25千克，对水400～500千克顺垄灌根，或用90％敌敌畏0.5千克或辛硫磷0.5千克加水稀释后，拌碎鲜草50千克，于傍晚撒于玉米苗附近。菊酯类农药每667平方米用30～50毫升，对水40～60千克喷雾。为害轻的地块也可人工捕捉，每日清晨在为害苗附近扒土捕捉幼虫。②红蜘蛛防治：清除田边、地头杂草，用60％敌敌畏＋20％乐果加水2 000～3 000倍液喷洒，或用0.9％虫螨克2 500倍液或15％扫螨净1 000～1 500倍液，每667平方米40千克喷雾。③蝼蛄防治：毒饵诱杀，将麦麸、豆饼等炒香，每50千克饵料拌入90％敌百虫0.5千克加水5千克稀释后拌匀，在黄昏时撒入田间，小雨后防治效果更好。④玉米铁甲防治：人工捕虫，每天上午9时前，连续捕杀成虫。化学防治，在成虫产卵盛期和幼虫卵孵率达15％～20％时进行药剂防治，每667平方米用90％敌百虫晶体75克，加水60～75千克喷雾。⑤玉米蚜防治：农业防治，消灭田边、路边、坟头杂草，消灭滋生基地；生物防治，利用天敌，以瓢治蚜；化学防治，0.5％阿维菌素1 000倍液，60％敌敌畏乳剂1 500～2 000倍液或50％马拉松乳剂1 000倍液，每667平方米50千克喷雾。⑥纹枯病防治：农业防治，使行轮作，及时排除田间积水，消除病叶。化学防治，发病初期，每667平方米用25％络氨铜水剂30毫升或28％井冈·多菌灵50～100克加水30千克喷雾或每667平方米用三唑酮有效成分15～20克加水50千克喷雾。严重地块，隔7～10天防治1次，连续防3次，要求植株下部必须着药。⑦玉米粗缩病防治：农业防治，做好小麦丛矮病的防治，减少灰飞虱的虫口，适当调整玉米播期，麦套玉米要适当晚播，减少共生期，提倡麦收灭茬后再播种；加强田间管理，及时中耕除草，追肥浇水，提高植株抗病能力；结合间苗、定苗及时拔除病株，减少毒源。化学防治，抓住玉米出苗前后这一关键时期，用80亿单位地衣芽孢杆菌 800 倍液，或用 20％吗啉胍·铜水剂 50～100 克加水 30～50 千克喷施，喷匀为度，连用 2 次间隔 3 天。⑧玉米黑条矮缩病防治：农业防治，把好第一次灌水时间关，力争适时。化学防治，每 667 平方米用 20％吗胍·铜水剂 50 毫升，或 30％氮苷·吗啉胍 25 克；粗缩病严重时加高能锌发病初期开始喷药，间隔 3 天连喷 2 次，以后每隔 7～10 天喷 1 次，连喷 2～3 次，灭虫防治在灰飞虱迁入玉米地初期，连续防治 2～3 次，每次用药时间间隔一周左右，用 40％氧化乐果乳油，每 667 平方米 50～100 毫升加水 75 千克喷雾；泼浇时，每 667 平方米加水 400～500 千克。⑨圆斑病、黄粉病防治：农业防治，主要是对病区种子外调加强检疫。化学防治，发病初期开始喷药，以后每隔 7～10 天 1 次，连喷 2～3 次，每 667 平方米用 45％代森铵水剂 100 毫升，或 30％氮苷·吗啉胍 25 克，或 70％甲基硫菌灵 800 倍液 50 千克喷雾，或用 50％退菌特可湿性粉 500 倍液 50 千克喷雾。

（三）中后期

防治对象：玉米螟、蓟马、黏虫、红蜘蛛、棉铃虫、甜菜夜蛾、锈病、细菌性角茎腐病、干腐病、青枯病、赤霉穗腐病。

防治措施：①蓟马防治：0.5％阿维菌素乳油 1 000 倍液，常规喷雾。②红蜘蛛防治：0.5％阿维菌素乳油 800～1 000 倍液，0.9％虫螨克 2 500～3 000 倍液或 15％扫螨净 1 000～1 500 倍液，常规喷雾。③玉米螟防治：在各代玉米螟产卵初期、始盛期和高峰期三次放赤眼蜂，每 667 平方米每次放蜂 1.5 万～2.0 万头，每 667 平方米投放点 5～10 个。心叶期用 1.5％辛硫磷颗粒剂，每 667 平方米 3～5 千克捏心；也可用 1％甲维盐乳油，90％敌百虫 1 500～2 000 倍液灌心叶，用 70％吡·杀单 50 克对水 500～600 倍液 5～10 叶期把喷头去掉，用喷雾器杆喷口。打苞露雄期，当幼虫蚀入雄穗时，可用 50％敌敌畏乳油 2 000 倍液或 4.5％高效氯氢菊酯灌穗。④棉铃虫防治：玉米抽雄授粉结束后，除去雄穗，清除部分卵和幼虫，利用成虫趋味、趋光的特性，用杨柳枝和黑光灯诱杀成虫，保护田间有益生物。⑤甜菜夜蛾防治：田间出现卵高峰后 7

天左右为幼虫三龄盛期，也是防治有利适期，主要用药有：1%甲维盐乳油或灭幼脲3号500～1 000倍液＋4.5%高效氯氰菊酯1 000倍液于早上8时前和下午18时后喷药。⑥黏虫防治：利用小谷草把诱杀成虫。在发生量小时可人工捉杀幼虫。化学防治，用25%辛硫磷乳剂三龄前每667平方米80～100毫升，三龄后每667平方米用100～200毫升或2.5%敌百虫或5%马拉松每667平方米1.5～2千克超低量喷雾。菊酯类常规喷雾。⑦玉米锈病防治：农业防治，选用抗病品种，合理增施磷、钾肥，及早拔除病株。化学防治，发病初期用45%代森铵800倍液或用0.2波美度石硫合剂喷雾；或每667平方米用烯唑醇有效成分10～12克，常规喷雾。⑧青枯病农业防治：玉米抽雄期追施一次钾肥，并注意排水，特别是暴雨后要及时排水、中耕。化学防治：23%络氨铜，或80亿单位地衣芽孢杆菌，也可叶面喷洒2.85%萘乙酸·复硝酚钠防治。⑨玉米细菌性角茎腐病防治：农业防治，苗期增施磷、钾肥，合理浇水，搞好排水，降低田间湿度。化学防治，用72%硫酸链霉素喷施，1 000倍液喷均为度，严重时加高能硼胶囊1粒，或瑞毒霉系列药品在喇叭口期喷雾防治。⑩玉米干腐病防治：农业防治主要是搞好检疫；实行2～3年轮作；及时采收果穗。化学防治是在抽穗期施药，用23%络氨铜800倍液喷雾，重点喷果穗及下部茎叶，隔7天在喷1次。⑪玉米赤霉穗腐病防治：农业防治，如实行轮作，合理施肥，注意防虫，减少伤口，充分成熟后收获，果穗充分晾晒后入仓储藏等。化学防治：用1.8%辛菌胺800倍液喷施，喷匀为度。

三、水稻病虫害综合防治历

水稻病虫害种类多，为害重，应采取综合防治措施进行防治。

1. 石灰水浸种　催芽前，用石灰水浸种，可减轻白叶枯病和稻瘟病的发生。采取石灰水浸种后，白叶枯病、稻瘟病的病株率分别比对照降低33.75%和23.23%。石灰水浸种方法简便，成本低廉，又不增加工序，易于推广。先配成1%石灰水后，倒入种子，使种子距离水面 14 厘米以下，不要搅动水层，浸 2～3 天（气温 15～20 ℃时浸 3 天，25 ℃时浸 2 天），浸好后捞起洗净催芽。

2. 肥水管理　在肥料的运筹上推广配方施肥和重施底肥，做到氮、磷、钾肥合理配合，有机肥、化肥搭配使用，对控制病虫草害和水稻增产起到一定作用，避免串灌、漫灌和长期灌深水，分蘖末期及时晒田结扎，促进植株健壮生长、降低田间湿度，可减轻纹枯病、稻飞虱等多种病虫害的发生、为害。

3. 药剂防治　目前药剂防治仍是病虫防治的重要手段。但必须讲究防治策略，抓好病虫预测预报，合理施药，准确防治适期，以稻螟虫、稻飞虱、白叶枯病纹枯病为重点，兼治其他病。

（1）秧苗期　应以稻蓟马防治为主，兼治苗稻瘟。可在稻蓟马卷叶株率达 15％以上时，每 667 平方米用 5％高效氯氰菊酯 800 倍液 15 千克（加糯米汤 600 毫升）喷雾。防治苗稻瘟，可在田间出现中心病株时，用 20％三环唑可湿性粉剂每 667 平方米 20～27 克，对水 75～100 千克喷雾。

（2）分蘖、孕穗期　应以稻螟虫、纹枯病为主，兼治稻纵卷叶螟、稻飞虱、稻苞虫等。稻螟虫在卵孵盛期，对每平方米卵量达 80 块以上的田块，及时喷药防治。常用药剂有 50％杀螟松每 667 平方米 100 克对水 50 千克喷雾，还可以兼治稻飞虱稻纵卷叶螟、稻苞虫等。也可以用 2.5％敌杀死每 667 平方米 20 毫升喷雾，既可杀蚁螟，又可杀卵，防治效果达 100％。兼治其他害虫，但不能连续使用，以免产生抗药性。纹枯病在病丛率达 20％以上时施药，每 667 平方米用 15％粉锈宁 55～75 克对水 50 千克喷雾，且兼治其他病害。若单治纹枯病，每 667 平方米仅用 5 万单位井冈霉素 100 毫升喷雾即可。

（3）抽穗、灌浆、乳熟期　应以稻飞虱、白叶枯病为防治重点，兼治其他病虫。防治稻飞虱，当百蔸稻有虫 1 000 头以上，益害比（稻田蜘蛛与稻飞虱之比）超过 1∶5 时，每 667 平方米用 50％敌敌畏 200 克拌细沙土 20 千克撒施，施药时田间要保持浅水层。也可以用 25％扑虱灵每 667 平方米 20～25 克，对水 50 千克喷雾或迷雾。防治白叶枯病，当田间出现中心病株时，每667平方米用25％叶枯唑或叶枯净200克，或50％代森铵100克对水50千克喷雾。防治穗颈瘟，可在孕穗前期或齐穗期施药，每667平方米用40％稻瘟灵乳剂100克，对水75千克喷雾，防效90％以上。

（4）化学除草　搞好化学除草的关键是田要整平；选好对口农药；抓住施药适期；田间施药要适当。化学除草应以秧田为重点，其次才是插秧大田。秧田畦整好后，播种前，每667平方米用50％杀草丹75～100克对水50千克喷雾，或播后苗前，每667平方米用72％禾大壮250克，或60％丁草胺100克对水50千克喷雾，施药后保持浅水层5～7天，对稗草防除效果分别为97.6％和86.9％。还可以兼除其他杂草。

四、马铃薯病虫害综合防治

马铃薯已成为我国第四大粮食作物，正在实施主粮化。该作物具有生产周期短，增产潜力大，市场需求广，经济效益好等特点，近年来种植规模发展很快，已成为一条农民增产增收的好途径。由于规模化种植和气候等因素的影响，马铃薯病虫害呈逐年加重趋势，严重影响了马铃薯产业的发展。马铃薯主要病虫害如下。

（一）病害

主要病害有晚疫病、早疫病、青枯病、环腐病、病毒病、疮痂病、癌肿病、黑胫病、线虫、黑痣病。

（二）虫害

主要害虫有二十八星瓢虫、马铃薯甲虫、小地老虎、蚜虫、蛴螬、蝼蛄、块茎蛾。

（三）主要病害防治技术

1. 马铃薯晚疫病

（1）选用脱毒抗病种薯。

（2）种薯处理。严格挑选无病种薯作种薯，采用25％甲霜灵锰锌2克对水1千克将2 000～2 500千克种薯均匀喷洒后，晾干或阴干进行播种。

（3）栽培管理。选择土质疏松、排水良好的地块种植；避免偏施氮肥和雨后田间积水；发现中心病株，及时清除。

（4）药剂防治。采用25％甲霜灵锰锌2克对水1千克将200～250千克种薯均匀喷洒后，晾干或阴干进行播种。

2. 早疫病　早疫病于发病初期用1∶1∶200波尔多液或77％可杀得可湿性微粒粉剂500倍液茎叶喷雾，7～10天1次，连喷2～3次。

3. 青枯病　目前还未发现防治青枯病的有效药剂，主要还是以农业防治为主。可用可杀得800倍液进行灌根或用农用链霉素灌根。

4. 马铃薯环腐病

（1）实行无病田留种，采用整薯播种。

（2）严格选种。播种前进行室内晾种和削层检查、彻底淘汰病薯。切块种植，切刀可用53.7％可杀得2 000干悬浮剂400倍液浸洗灭菌。切后的薯块用新植霉素5 000倍液或47％加瑞农粉剂500倍液浸泡30分钟。

（3）生长期管理。结合中耕培土，及时拔出病株带出田外集中处理。每667平方米使用过磷酸钙25千克，穴施或按重量的5％播种，有较好的防治效果。

5. 马铃薯病毒病

（1）建立无毒种薯繁育基地。采用茎尖组织脱毒种薯，确保无毒种薯种植。

（2）选用抗耐病优良品种。

（3）栽培防病。施足有机底肥，增施钾、磷肥，实施高垄或高埂栽培。

（4）出苗后施药。早期用10％的吡虫啉可湿性粉剂2 000倍液茎叶喷雾防治蚜虫。

（5）药剂防治：喷洒1.5％植病灵乳剂1 000倍液或20％病毒A可湿性粉剂500倍液。

6. 疮痂病　防治技术同环腐病。

7. 线虫病　每667平方米用55％茎线灵颗粒剂1～15千克，

撒在苗茎基部，然后覆土灌水。

8. 地下害虫　主要包括小地老虎、蛴螬和蝼蛄。防治技术可用毒土防治的方法，对小地老虎用敌敌畏 0.5 千克对水 2.5 千克喷在 100 千克干沙土上，边喷边拌，制成毒沙、傍晚撒在苗眼附近；蛴螬和蝼蛄可用 75％辛硫磷 0.5 克加少量水，喷拌细土 125 千克，施在苗眼附近，每 667 平方米撒毒土 20 千克。

9. 二十八星瓢虫、甲虫的防治技术　用 90％敌百虫颗粒 1 000 倍液或 20％氰戊菊酯 3 000 倍液喷雾。

五、大豆病虫害综合防治历

(一) 播种至苗期

主要防治对象：大豆潜根蝇、蛴螬、孢囊线虫病、根结线虫病、紫斑病、霜霉病、炭疽病。

主要防治措施：①大豆潜根蝇。农业防治，与禾本科作物实行两年以上的轮作，增施基肥和种肥。化学防治，采用菌衣无地虫拌种，药种比为 1∶60；5 月末至 6 月初用专治蝇类阿维·菌毒二合一各 20 毫升加水 30 千克喷施，80％敌敌畏乳油 800～1 000 倍液喷雾。②蛴螬。用种子重量 0.2％的辛硫磷乳剂拌种，即 50％辛硫磷乳剂 50 毫升拌种 25 千克。或用 5％辛硫磷颗粒剂每 667 平方米 2.5～3 千克，加细土 15～20 千克拌匀，顺垄撒于苗根周围，施药以午后 14～18 时为宜。田间喷洒可用菊酯类或辛硫磷乳油 1 000～1 500 倍液，常规喷雾。③孢囊线虫病和根结线虫病。农业防治，与禾本科作物实行 2～3 年以上的轮作。化学防治：土壤施药每 667 平方米用根结线虫二合一（1～2 套）加水 100 千克直接冲施或灌根，80％二溴氯丙烷沟施，每 667 平方米用药 1～1.5 千克，对水 75 千克，然后均匀施于沟内，沟深 20 厘米左右，沟距按大豆行距，施药后将沟覆土踏实，隔 10～15 天在原药沟中播种大豆。或用 10％滴灭威颗粒剂每 667 平方米 2.5～3.5 千克，于播种时结合深施肥料施于大豆种子下。④紫斑病和炭疽病。农业防治，与禾本科作物或其他非寄主植物实行 2 年以上的轮作。化学防治，播前用采用菌衣无地虫拌种，药种比为 1：60；0.3％的福美双可湿性粉剂拌种。⑤霜霉病。播种时用 5％菌毒清菌衣剂按药种比 1：50 拌种，种子重量的 0.1％～0.3％的 35％瑞毒霉或 80％克霉灵拌种，也可用种子重量的 0.7％的 50％多菌灵可湿性粉拌种。

（二）成株期至成熟期

主要防治对象：食心虫、豆荚螟、豆天蛾、红蜘蛛、蛴螬、霜霉病、花叶病、锈病。

主要防治措施：①食心虫。1％甲维盐、敌敌畏熏杀成虫。幼虫孵化盛期喷 25％快杀灵乳油或 4.5％高效氯氰菊酯乳油 1 000～1 500 倍液，每 667 平方米 50 千克喷雾。②豆荚螟。生物防治，在豆荚螟产卵始盛期释放赤眼蜂每 667 平方米 2 万～3 万头；在幼虫脱荚前（入土前）于地面上撒白僵菌剂。化学防治，在成虫盛发期和卵孵盛期喷药，可用阿维菌素、快杀灵、辉丰菊酯、敌百虫等药剂。③豆天蛾。利用黑光灯诱杀成虫。化学防治，幼虫一至三龄前用 1％甲维盐或 40％甲锌宝乳油 1 000～1 500 倍液，每 667 平方米 50 千克。④红蜘蛛。用 0.5％阿维菌素或 1.8％虫螨克 800 倍液或 20％爱杀螨乳油 1 500～2 000 倍液，常规喷雾。⑤蛴螬。利用黑光灯诱杀成虫，并适时灌水，控制蛴螬。化学防治，用 75％辛硫磷乳剂 1 000～1 500 倍液灌根，每株灌药液不能少于 100～200 克。⑥霜霉病。用 10％百菌清 500～600 倍液或 30％嘧霉·多菌灵可悬浮剂 800 倍液或 35％瑞毒霉 700 倍液，常规喷雾。所提药剂可交替使用，一次间隔 15 天。⑦锈病。发病初期用 12.5％烯唑醇可湿性粉剂或 20％粉锈宁乳油每 667 平方米 30 毫升或 25％粉锈宁可湿性粉剂 25 克加水 50 千克喷雾，严重时隔 10～15 天再喷 1 次。

六、谷子病虫害综合防治历

（一）播种至苗期

主要防治对象：蝼蛄、白发病、胡麻斑病。

主要防治措施：①蝼蛄。灯光诱杀、堆粪诱杀、毒饵诱杀和药剂拌种：用菌衣地虫死液剂按药种比 1：60 拌种或 50％辛硫磷 0.5

千克加水 20～30 千克，拌种 300 千克。用药量准确，拌混要均匀。②白发病，播种时用地衣芽孢杆菌水剂按药种比 1：60 拌种或 25％瑞毒霉可湿性粉剂，按种子量 0.2％拌种。③胡麻斑病，用地衣芽孢杆菌水剂按药种比 1：60 拌种或 50％多菌灵可湿性粉剂 1 000 倍液浸种 2 天。

（二）成株期至成熟期

主要防治对象：胡麻斑病、叶锈病、粟灰螟。

主要防治措施：①胡麻斑病。农业防治，增施有机肥和钾肥，磷、钾肥配合。化学防治，用 23％络氨铜或 28％井冈·多菌灵或 70％甲基托布津可湿性粉剂每 667 平方米 75～100 克，常规喷雾。②叶锈病。用 1.8％辛菌胺水剂 800 倍液喷施，20％粉锈宁乳油每 667 平方米 30 毫升或 25％粉锈宁可湿性粉剂 25 克加水 50 千克喷雾。③粟灰螟。苗期（5 月底至 6 月初）可用 0.1％～0.2％辛硫磷毒土撒心。或用 Bt 每 667 平方米 250 克或 250 毫升，对水 50 千克喷雾。

七、甘薯病虫害综合防治历

（一）育苗至扦插期

主要防治对象：黑斑病、茎线虫病。

主要防治措施：①黑斑病。种薯可用地衣芽孢杆菌水 800 倍液浸种 3 分钟左右，或 50％多菌灵可湿性粉剂 800～1 000 倍液浸种 2～5 分钟，1 000～2 000 倍药液蘸薯苗基部 10 分钟。如扦插剪下的薯苗可用 70％甲基托布津可湿性粉剂 500 倍液浸苗 10 分钟，防效可达 90％～100％，浸后随即扦插。②茎线虫病。加强检疫工作。每 667 平方米用根结线虫二合一用 1～2 套灌根，或 50％辛硫磷乳剂每 667 平方米施 0.25～0.35 千克，将药均匀拌入 20～25 千克细干土后晾干，扦插时将毒土先施于栽植穴内，然后浇水，待水渗下后栽秧。

（二）生长期至成熟期

主要防治对象：甘薯天蛾、斜纹夜蛾。

主要防治措施：①甘薯天蛾。农业防治，在幼虫盛发期，及时捏杀新卷叶内的幼虫；或摘除虫害苞叶，集中杀死。化学防治，在幼虫三龄前的 16 时后喷洒 1％甲维盐乳油 1 000 倍液或 50％辛硫磷乳油 1 000 倍液，或菊酯类农药 1 500 倍液，每 667 平方米用药液 50 千克。②斜纹夜蛾。人工防治，摘除卵块，集中深埋；用黑光灯诱杀成虫。化学防治，用 1％甲维盐乳油 1 000 倍液或 4.5％高效氯氰菊酯 1 000 倍液，或用甲辛宝乳油 1 000～1 500 倍液，常规喷雾。

（三）收获期至储藏期

主要防治对象：软腐病、环腐病、干腐病。

主要防治措施：①适时收获，避免冻害。②精选薯块。选无病虫害、无伤冻害的薯块作种。③清洁薯窖，消毒灭菌。旧窖要打扫清洁，或将窖壁刨土见新，然后用 10％百菌清烟雾剂或硫黄熏蒸。

八、棉花作物病虫害防治历

（一）播种期（4 月中下旬至 5 月上旬）

主要防治对象：立枯病、炭疽病、红腐病、茎枯病、角斑病、黑斑病、轮纹斑病、褐斑病、疫病。

主要防治措施：①农业防治：一般以 5 厘米地温稳定在 12 ℃以上时开始播种为宜，加强田间管理，播前施足底肥并整好地。②种子处理：选种、晒种、温汤浸种和药剂拌种。将经过粒选的种子于播前 15 天暴晒 30～60 小时，以促进种子后熟和杀死短绒上的病菌，播种前一天将种子用 55～60 ℃温水浸种半小时，水和种子比例是 2.5∶1，浸种时充分搅拌，使种子受温一致，捞出稍晾后用 80 亿单位地衣芽孢杆菌或 50％多菌灵或 70％甲基托布津可湿性粉剂按种子重量的 0.5％～0.8％拌种。③使用菌衣地虫死包衣剂按 1∶30 包衣种子。

（二）苗期（5 月上旬至 6 月上旬）

主要防治对象：立枯病、炭疽病、红腐病、茎枯病、角斑病、黑斑病、轮纹斑病、褐斑病、疫病。蚜虫、红蜘蛛、盲椿象、蓟马、地老虎。

主要防治措施：①防治病害：用 80 亿单位地衣芽孢杆菌水剂或 1.8％辛菌胺水剂或 28％井冈·多菌灵或 50％退菌特或 70％甲基托布津 800～1 000 倍液或 45％代森锌 500～800 倍液常规喷雾。②防治蚜虫、叶螨：用 19％克蚜宝或 10％蚜虱净或 20％螨立杀或 0.9％虫螨克或 15％扫螨净等药剂常规喷雾。③防治盲椿象、蓟马：用 4.5％高效氯氢菊酯或 10％大功臣或 40％蜻龟必杀等药剂喷雾防治。④防治地老虎：用敌百虫拌菜叶和麦麸制成毒饵诱杀。

(三) 蕾期 (6 月中旬至 7 月中旬)

主要防治对象：棉铃虫、盲椿象、蓟马、红蜘蛛、棉花枯萎病。

主要防治措施：①防治棉铃虫：农业、物理、生物、化学防治相结合；农业防治措施：秋耕冬灌、消灭部分越冬蛹；物理防治：种植玉米诱集带、安装杀虫灯、插杨柳枝把诱杀成虫、人工抹卵、捉幼虫；生物防治：利用 Bt、NPV 病毒杀虫剂；化学防治：叶面喷洒阿维菌素·毒死威、快杀灵、路路通等。②防治棉花枯黄萎病：在选用抗病品种做基础，用 1.8％辛菌胺水剂，或枯萎防死防治。③其他虫害参考前述防治方法。

(四) 花铃期 (7 月下旬至 9 月中旬)

主要防治对象：棉铃虫、造桥虫、伏蚜、红蜘蛛、红铃虫、象鼻虫、细菌性角斑病、棉花黄萎病。

主要防治措施：①化学防治三、四代棉铃虫：用 12％路路通或 35％毒死威或 4.5％高效氯氰菊酯或 50％辛硫磷或快杀灵或灭灵皇等，同时兼治造桥虫、红铃虫。②防治象鼻虫：4.5％高效氯氰菊酯＋煤油（柴油）喷雾防治、角斑病用 80 亿单位地衣芽孢杆菌水剂或可杀得 DT 杀菌剂等防治。③其他病虫害参考前述防治方法。

(五) 吐絮期 (9 月中旬至 10 月中旬)

防治对象：造桥虫。

防治措施：1％甲维盐或 50％辛硫磷防治。用有机磷粉剂农药喷粉防治效果较好。

九、花生病虫害防治历

主要防治对象：茎腐病、立枯病、冠腐病、白绢病、叶斑病、病毒；根结线虫、地下害虫、红蜘蛛、蚜虫、棉铃虫和鼠类。

主要防治措施：

（一）播种前

1. 轮作倒茬　实行与禾本科作物或甘薯、棉花等轮作，有效地降低田间病原。

2. 科学施肥　播前施足底肥，生育期内科学追肥，并注意补肥。

3. 精选良种　选用适宜当地栽培的抗病品种，并在播前精选种子和晒种。

4. 灭鼠　及时采用灌水或毒饵诱杀的方法消灭鼠类。

（二）苗期（播种至团棵）

以播后鼠害、草害、地下害虫和茎腐病、立枯病、冠腐病、白绢病害为主攻对象，兼治苗期红蜘蛛、蚜虫以及其他食叶性害虫。①拌种：在选晒种的基础上，搞好种子处理，用花生专用菌衣地虫无药种比按 1：50 拌种，或地衣苞杆菌按药种比 1：60 拌种，或按种子量的 0.2％ 加 50％ 多菌灵可湿性粉剂按种子量的 0.2％，加适量水混合拌种，可防鼠、防虫、防病。②播后苗前及时采用 48％ 腐乐灵每 667 平方米 110 克或 50％ 扑草净每 667 平方米 130 克或 43％ 拉索 200 克对水 50 千克喷雾除草；若是麦垄套种则于花生 1～3 复叶期，阔叶草 2～5 叶期，采用 48％ 苯达松水剂 170 毫升配 10.8％ 高效盖草能 30 毫升加水 40 千克喷雾，杀死单双子叶及防莎草。③及时喷施 20％ 吗胍·硫酸铜水剂或 25％ 酸式络氨铜水剂每 667 平方米用 30～50 克或喷施 50％ 多菌灵可湿性粉剂 400 倍液或 70％ 甲基托布津 500 倍液，可有效控病菌繁殖体的生长，防止花生叶部病害的侵染和发生。④及早喷施高能锌、高能铜、高能硼或复合微肥以防花生缺素症的发生和提高花生植株抗逆能力。⑤防治蚜虫、蓟马：花生蚜虫一般于 5 月底至 6 月初出现第一次有翅蚜高峰，夏播则在 6 月中上旬，首先为点片发生期，之后田间普遍发生。蓟马则在麦收后转入为害花生，一般选用 10％吡虫啉可湿性粉剂 2 000 倍液，或 10％百虫畏乳油 1 500 倍液进行喷雾，第一次防治在 6 月中旬，第二次则在 6 月下旬。可兼治蚜虫、红蜘蛛、金龟子及其他食叶性害虫。⑥继续拔除个别杂草。

（三）开花下针期

此期是管理的关键时期，用 0.004％芸薹素内酯 10 克对水 15 千克，喷匀为度或用 1.4％的复硝酚钠 10 克对水 15 千克，间隔 15 天用 2～3 次，增产显著且品质提高。多年来花生产区常用多效唑控制旺长企图增加产量，其实多效唑在花生上不可过量使用，过量易造成根部木质化，收获时出现秕荚和果柄断掉，无法机械收获而减产。此期的主要虫害是蚜虫、红蜘蛛和二代棉铃虫以及其他一些有害生物。蚜虫、红蜘蛛应按苗期防治方法继续防治或兼治。对二代棉铃虫则在百墩卵粒达 40 粒以上时每 667 平方米用 Bt 乳剂 250 毫升加 0.5％阿维菌素（又名齐螨素）40 毫升加水 30～50 千克喷雾，7 天后再喷 1 次。或每 667 平方米用 50％辛硫磷乳油 50 毫升加 20％杀灭菊酯 30 毫升对水 50 千克喷雾，并能兼治金龟子和其他食叶性害虫。

（四）荚果期

为多种病虫害生发期，主要有二、三代棉铃虫、金龟子、叶斑病等，鼠害的防治也应从此时开始。防治上应采取多种病虫害兼治混配施药。①防治金龟子：防治成虫是减少田间虫卵密度的有效措施，根据不同金龟子生活习性，抓住成虫盛发期和产卵之前，采用药剂防治或人工捕杀相结合的办法。即采用田间插榆、杨、桑等枝条的办法，每 667 平方米均匀插 6～7 撮，枝条上喷 500 倍液 40％辛硫磷乳油毒杀。幼虫防治：6 月下旬至 7 月上旬是当年蛴螬的低龄幼虫，此期正是大量果针入土结荚期，是治虫保果的关键时期。可结合培土迎针，顺垄施毒土或灌毒液配合灌水防治，方法是每 667 平方米用 3％辛硫磷颗粒剂 5 千克加细土 20 千克，覆土后灌水。也可每 667 平方米使用 40％辛硫磷乳油 300 毫升对水 700 千克灌穴后普遍灌水。防治花生蛴螬要在卵盛期和幼虫孵化初盛期各防治一次。②棉铃虫及其他食叶害虫防治：棉铃虫对花生以第三代为害最重，应着重把幼虫消灭在三龄以前，可每 667 平方米用 Bt 乳剂 250 毫升配 40％辛硫磷 50 毫升，对水 50 千克在产卵盛期喷雾；也可选用 20％百多威乳油 40 毫升加 20％杀灭菊酯 30 毫升对水 50 千克在产卵盛期喷雾，于 7 天后再喷防一遍。③叶斑病防治：防治花生叶斑病，只要按质、按量、按时进行防治，就能收到良好效果，叶斑病始盛期一般在 7 月中下旬至 8 月上旬，当病叶率达 10％～15％时，每 667 平方米用 80 亿单位地衣芽孢杆菌 60～100 克，或 28％井冈·多菌灵悬浮剂 80 克或 45％代森铵水剂 100 克或 80％新万生（大生）可湿性粉剂 100 克，加水 50 千克喷雾防治，10 天后再喷一次效果更好。如果以花生网斑病为主，则以 80 亿单位地衣芽孢杆菌新万生或代森锰锌为主。④锈病防治：花生锈病是一种暴发性流行病害。一般在 8 月上中旬发生、8 月下旬流行。8 月上中旬田间病叶率达 15％～30％时，及时用 50％敌磺钠可湿性粉剂 1 000 倍液或 95％敌锈钠可湿性粉剂 600 倍液防治，或用 15％三唑酮可湿性粉剂 800 倍液防治。锈病流行年份，避免用多菌灵药剂防治叶斑病，以免加重锈病危害。⑤及时防治田间鼠害：8 月中下旬是各种鼠为害盛期，应在为害盛期之前选用毒饵防除。以上病虫害混发时，则应混合用药，以减少用药次数，兼治各种病虫害。另外，还应喷生长调节剂 2.85％萘乙·硝钠水剂每 667 平方米用量 50 克或芸薹素内酯与高能肥结合，可喷高能钾、高能锌、高能硼、高能铜、高能钼、高能锰胶囊轮流或结合起来用药防病虫。

（五）收获期

以综合预防为主，减轻来年病虫草鼠害发生。①防止收获期田间积水，造成荚果霉烂。②结合收获灭除蛴螬。③留种田花生荚果收获后及时晾晒，防止霉烂，预防茎腐病。④消除田间杂草及病株残体，减轻叶斑病、茎腐病的土壤带菌率和杂草种子。⑤利用作物空白期抢刨田间鼠洞，破坏其洞道并人工捕鼠，减轻来年鼠害。

十、芝麻病虫害综合防治历

(一)播种期至苗期

主要防治对象:茎点枯病、叶枯病、枯萎病、地老虎。

主要防治措施:①茎点枯病。农业防治,与棉花、甘薯作物进行3~5年轮作;播前用55℃温水浸种10分钟或用60℃温水浸种5分钟。化学防治,每500克种子用80亿单位地衣芽孢杆菌10克拌种,0.5%无氯硝基苯2.5克拌种,也可用种子量0.1%~0.3%的多菌灵处理种子。②枯萎病。农业防治,与禾本科作物进行3~5年轮作。化学防治,播前用0.5%菌毒清200倍液浸种,或0.5%硫酸铜溶液浸种30分钟。③叶枯病。农业防治,播前用53℃温水浸种5分钟。化学防治,用70%甲基托布津700倍液喷洒。④地老虎。农业防治,苗期每天清晨检查,发现有被害幼苗,就可拨开土层人工捕杀。化学防治,一是毒饵诱杀:用青草15~20千克加敌百虫250克;或用糖醋毒草,即将嫩草切成1厘米左右长的草段,用糖精5克,醋250克,25%敌敌畏乳剂5毫升加水1千克配成糖醋液,喷在草段上制成毒饵,撒在田间毒杀。二是直接喷药毒杀,用90%敌百虫1 500倍液或50%辛硫磷乳油1 000倍液喷洒芝麻幼苗和附近杂草。

(二)成株期至收获期

主要防治对象:茎点枯病、叶枯病、枯萎病、甜菜夜蛾。

主要防治措施:①茎点枯病。用28%井冈·多菌灵胶悬剂700倍液或用70%甲基托布津800~1 000倍液于蕾期、盛花期喷洒,每次每667平方米用量75千克。②枯萎病。用80亿单位地衣芽杆菌液剂每667平方米用50~100克喷施,23%络氨铜防治,每10天喷一次,连喷2~3次。③叶枯病。用70%甲基托布津或28%井冈·多菌灵700倍液在初花和终花期各喷一次。④甜菜夜蛾。用0.5%阿维菌素500倍液或1%甲维盐1 000倍液或灭幼脲3号500~1 000倍液加5%高效氯氢菊酯1 000倍液喷雾;或用50%辛硫磷1 000倍液喷雾,在8时前和18时后用药比较适宜。

十一、西瓜（甜瓜）病虫害综合防治历

（一）播种至苗期

主要防治对象：猝倒病、枯萎病、炭疽病。

主要防治措施：①立枯病、猝倒病。选择地势高、排灌好、未种过瓜类作物的田块，在刚出现病株时立即拔除，并喷洒杀菌剂，如立枯猝倒防死或络氨铜或地芽菌加上高能锌、高能硼、高能铁等，因这 3 种元素苗期易流失。②枯萎病、病毒病。农业防治，在无病植株上采种；实行与非瓜类、茄果类作物轮作；采用瓠瓜或南瓜作砧木进行嫁接。化学防治，发病初期用辛菌胺醋酸盐（5％菌毒清水剂）600 倍液或 80 亿地衣芽孢杆菌水剂 800 倍液或多抗霉素 800 倍液交替灌根，间隔 7～10 天喷 1 次，连续 2～3 次。③炭疽病、叶斑病。农业防治，实行与非瓜类、茄果类作物轮作，一般要间隔 3 年以上；播种前进行种子消毒，用 55 ℃温水浸种 15 分钟，或用 40％甲醛 100 倍液浸种 30 分钟，清水洗净后催芽或用西瓜专用地芽菌种子直接包衣下种。化学防治，发病初期用 72％硫酸链霉素 1 500～2 000 倍液或 25％酸式络氨铜 600 倍液或炭疽福美 500 倍液，连喷 2～3 次。

（二）成株期

主要防治对象：叶枯病、枯萎病、疫病、病毒病；瓜蚜、黄守瓜、潜叶蝇、蛞蝓、白粉虱。

主要防治措施：①叶枯病。用 80 亿单位地衣芽孢杆菌水剂 800 倍液或 25％络氨铜水剂 1 000 倍液或 45％代森铵 700～800 倍液或 28％井冈·多菌灵 800 倍液，常规喷雾，以上几种药液可交替使用，连喷 2～3 次。②疫病。在发病初期用 80 亿单位地衣芽孢杆菌水剂 800 倍液或 25％络氨铜水剂 1 000 倍液或 25％瑞毒霉 600 倍液或 40％疫霜灵 800 倍液或 75％百菌清 500 倍液，常规喷雾，连喷 2～3 次。③病毒病。农业防治，增施有机肥和磷、钾肥，加强栽培管理；并及时消除蚜虫，消灭传毒媒介。化学防治，初期用 20％吗胍·硫酸铜水剂 800～1 000 倍液喷施或 31％氮苷·吗啉胍

可溶性粉剂 1 000 倍液喷施，或 0.5％香菇多糖水剂 400～600 倍液喷施预防；成株期用 1.26％辛菌胺加高能锌等药剂配合多元素复合肥常规喷雾防治，间隔 7～10 天，一般喷 2～3 次。病毒病严重时用 20％吗胍·硫酸铜水剂 800～1 000 倍液喷施或 31％氮苷·吗啉胍可溶性粉剂 1 000 倍液喷施加高能锌胶囊连用 2 次，间隔 3 天，效果显著。④枯萎病。80 亿单位地衣芽孢杆菌水剂 800 倍液或 5％菌毒清 800～1 000 倍液叶面喷施，严重时加高能钙，把喷头去掉侧喷茎基根部，或 25％络氨铜水剂 1 000 倍液或 70％甲基托布津 1 000 倍液或农抗 120 水剂 100～150 倍液或 10％双效灵 300 倍液淋根。⑤瓜蚜。用 70％蚜螨净乳油 1 000～1 500 倍液或爱杀螨乳油 2 000～3 000 倍液，常规喷洒。⑥黄守瓜。农业防治，清晨露水未干时人工捕捉；在瓜秧根部附近覆一层麦壳、谷糠，防止成虫产卵，减少幼虫为害。化学防治，用 90％晶体敌百虫 800 倍液喷洒或 2 000 倍液灌根。⑦潜叶蝇。用斑潜·菌毒二合一每 667 平方米用 1 套，或 1.8％虫螨克 8 000 倍液或 80％敌敌畏乳油 2 000 倍液。⑧蛞蝓。农业防治，铲除田边杂草并撒上生石灰，减少滋生之地；提倡地膜栽培，以减轻危害；撒石灰带，每 667 平方米用石灰粉 5～10 千克。化学防治，用 0.5％阿维菌素或 8％灭蜗灵颗粒剂或 10％多聚乙醛颗粒剂，每平方米 1.5 克进行撒施。⑨白粉虱。用药要早，主攻点片发生阶段。用吡虫啉加米汤（3 勺）或 1.8％农克螨乳油 2 000 倍液或 20％灭扫利乳油 2 000 倍液或 70％克螨特乳油 2 000 倍液喷雾，喷雾时加米汤 200 毫升（2 勺）左右，有增效作用，隔 7～10 天喷 1 次。

十二、温棚黄瓜、番茄、辣椒病害综防技术

1. 选用抗病、耐病品种，做好种子处理，培育适龄壮苗

（1）因地制宜，选择品种 一般宜选用结果性好，早熟、耐低温、耐热的品种。

（2）做好种子处理

恒温处理种子：将阳光下晒干的种子，放在恒温箱进行干热处

理 48 小时，以消灭部分病毒和细菌。

温汤浸种：将种子放入干净容器中，稍放一点凉水泡 15 分钟之后，加入热水使水温达 55 ℃，浸种 20 分钟，期间不断搅拌，待水温降到 30 ℃时将种子捞出水，滤掉水膜，加入蔬菜种子专用地衣芽孢杆菌包衣剂包衣，晾 5 分钟后直接下种育苗。或 25％瑞毒霉 400 倍药液浸种 1 小时，再放到 30 ℃水中浸泡 1～1.5 小时，然后捞出催芽。

常温处理：浸种后，将种子晾至种皮无水膜，加入蔬菜种子专用地衣芽孢杆菌包衣剂包衣，晾 5 分钟后直接下种育苗。

（3）营养土配制与消毒　选用未种过瓜类的肥沃园土，加入充分发酵腐熟好的农家肥和马粪，各占 1/3，粉碎过筛，同时每平方米苗床用 5 千克毒土（1.8％的辛菌胺醋酸盐 5～8 克，或 25％酸式络氨铜 8～10 克拌细土）1/3 播前撒施，2/3 盖种，防治苗期猝倒病和立枯病。

（4）变温管理，培育抗病壮苗　播种后出苗前保持温度 25～30 ℃，80％出土后及时放风降温，白天 23～25 ℃，夜间 13～15 ℃；一叶一心时加大昼夜温差，白天 25～28 ℃，夜间可降至 12 ℃，增加养分积累，防止徒长，培育壮苗。或喷施 2.85％硝钠·萘乙酸水剂 1 000～1 500 倍液或芸薹素喷施。

2. 平衡施肥，提高土壤肥力，增强植株抗性

（1）增施有机肥，配施氮磷钾　一般每 667 平方米施优质有机肥 5 000 千克，过磷酸钙 100～150 千克，饼肥 300～500 千克，硫酸钾 40 千克，采用 1/3 量普施深翻，其余 2/3 集中施于畦底，以充分发挥肥效。

（2）巧施追肥，促使黄瓜稳健生长

小水灰：将 1 千克小灰（草木灰）加 14 千克清水浸泡 24 小时，淋出 10 千克澄清液，直接叶面喷洒，亦可结合防病用药喷洒。

糖钾尿醋水：用白糖、尿素、磷酸二氢钾、食醋各 0.4 千克，溶于 100 千克水中叶面喷洒，能促使叶片变厚，细胞变密，叶绿素含量提高，增强抗病能力，一般每 7 天一次。

巧施冲施肥：用以辛菌胺（5％菌毒清）为主的原生汁冲施肥，每 667 平方米 1～2 千克，用时可加优质尿素 10 千克撒施后浇水或直接冲施，苗期定植后一次，初花期一次，盛瓜期 1～2 次，间隔 15 天，可提质增产。

用细麦糠或麦麸 5～6 千克加水 50 千克浸泡 24 小时，取其澄清过滤液直接喷洒，并根据黄瓜需要配入一定量的高能硼、高能锌、高能铁、高能钼等微肥胶囊，或每样一粒一次喷施。一般喷 4～6 次，注意晴天多放风补充 CO_2，阴雨雪低温无法放风时增施 CO_2 能量神增温剂。

及时追肥，促秧苗壮、抗病，在追肥上本着"少吃多餐，两头少，中间多"的原则，做到及时合理，以开沟条施并及时覆土为宜；种类上以腐熟有机肥配合适量的氮磷钾化肥；时期上，当根瓜长到 10 厘米长以后，每株埋施充分腐熟的鸡粪或发酵好的饼肥 150～200 克，盛瓜期每 7～10 天每 667 平方米冲施 1 000 千克人粪稀或 20 千克硝酸铵＋15 千克硫酸钾，以满足黄瓜对肥料的需求。

3. 搞好温湿度管理，进行生态防治

（1）灌水　灌水实行膜下暗灌，有条件的可利用滴灌。冬季和早春灌水应在坏天气刚过、好天气刚开始的上午进行，浇水后应闭棚升温 1 小时，再放风排湿 3～4 小时，若棚内温度低于 25 ℃，就再关闭风口提高温度至 32 ℃，持续 1 小时，再大通风，夜间最低温度可降至 12～13 ℃，这样有利于排湿和减少当夜叶面上水膜的形成。

（2）温湿度调控　上午温度 28～32 ℃，不超过 35 ℃，即日出前排湿 1 小时，日出后充分利用阳光闭棚升温，超过 28 ℃开始放风，超过 32 ℃加大放风量，以不超过 35 ℃为宜。下午大通风温度降到 20～25 ℃，晚上，前半夜温度控制在 15～20 ℃，后半夜 10～13 ℃。

4. 重点防治和普遍防治相结合　一般情况下，以霜霉病、炭疽病、角斑病和真菌性叶斑类为主线，用药上分清主次，配合使用，尽量减少喷药次数。预防期夜里用 10％百菌清烟雾剂烟雾杀菌，标准棚室（高 2～2.8 米，跨 4 米以上）每 667 平方米用 200～300 克，严重时白天再用嘧霉·多菌灵加硫酸链霉素；霜霉病发生时采用 1.8％辛菌胺＋硫酸链霉素或用多抗霉素 25％络氨铜，可杀得或 DT 加瑞毒霉，炭疽病、叶斑病则选用 25％络氨铜或炭疽福镁或加新万生等，黑心病、根腐病等选用地芽菌灌根等防治。

温室蔬菜虫害防治：用 20％异丙威烟剂，标准棚室每 667 平方米用 200～300 克烟雾杀虫，省工省时，杀虫彻底，根结线虫或地蛆用根结线虫二合一每 667 平方米用量 1～2 套。

温室番茄与黄瓜基本相同，其不同点如下：

番茄苗期易得菌核病、烂根死棵病，农家肥、有机肥施入后先浇水再整地移栽定植，不要先定植再浇水，以免浇水时肥料放热烧根造成死棵。

脐腐、筋腐、裂果、褐腐果等。农业防治增施钙肥，但氯化钙不能过量，氯离子过量会更加腐烂。用药防治：25％络氨铜 30 克加高能钙 1 粒、高能钾 1 粒、高能硼 1 粒，对水 15 千克叶喷，或用 3％多抗霉素可湿粉剂 50 克加高能钙 1 粒、高能硼 1 粒，对水 15 千克叶喷。

棚室番茄易发生灰霉、叶霉、煤霉病，该病一般在棚温 23 ℃左右易发生，农业防治效果不明显。用药防治：用 3％多抗霉素可湿粉剂 50 克加高能锌 1 粒、高能硼 1 粒，对水 15 千克喷 施反正面，间隔 3 天连喷 2 次；或用 10％百菌清烟剂遇到这样温度提前一天夜里熏烟。

棚室辣椒参照黄瓜与番茄，不同之处是易发生褐斑病、褐点落叶、落花。农业防治效果不明显。用药防治：25％络氨铜 30 克加治三落 20 克、加高能锌 1 粒、加高能钾 1 粒、加高能硼 1 粒，对水 15 千克叶喷；或用 3％多抗霉素可湿粉剂 50 克加防落素、加高能钙 1 粒、加高能硼 1 粒，对水 15 千克叶面喷施。

十三、主要叶菜类作物病虫害防治历

（一）甘蓝病虫害综合防治历

1. 菌核病防治 发病初期及时喷药保护，喷洒部位重点是茎基部、老叶和地面。主要药剂有：80 亿单位地衣芽孢杆菌 800 倍液，72％硫酸链霉素可湿性粉剂 2 000 倍液，5％菌核防死灵水剂 800～1 000 倍液，以上 3 种药剂每 7～10 天喷 1 次，交替使用，连喷 2～3 次。

2. 霜霉病防治 ①农业防治，选用抗病品种；与非十字花科蔬菜隔年轮作；合理施肥，及时追肥。②药剂防治，在发病初期喷药，用 30％嘧霉·多菌灵 800 倍液，3％多抗霉素 1 000 倍液，或 10％百菌清 500 倍液，或 1∶2∶400 倍波尔多液，每 5～7 天喷 1 次，共喷 2～3 次。

3. 黑腐病防治 ①种子消毒，用 50 ℃温水浸种 20～30 分钟，或用 45％代森铵水剂 200 倍液浸种 15 分钟。②与非十字花科作物实行 1～2 年轮作；及时消除病残体和防治害虫。③在发病初期喷 72％硫酸链霉素 4 000～6 000 倍液，每隔 7～10 天喷 1 次，连喷 2～3 次。

4. 菜蛾防治 ①农业防治，在成虫期利用黑光灯诱杀成虫。②生物药防治，0.5％阿维菌素 800～1 000 倍液或 1％甲维盐 1 000～2 000倍液或用 Bt 制剂每 667 平方米 200～250 克，加水常规喷雾，将药液喷洒在叶背面和心叶上。③化学药剂防治，用菊酯类药剂 2 000 倍液喷雾。

5. 菜粉蝶防治 ①生物药防治，在三龄前用苏云金杆菌、0.5％阿维菌素 800～1 000 倍液或 1％甲维盐 1 000～2 000 倍液或 Bt 乳剂喷雾。②化学药剂防治，在卵高峰后 7～10 天喷药，选用药剂有敌百虫、敌敌畏、辛硫磷、灭幼脲 1 号、灭幼脲 3 号等。

6. 蚜虫防治 用 50％抗蚜威可湿性粉剂 2 000 倍液，如蚜量较大时，加 3 勺米汤（250 毫升米汤，勿有米粒以免堵塞喷雾器眼），可连喷 2～3 次。

（二）早熟大白菜病虫害综合防治历

早熟大白菜主要病害是软腐病和霜霉病。病害防治上以防为主。从出苗开始，每 7～10 天喷 1 次杀菌剂：辛菌胺（又叫 5％菌毒清）水剂 800 倍液或 80 亿单位地衣芽孢杆菌 1 000 倍液或 25％

络氨铜（酸式有机铜）800 倍液，严重时加高能钙胶囊喷施。若发现软腐病株及时拔除，病穴用生石灰处理灭菌。虫害主要是以菜青虫、小菜蛾和蚜虫为主。防治上应抓一个"早"字，及时用药，0.5％阿维菌素 800～1 000 倍液或 1％甲维盐 1 000～2 000 倍液喷施，把虫害消灭在三龄以前。收获前 10 天停止用药。

（三）花椰菜病虫害防治历

花椰菜病虫害防治主要是育苗期病虫害防治。育苗期正值高温多雨季节，极易感染猝倒病、立枯病、病毒病、霜霉病、炭疽病、黑腐病等病害。为防止感病死苗，齐苗后要立即用 2.85％硝钠·萘乙酸 1 000～1 500 倍液或 1.8％复硝酚钠（快丰收）水剂 1 000～1 500 倍液或 25％络氨铜（酸式有机铜）水剂 800 倍液喷洒苗床。定苗后用 20％吗胍·硫酸铜水剂 800 倍液、80 亿地衣芽孢杆菌 1 000 倍液，或病毒 A、72％硫酸链霉素、驱疫、3％多抗霉素 800～1 200 倍液进行叶片喷雾，每 7～10 天 1 次，轮流使用。虫害主要是菜青虫、小菜蛾、蚜虫等。一般用 0.5％阿维菌素 800～1 000 倍液或 1％甲维盐 1 000～2 000 倍液喷施，把虫害消灭在三龄以前。

十四、麦套番茄病害防治历

（一）育苗播种期（3 月中上旬）

主要防治对象：猝倒病、立枯病、早疫病、溃疡病、青枯病、病毒病；地下害虫。

主要防治措施：病害防治：①选用抗病品种。②药剂处理苗床：用根根富可湿性粉剂每平方米 9～10 克或 40％拌种双粉剂每平方米 8 克加细土 4.5 千克拌匀制成药土，播前一次浇透水，待水渗下后，取 1/3 药土撒在苗床上，播上种子后，再把余下的 2/3 药土覆盖在上面。③种子消毒：一是温汤浸种：将种子在 30 ℃清水中浸 15～20 分钟后，加热水至水温 50～55 ℃，再浸 15～20 分钟后，加凉水至 25～30 ℃，再浸 4～6 小时，可杀死多种病菌。二是福尔马林浸种：将温汤浸过的种子晾去水分，放在 1％的福尔马林溶液中浸 15～20 分钟，捞出用湿布包好闷 2～3 小时，再用清水洗净，可预防早疫病。三是高锰酸钾浸种：将种子放在 1％高锰酸钾溶液中浸 15～20 分钟后，捞出用清水洗净，或直接用 80 亿单位地衣芽孢杆菌叶菜专用包衣剂包衣，既安全又省工省时，可预防溃疡病等细菌性病害及花叶病毒病。地下害虫防治：用 0.5 千克辛硫磷对水 4 千克拌炒香麦麸 25 千克制成毒饵，均匀撒于苗床上。

(二) 苗期 (3 月下旬至 5 月下旬)

主要防治对象：猝倒病、立枯病、早疫病、溃疡病；地老虎。

主要防治措施：①猝倒病：用 25％酸性络氨铜 1 000 倍液或 50％敌磺钠可湿性粉剂 1 000 倍液喷施或 75％百菌清可湿性粉剂 600 倍液叶面喷雾。立枯病：5％立枯猝倒防死水剂 800 倍液喷施或用 80 亿单位地衣芽孢杆菌水剂 800 倍液喷匀为度，或用 28％井冈·多菌灵悬浮剂 800～1 000 倍液均匀喷施。猝倒病、立枯病混合发生时可用辛菌胺（又名 5％菌毒清）水剂加 80 亿单位地衣芽孢杆菌水剂 800 倍液喷匀为度，严重时若红根红斑加高能钾，若黑根加高能钙，若黄叶加高能铁，若卷叶加高能锌，或 72.2％普力克水剂 800 倍液防治。②早疫病：发病前开始喷用 25％络氨铜水剂（酸性有机铜）800 倍液，或用 80 亿单位地衣芽孢杆菌水剂 800 倍液，或 80％喷克可湿性粉剂 600 倍液，或 50％扑海因 1 000 倍液，或 10％百菌清 600 倍液防治。③溃疡病：严格检疫，发现病株及时根除，全田喷洒用 1.8％辛菌胺水剂 1 000 倍液，或 80 亿单位地衣芽孢杆菌水剂 800 倍液，或用 72％硫酸链霉素水剂 1 000～1 500 倍液，或用 25％络氨铜水剂（酸性有机铜）800 倍液；或用 50％琥胶肥酸铜可湿性粉剂 500 倍液防治。④地老虎：用 90％晶体敌百虫 250 克拌切碎菜叶 30 千克加炒香麦麸 1 千克，拌匀制成毒饵撒于行间，诱杀幼虫。

(三) 开花坐果期 (6 月上旬至 7 月上旬)

主要防治对象：早疫病、晚疫病、茎基腐病、枯萎病、斑枯病、病毒病、棉铃虫、烟青虫。

主要防治措施：①早疫病：同上一部分。②晚疫病：在发病初期喷洒 25％络氨铜水剂（酸性有机铜）800 倍液，或用辛菌胺（又名 5％菌毒清）水剂 1 000 倍液，72.2％普力克水剂 800 倍液，72％克露可湿性粉剂 500～600 倍液，严重时加高能钙胶囊 1 粒防治。③茎基腐病：在发病初期喷洒 50％敌磺钠可湿性粉剂 1 000 倍液，或基腐康 800 倍液，或 23％络氨铜水剂（酸性有机铜）800 倍液，或 20％甲基立枯磷乳油 1 200 倍液，也可在病部涂五氯硝基苯粉剂 200 倍液加 50％福美双可湿性粉剂 200 倍液。④枯萎病：发病初期喷用 80 亿单位地衣芽孢杆菌水剂 1 000 倍液灌根或用 28％井冈灌根，每株灌 100 毫升。⑤斑枯病：发病初期用 25％络氨铜水剂（酸性有机铜）800 倍液，或 10％百菌清可湿性粉剂 500 倍液。⑥病毒病：发病初期喷洒 20％吗胍·硫酸铜水剂 1 000 倍液，或香菇多糖水剂，或 31％氮苷·吗啉胍可溶性粉剂 800～1 000 倍液，或 20％病毒 A 可湿性粉剂 500 倍液，或 5％菌毒清水剂 400 倍液，严重时加高能锌胶囊 1 粒。同时注意早期防蚜，消灭传毒媒介，尤其在高温干旱年份更要注意用时喷药防治蚜虫，预防烟草花叶病毒侵染。⑦棉铃虫：农业措施：结合整枝打顶和打杈，有效减少卵量，同时及时摘除虫果；在番茄行间适量种植生育期与棉铃虫成虫产卵期吻合的玉米诱集带。生物防治：卵高峰后 3～4 天及 6～8 天连续两次喷洒 Bt 乳剂或棉铃虫核型多角体病毒。化学防治：卵孵化期至二龄幼虫盛期用 0.5％阿维菌素乳油 800～1 000 倍液，或用 1％甲维盐乳油 1 000～1 500 倍液，或 4.5％高效氯氰菊酯 1 000 倍液，或 2.5％功夫乳油 5 000 倍液，或 10％菊马乳油 1 500 倍液防治。⑧烟青虫：化学防治，同棉铃虫。

（四）结果期到收果（7 月中旬至 10 月上旬）

主要防治对象：灰霉病、叶霉病、煤霉病、斑枯病、芝麻斑病、斑点病、灰叶斑病、灰斑病、茎枯病、黑斑病、白粉病、炭疽病、绵腐病、绵疫病、软腐病、疮痂病、青枯病、黄萎病、病毒病、脐腐病、棉铃虫、甜菜夜蛾。

主要防治措施：①灰霉病、叶霉病、煤霉病：于发病初期喷用 25％络氨铜水剂（酸性有机铜）800 倍液，或用 72％硫酸链霉素水剂 1 000～1 500 倍液，或用 3％多抗霉素 500 倍液，或 80 亿单位地衣芽孢杆菌水剂 600 倍液或 50％速克灵可湿性粉剂 2 000 倍液，或 50％扑海因可湿性粉剂 1 500 倍液，或 2％武夷菌素水剂 150 倍液，或 30％嘧霉·多菌灵悬浮剂 800～1 000 倍液，均匀喷施。以上几种药剂交替施用，隔 7～10 天 1 次，共 3～4 次。②斑枯病、芝麻斑病、斑点病、灰叶斑病、灰斑病、茎枯病、黑斑病：于发病初期喷用 25％络氨铜水剂（酸性有机铜）800 倍液，或 10％百菌清可湿性粉剂 500 倍液，50％扑海因可湿性粉剂 1 000～1 500 倍液。③白粉病：用 12.5％烯唑醇可湿性粉剂 20 克对水 15 千克，正反叶面喷施。用 10％白粉斑清 30 克对水 15 千克叶面喷施，或用 2％武夷菌素水剂或农抗 120 水剂 150 倍液正反叶面喷雾防治。④炭疽病：用 1.8％辛菌胺水剂 1 000 倍液，或用 80 亿单位地衣芽孢杆菌水剂 800 倍液，或 80％炭疽福美可湿性粉剂 800 倍液，或 10％百菌清可湿性粉剂 500 倍液喷雾防治。⑤绵腐病：绵疫病于发病初期喷用 25％络氨铜水剂（酸性有机铜）800 倍液，或用 1.8％辛菌胺水剂 1 000 倍液，或用 72.2％普力克水剂 500 倍液进行防治。⑥软腐病、疮痂病、溃疡病等细菌性病害：于发病初期喷硫酸链霉素或 72％农用链霉素 4 000 倍液，或 25％络氨铜水剂（酸性有机铜）800 倍液，或 50％DT 可湿性粉剂 400 倍液，7～10 天 1 次，防 2～3 次。⑦青枯病：细菌性病害，可用以上药液灌根，每株灌药液 0.3～0.5 升，隔 10 天 1 次，连灌 2～3 次。⑧黄萎病（又叫根腐病）：发病初期喷洒用 80 亿单位地衣芽孢杆菌水剂 800 倍液，同时把喷头去掉用喷杆淋根；或用 5％菌毒清水剂 1 000 倍液喷施，隔 10 天 1 次，连喷 2～3 次；或用 50％DT 可湿性粉剂 350 倍液，每株药液 0.5 升灌根，隔 7 天 1 次，连灌 2～3 次。⑨脐腐病：属缺钙引起的一种生理性病害。首先应选用抗病品种，其次要采用配方施肥，根外喷施钙肥，在定植后 15 天喷施 80 亿单位地衣芽孢杆菌水剂 800 倍液加高能钙胶囊 1 粒，或用脐腐筋腐裂果灵或 0.2％脐腐灵 1 号或脐腐宁；坐果后 1 月内喷洒 1％的过磷酸钙澄清液或精制钙胶囊或专用补钙剂等。⑩甜菜夜蛾：黑光灯诱杀成虫：春季

3～4月清除杂草，消灭杂草上的初龄幼虫。药剂防治：用0.5%阿维菌素乳油800～1 000倍液均匀喷施，或用1%甲维盐乳油1 000～1 500倍液喷施，10%氯氰菊酯乳油1 500倍液或灭幼脲1号及灭幼脲3号制剂500～1 000倍液，常规喷雾防治。

十五、三樱椒病虫害防治历

（一）播种及发芽期（2月下旬至3月上旬）

主要防治对象：炭疽病、斑点病、疮痂病、青枯病、病毒病、地下害虫。

主要防治措施：防治病害：①选种、晒种、浸种。将选好的优质种子暴晒2～3天，用30～40℃温水浸种8～12小时。②种子消毒：将浸过的种子晾去水分，再用福尔马林300倍液处理15分钟或用0.3%的高锰酸钾溶液处理10～20分钟或用退菌特600倍液处理15～20分钟，可有效预防炭疽病、斑点病、疮痂病；然后用辛菌胺1 000倍液喷10～20分钟或1%的硫酸铜溶液处理5分钟或10%磷酸三钠溶液处理15～20分钟，或直接用80亿单位地衣芽孢辣椒专用包衣剂倒在选好的种子上按1：80药种比拌种包衣可预防青枯病、病毒病。③苗床消毒：用1.8%辛菌胺（菌毒清）600倍液，或用地芽菌500倍液喷匀或泼洒；或按面积每平方米分别用54.5%恶霉福5～10克和50%氯溴异氰尿酸5～10克，加细土1千克混匀，撒到床面上，然后再浇水、撒种、覆土。地下害虫防治，用0.5千克辛硫磷拌麦麸25千克撒于苗床上。

（二）苗期（3月上旬至5月中旬）

主要防治对象：猝倒病、立枯病、卷叶病毒病、炭疽病；蚜虫、红蜘蛛、地老虎、地下害虫。

主要防治措施：①农业防治，注意通风透光，增加土壤通透性，提高地温，也可在苗床上撒草木灰。②化学防治，用25%络氨铜水剂（酸性有机铜）800倍液，或用80亿单位地衣芽孢杆菌水剂800倍液，或10%百菌清500倍液，或50%敌磺钠可湿性粉剂1 000倍液喷施，防治猝倒病、立枯病、炭疽病。用28%吗胍·

硫酸铜水剂 800 倍液均匀喷施防治卷叶、小叶病毒病。防治蚜虫、红蜘蛛可用蚜螨净或敌蚜灵等。防治地老虎在定植后用 90％晶体敌百虫 250 克对水 2.5 千克拌切碎菜叶 30 千克＋麸皮 1 千克拌匀制成毒饵。防治地下害虫仍可用辛硫磷拌麦麸制成毒饵。

（三）开花坐果期（5 月下旬至 7 月底）

主要防治对象：炭疽病、褐斑落叶症、青枯病、落花症；蚜虫、红蜘蛛、玉米螟。

主要防治措施：①农业防治，增施有机肥和磷、钾肥，加强田间管理，培育抗病健株，增加抗逆性。②化学防治，用 25％络氨铜水剂（酸性有机铜）30 克加 1.4％治三落 30 克对水 15 千克，或用 80 亿单位地衣芽孢杆菌加 1.4％治三落水剂，预防治疗炭疽病、褐斑落叶症、青枯病、落花症。75％百菌清 800 倍或 45％代森铵 800 倍液防治炭疽病。抗枯宁 500 倍液喷施防治青枯病。用抗蚜威、虫螨克、蚜螨净等防治蚜虫、红蜘蛛。用 25％辉丰菊酯 1 000～1 500 倍液防治玉米螟。

（四）结果期（8 月至收获）

主要防治对象：病毒病、枯萎病、疮痂病、炭疽病、青枯病、绵疫病、软腐病；棉铃虫、玉米螟、甜菜夜蛾、烟青虫。

主要防治措施：①防治病毒病。前期用 20％吗胍·硫酸铜水剂 1 000 倍液，或用 0.5％香菇多糖水剂 400 倍液，或 20％病毒 A 或 0.3％的高锰酸钾或植病灵等药液喷洒；中后期用病毒灵等药剂，严重时加高能锌胶囊 1 粒或多元素复合肥常规喷雾。②防治枯萎病。农业防治，增施有机肥和磷、钾肥，防止田间积水。化学防治，发病初期喷用 80 亿单位地衣芽孢杆菌水剂 800 倍液，或用 1.8％辛菌胺水剂 1 000 倍液，或 25％百克乳油 1 500 倍液喷施，7～10 天 1 次，连喷 2～3 次；或用 25％络氨铜水剂灌根，连灌 2～3 次；也可用 DT 杀菌剂 600 倍液或 300 倍农抗 120 液灌根。③防治疮痂病。用 72％硫酸链霉素水剂 1 000～1 500 倍液，或用农用链霉素 200 单位，或 45％代森铵 500 倍液，或 25％络氨铜 800 倍液，或 77％可杀得、DT 杀菌剂 600～800 倍液喷洒；发病初期也可喷 1∶0.5∶200 的波尔多液。④防治青枯病。用 72%硫酸链霉素水剂 1 000~1 500 倍液，或用 72%农用链霉素 4 000 倍液、25%络氨铜 800 倍液、77%椒病清 500 倍液轮换喷雾，7~8 天 1 次，连喷 2~3 次；或 300 倍液农抗 120 灌根每穴 200 毫升。⑤防治绵疫病。用 25%络氨铜水剂（酸性有机铜）800 倍液，或在降雨或浇水前喷 1∶2∶200 倍的波尔多液；或 45%代森铵水剂 800 倍液或 77%椒病清 600 倍液。⑥防治软腐病。软腐病多因钙、硼元素流失而侵染，用 80 亿单位地衣芽孢杆菌水剂 800 倍液加高能钙喷匀喷施，或用 72%硫酸链霉素水剂 1 000~1 500 倍液加高能钙、高能硼各 1 粒喷匀喷施，常规喷雾 5 天 1 次，连喷 2~3 次。⑦防治棉铃虫、烟青虫。农业防治，用杨树、柳树枝把，黑光灯，玉米诱集带，性诱剂等诱杀成虫。生物防治，在卵盛期每 667 平方米用 Bt 250 毫升或 NPV 病毒杀虫剂 80~100 克对水 30~40 千克喷雾。化学防治，用 50%辛硫磷乳剂 2 000 倍液或 25%辉丰菊酯 1 500 倍液，或高效氯氰菊酯 1 200 倍液，或快杀灵 1 000 倍液，或灭杀铃、杀铃王 1 000~1 500 倍液喷雾防治。⑧甜菜夜蛾。农业防治，该虫对黑光趋性较强，可用黑光灯诱杀成虫。化学防治，用 0.5%阿维菌素乳油 800~1 000 倍液，或用 1%甲维盐乳油 1 000~1 500 倍液，或米满 2 000~3 000 倍液等在三龄幼虫前喷药防治。

十六、大葱病虫害防治历

大葱病虫害的防治，必须要求及时有效。大葱是叶菜类蔬菜，多用于鲜食或炒食，因此，使用农药必须严格选用高效低毒低残留品种，严格控制使用药量，尤其是采收前两周多数杀虫杀菌剂应停止使用。由于大葱生育期较长，地下害虫较难防治，目前农药残留超标现象较严重，已成为优先解决的核心问题。

1. 病原物侵染引起的病害 大葱猝倒病、大葱立枯病、大葱紫斑病、大葱霜霉病、大葱灰霉病、大葱锈病、大葱黑斑病、大葱褐斑病、大葱小菌核病、大葱白腐病、大葱软腐病、大葱疫病、大葱白色疫病、大葱黄矮病、大葱叶枯病、大葱叶霉病、大葱叶腐病、大葱黑粉病、大葱线虫病。

2. 非侵染性病害 沤根、大葱叶尖干枯症、大葱营养元素缺乏症。

3. 虫害 蛴螬、蝼蛄、金针虫、葱蝇、葱蓟马、葱斑潜蝇、种蝇、蒜蝇、甜菜夜蛾、斜纹夜蛾。

4. 大葱病虫害综合防治

（1）农业防治 依据病虫、大葱、环境条件三者之间的关系，结合整个农事操作过程中的土、肥、水、种、密、管、工等一系列农业技术措施，有目的地改变某些环境条件，使之不利于病虫害发生，而有利于大葱的生长发育；或者直接或间接消灭或减少病原虫源，达到防害增产的目的。

合理轮作：采取与非葱属作物3～4年轮作，能够改善土壤中微生物区系组成；促进根际微生物群体变化，改善土壤理化性状，平衡恢复土壤养分，提高土壤供肥能力，促进大葱健壮生长而防病防虫。

清洁田园：拔除田间病株，消灭病虫发生中心，清除田间病残组织及卵片，施用腐熟洁净的有机肥，减少田间病虫源的数量。尤其降低越冬病虫量，从而能有效地防治或减缓病虫害的流行。

选用抗病品种：在品种方面，一般以辣味浓、蜡粉厚，组织充实品种类型较抗病或耐病，如抗病抗风性好的章丘气煞风，对霜霉病、紫斑病、灰霉病抗性较强的三叶齐、五叶齐、鸡腿葱等，以及生长快、丰产性好的章丘大梧桐等品种。

培育选用无病壮苗：加强种子田病虫害的防治，控制种子带病。加强育苗田病虫防治工作，采取综合措施促发壮苗，移栽时认真剔除弱苗、病苗和残苗。

改进栽培技术：创造适合于葱生长发育的条件，协调植株个体发育，增强抗病抗虫抗逆能力，加深土壤耕层，活化土壤，综合运用现有的农业措施，采用先进化学手段实施壮株抗虫抗病栽培，从而达到栽培防病、防虫的目的。

加强田间管理：合理施肥，重施基肥，增施磷钾肥，避免偏施氮肥，适当密植，合理灌溉，加强中耕，提高葱抗逆能力。同时，采用叶面喷肥，补施微肥，应用激素等措施，促进大葱稳健生长，协调养分供应，从而达到延迟病虫发生，躲避病虫侵害，减轻病虫危害的目的。

（2）化学防治 播种期土壤处理，苗畦整好后，在畦内撒辛硫磷（按说明书使用），药土混匀后浇水播种。用80亿单位地芽菌葱类专用种子包衣剂包衣，按药种比1∶100包衣，或种子消毒用50℃温水浸种15分钟或用50％多菌灵可湿性粉剂300倍液拌种后用播种。

苗期：防治葱蓟马、潜叶蝇：用斑潜菌毒二合一既治虫又治病，用菊酯类杀虫剂或用0.5％阿维菌素乳油800～1 000倍液均匀喷施，或用1％甲维盐乳油1 000～1 500倍液与80％敌敌畏乳剂800倍混合液，或50％辛硫磷1000倍液与菊酯类2000倍液混配喷施，每5～7天喷1次，连喷4～5次，每667平方米每次喷药40～50千克。防治葱蛆用0.5％阿维菌素乳油800～1 000倍液或80％敌敌畏800倍液灌根。若有猝倒、根腐、干尖等病害，则采用25％络氨铜水剂（酸性有机铜）800倍液，或用大葱克菌王，或用80亿单位地衣芽孢杆菌水剂800倍液，或64％杀毒矾可湿性粉剂400倍液，或70％大生可湿性粉剂300倍液喷施。

成株期：定植前葱沟内底每667平方米施3％辛硫磷颗粒剂4千克，栽植前用90％敌百虫500倍液蘸根，防治地下害虫及蓟马、葱蛆。防治成株期病害：选用20％吗胍·硫酸铜水剂1 000倍液，或用辛菌胺水剂1 000倍液，或用25％络氨铜水剂（酸性有机铜）800倍液喷匀喷施，或用70％代森锰锌或代森锌可湿性粉剂350倍液，轮换交替使用，每5～7天1次，连喷2～3次，每次用药液50～60千克。一旦灰霉病严重发生则采用30％嘧霉·多菌灵悬浮剂800～1 000倍液均匀喷施。霜霉病则采用3％多抗霉素可湿性粉剂800倍液，或58％瑞毒锰锌400倍液，或72％克露500倍液防治。紫斑、黑斑等病严重则采用25％络氨铜水剂（酸性有机铜）500倍液，或50％扑海因配70％大生混合液喷治。防治叶部害虫用药同苗期，以5～7天1次为宜。

十七、大蒜病虫害防治历

1. 大蒜真菌性病害 大蒜叶枯病、大蒜锈病、大蒜大煤斑病、大蒜灰叶斑病、大蒜紫斑病、大蒜灰霉病、大蒜疫病、大蒜叶疫病、大蒜白腐病、大蒜菌核病、大蒜干腐病、大蒜黑头病、大蒜贮藏期灰霉病和青霉病、大蒜贮藏期红腐病。

2. 大蒜细菌性病害 大蒜细菌性软腐病。用25％络氨铜水剂（酸性有机铜）800倍液，或72％硫酸链霉素水剂1 000～1 500倍液，或20％叶枯唑可湿性粉剂（叶枯唑只能用在大葱、大蒜、韭菜上，不能用在黄瓜、番茄、辣椒上，易过敏）1 000倍液喷施。

3. 大蒜病毒性病害 大蒜花叶病毒病、大蒜褪绿条斑病毒病。用20％叶枯唑可湿性粉剂1 000倍液喷施，或用1.8％辛菌胺醋酸盐水剂1 000倍液，或31％氮苷·吗啉胍可溶性粉剂800～1 000倍液均匀喷施。

4. 大蒜生理性病害 大蒜黄叶和干尖。用大蒜王中王或大蒜叶枯宁或大蒜黄叶病毒灵防治。或根据大蒜表现症状：若红点紫斑紫锈红纹加高能钾胶囊，若白点白斑加高能铜胶囊，若黄点黄斑加高能锰胶囊，若心叶发皱发黄加高能锌胶囊，若根部发烂加高能硼胶囊，若蒜头黑斑黄斑加高能钙胶囊。

5. 大蒜虫害 危害大蒜的地下害虫有蝼蛄、蛴螬、金针虫、葱蝇、种蝇、韭蛆等，尤其以葱蝇、种蝇、韭蛆为重；叶部害虫以蓟马、蚜虫为重。

6. 大蒜病虫害综合防治

（1）农业防治 选用优良品种和脱毒蒜种，选用瓣大、无虫无病斑的蒜瓣作种用，并在播种前一天用用20％吗胍·硫酸铜水剂1 000倍液或80亿单位地衣芽孢杆菌水剂800倍液、或50％扑海因1 500倍液、50％速克灵可湿性粉剂1 500倍液浸种5小时，晾干待播。

增施有机肥，每 667 平方米施 5 000 千克以上优质腐熟有机肥，并配施普钙 50 千克、硫酸钾 15 千克、尿素 10 千克，精细整地，同时每 667 平方米施 3%辛硫磷颗粒剂 2 千克或 2.5%虱螨灵可湿性粉剂 3～4 千克。

科学追肥，适时灌水。大蒜烂母期及时追 5%原生汁冲施肥每 667 平方米用 1 千克加尿素 15 千克冲施或撒施并浇水，每 667 平方米追施腐熟饼肥 200 千克左右。花茎抽出前 10～15 天，及时追肥浇水，以每 667 平方米施硫酸铵 20～25 千克为宜，连追 2 次。鳞茎膨大期用 2.85%萘乙·硝钠水剂 800～1 000 倍液均匀喷施，并适当追肥 15～20 千克。

适时喷施微肥，高能锌、高能铁、高能锰、高能硼、高能铜，或 0.004%芸薹素内酯水剂 800～1 000 倍液喷匀喷施，提高植株抗性。据试验，在大蒜 9 叶和 12 叶期各喷 1 次用 2.85%萘乙·硝钠水剂 800～1 000 倍液均匀喷施，可提高大蒜产量 25%；各喷 1 次叶面肥：VB 植物液可分别提高产量 22.6%和 19.6%，并可显著减轻病毒病的发生，提高植株抗逆能力。

（2）虫害防治　主要以葱蝇、种蝇、韭蛆为主，另有蓟马、蚜虫等。4 月中旬左右幼虫危害期用 5%菊酯杀虫剂 1 000 倍液或 5.5%阿维·菌毒二合一每 667 平方米用 1～2 套喷施或灌根，杀死蛀入基秆组织内的幼虫；成虫孵化盛期每隔 10 天喷 50%菊马乳油 1 000 倍液，喷洒植株叶面及地表。植株周围土隙中的地上蓟马，根据发生情况和发生量采用 40%菊马乳油 800 倍或 37.5%氯马乳油 1 000 倍液进行喷杀，每 5～7 天 1 次。

（3）病害防治　主要以大蒜叶枯病、病毒病和锈病为主，洞察病害发生初期，采用复配用药，进行主治和兼治预防等措施，把病害控制在初发阶段。选用农药有 20%叶枯唑可湿性粉剂 1 000 倍液，80 亿单位地衣芽孢杆菌水剂 800 倍液，20%呋胍·硫酸铜水剂 1 000 倍液，或 50%扑海因 800 倍液、50%速克灵 1 000 倍液、70%乙磷锰 500 倍液、75%百菌清 800 倍液等药剂轮换复配应用。

十八、韭菜病虫害防治历

韭菜也是一种生期较长的蔬菜，且地下虫害较重，也很顽固，目前生产中也易出现农药残留超标现象，也应放在突出位置加以解决。

1. 韭菜真菌性病害　韭菜茎枯病、韭菜锈病、韭菜黑斑病、韭菜灰霉病、韭菜疫病、韭菜白绢病、韭菜菌核病。

2. 韭菜细菌性病害　韭菜软腐病用25%络氨铜水剂（酸性有机铜）800倍液，或用80亿单位地衣芽孢杆菌水剂800倍液，或用3%多抗霉素水剂1 000倍液喷匀为度。

3. 韭菜病毒性病害　韭菜病毒病用20%吗胍·硫酸铜水剂1 000倍液或用0.5%香菇多糖水剂600倍液均匀喷施。

4. 韭菜生理性病害　韭菜低温冷害、韭菜黄叶和干尖，根据症状用1.8%辛菌胺水剂1 000倍液配合施用，若红斑红纹加高能钾胶囊，若白点白斑加高能铜胶囊，若黄点黄斑加高能锰胶囊，若心叶发皱发黄弯钩加高能锌胶囊，若根部发烂加高能硼胶囊，若韭根黑烂黄斑加高能钙胶囊。

5. 韭菜虫害　危害韭菜的主要害虫有韭菜蛾和韭菜迟眼蕈蚊（韭蛆，俗称黑头蛆）等。用菊酯类杀虫乳油常量加50%敌百虫800～1 000倍液均匀喷施，或用1%甲维盐乳油1 000～1 500倍液淋根喷施。严重时用0.5%阿维50克加上50%敌百虫50克对水15千克淋根。或用70%吡杀单50克对水15千克，效果显著。

6. 韭菜病虫害综合防治

（1）韭菜生理性病害防治　韭菜虽属耐寒蔬菜，遇过低的温度时，也会遭受冷害。当温度在−4～−2℃时，叶尖先变白而后枯黄，整个叶片垂萎，温度在−7～−6℃时，全部叶片变黄枯死。保护地韭菜在−2～0℃时即可受冷害。韭菜低温冷害多发生于保护地栽培，防治措施一是提高棚室温度，保持15～20℃，防止冷空气侵袭。二是控制浇水量，保持土壤湿润。三是施足腐熟的有机肥，促进健壮生长并提高地温，防止冷害。四是喷施植物或植物防冻剂，或营养剂 VB 植物液，增加韭菜的耐寒能力。

韭菜黄叶和干尖主要有以下几种原因：一是长期大量施用粪肥或生理酸性肥料，导致土壤酸化而致韭菜叶片生长缓慢、细弱或外叶枯黄。二是保护地盖膜前大量施入氮肥加上土壤酸化严重，往往造成氨气积累和亚硝酸积累，分别导致先叶尖枯萎，后叶尖逐渐变褐变白枯死。三是当棚温高于 35 ℃持续时间较长时，也能导致叶尖变黄变白。四是连阴天骤晴或高温后冷空气侵入则叶尖枯黄。五是硼素过剩可使叶尖干枯；锰过剩可致嫩叶轻微黄化，外部叶片黄化枯死；缺硼引起中心叶黄化发烂，生理受阻；缺钙时心叶黄化根发黑，部分叶尖枯死；缺镁引起外部叶黄化枯死；缺锌中心叶变黄黄化发皱。六是土壤中水分不足常引起干尖。其防治措施是首先选用抗逆性强、吸肥力强品种，增施腐熟的有机肥，采用配方施肥技术，叶面喷施光合液肥、复合微肥等营养剂。其次，加强棚室管理，遇高温要及时放风、浇水，防止烧叶发生，遇低温则采取保护措施，防止寒流扑苗。

（2）韭菜病害防治　韭菜真菌性病害以灰霉病为主，特别是保护地生产更为普遍。防治措施：第一，控温、降湿、适时通风，掌握相对湿度在 75％以下。第二，注意清除病残体。韭菜收割后，及时清除病残体，将病叶、病株深埋或烧毁。第三，应用药剂防治。喷雾：在韭菜每次收割后，及时选用 80 亿单位地衣芽孢杆菌对水 500 倍液均喷地面。发病初期可选用 3％多抗霉素或 50％速克灵或 50％扑海因可湿性粉剂 800 倍液喷施，重点喷施叶片及周围土壤。烟雾：棚室可用 10％速克灵烟剂或 10％百菌清烟剂，每 667 平方米 250 克分放 6～8 个点，用暗火点燃，熏蒸 3～4 小时。粉尘：于傍晚喷撒 10％杀霉灵或 5％百菌清粉尘剂，每 667 平方米每次 1 千克，9～10 天 1 次。有软腐病发生时可加入 72％农用硫酸链霉素可溶性粉剂 3 000 倍液，或新植霉素 3 000～4 000 倍液，视病情 7～10 天 1 次，连防 2～3 次。有病毒病发生时，在初发期喷施 5％菌毒清 400 倍液或 0.5％抗毒剂 1 号 300 倍液或 20％病毒A 500 倍液，连喷 3～4 次。

（3）韭菜虫害防治　韭蛆防治首先采取农业措施。进行冬灌或春灌菜地可消灭部分幼虫，加入适量农药5.5％阿维·菌毒二合一每667平方米用1～2套喷施或灌根，效果更佳。铲出韭根周围表土，晒土并晒根，降低韭根及周围湿度，经5～6天可干死幼虫。其次是药剂防治。在成虫羽化盛期，用30％菊马乳油2 000倍液或2.5％溴氰菊酯2 000倍液喷雾，以上午9～10时施药为佳。在幼虫危害盛期，如发现叶尖变黄变软并逐渐向地面倒伏时，用20％氯马乳油1 500倍液或50％辛硫磷乳油500倍液进行灌根防治。防治韭菜蛾常用药剂有：用0.5％阿维菌素乳油800～1 000倍液均匀喷施或用1％甲维盐乳油1 000～1 500倍液喷施。

十九、山药病虫害综合防治

山药是食用的佳蔬，又是常用的药材，是被人们公认的药食兼用蔬菜。栽培过程中常见的病害及防治技术如下：

1. 红斑病

（1）与小麦、玉米、甘薯、马铃薯、棉花、烟草、辣椒、胡萝卜、西瓜等不易被侵染的作物实行3年以上的轮作。

（2）用0.1％～0.3％TMK浸带病栽子24小时，防病效果达95％以上；在重茬种植的情况下，播前每667平方米沟施TMK颗粒剂2千克，防治效果达到75％以上。

（3）选无病田繁殖栽子，并配合轮作和施用无害肥料等综合措施。

2. 炭疽病

（1）农业防治　发病地块实行2年以上的轮作；收获后将留在田间的病残体集中烧毁，并深翻土壤，减少越冬菌源；采用高支架管理，改善田间小气候；加强田间管理，适时中耕除草，松土排渍；合理密植，改善通风透光，降低田间湿度；合理施肥，以腐熟的有机肥为主，适当增施磷钾肥，少施氮肥，培育壮苗，增强植株抗病性，氮肥过多会造成植株柔嫩，而易感病。

（2）栽子消毒　播种前用50％多菌灵可湿性粉剂500～600倍

液浸种或把山药栽子蘸生石灰。

（3）**药剂防治** 出苗后，喷洒 1：1：50 波尔多液预防，每 10 天 1 次，连喷 2～3 次。发病后用 58％甲霜灵-锰锌可湿性粉剂 500 倍液，或 25％雷多米尔可湿性粉剂 800～1 000 倍液喷洒，或用 80％炭疽福美可湿性粉剂 800 倍液，70％甲基托布津可湿性粉剂 1 500 倍液，50％扑海因 1 000～1 500 倍液，77％可杀得 500～600 倍液，翠贝杀菌剂（具有预防、治疗和铲除作用）7 天 1 次，连喷 2～3 次，喷后遇雨及时补喷。

3. 褐斑病 又称灰斑病或褐斑落叶病。

（1）秋收后及时清洁田园，把病残体集中深埋或烧毁。

（2）雨季到来时喷洒 75％百菌清可湿性粉剂 600 倍液或 50％多菌灵可湿性粉剂 600 倍液或 50％甲基硫菌灵·硫黄悬浮剂 800 倍液。

4. 叶斑病

（1）**农业防治** 合理密植，适当加大行距，改善田间的通风透光条件；保护地栽培要采用高畦定植，地膜覆盖，适时通风降温排湿，防止田间湿度过大；多施腐熟的有机肥，增施磷、钾肥，提高植株的抗病性；保持田间清洁，发病初期及时摘除病叶，拉秧时彻底清除病残体，集中烧毁，减少病原。

（2）**药剂防治** 突出"早"字，发病初期可用 1：1：200 波尔多液，或 50％的多菌灵可湿性粉剂 500 倍液，或 50％的甲基托布津可湿性粉剂 500 倍液，或 75％百菌清可湿性粉剂 600 倍液，或 58％的甲霜灵－锰锌可湿性粉剂 600 倍液交替喷雾，每隔 5～6 天喷 1 次，连喷 3 次。

5. 枯萎病（俗称死藤）

（1）选择无病的山药栽子作种：必要时在栽种前用 70％代森锰锌可湿性粉剂 1 000 倍液浸泡山药嘴子 10～20 分钟后下种。

（2）入窖前在山药嘴子的切口处涂 1：50 石灰浆预防腐烂。

（3）施用酵素菌沤制的堆肥。

（4）药剂防治：6 月中旬开始用 70％代森锰锌可湿性粉剂 600

倍液或50％杀菌王水溶性粉剂1000倍液喷淋茎基部，隔10天喷1次，共防治5～6次。

6. 根茎腐症

（1）收获时彻底收集病残物及早烧毁。

（2）实行轮作，避免连作。

（3）药剂防治：发病初期用75％百菌清可湿性粉剂600倍液、53.8％可杀得2000干悬浮剂1000倍液或50％福美双粉剂500～600倍液喷雾防治。隔7～20天喷1次，连续防治2～3次。

7. 褐腐病（腐败病）

（1）收获时彻底清除病残物，集中烧毁，并深翻晒土和薄膜密封进行土壤高温消毒，或实行轮作，可减轻病害发生。

（2）选用无病栽子做种，必要时把栽子切面阴干20～25天。

（3）药剂防治：发病初期喷洒70％甲基硫菌灵可湿性粉剂1000倍液加75％百菌清可湿性粉剂1000倍液，或50％甲基硫菌灵·硫黄悬浮剂800倍液，隔10天喷1次，连续防治2～3次。

8. 黑斑病　防治方法选用抗病品种和无病栽子，建立远病繁殖田；与禾本科作物实行3年以上的轮作；及时清除田间病残株；播种前，栽子在阳光下晾晒后用1∶1∶150波尔多液浸种10分钟消毒；结合整地或挖土回填，在离地表20～30厘米处，每667平方米用50％辛硫磷乳油500克进行土壤消毒。

9. 斑枯病　防治方法发病后用58％甲霜灵-锰锌可湿性粉剂500倍液或25％雷多米尔可湿性粉剂800～1000倍液进行喷雾防治；或用80％炭疽福美可湿性粉剂800倍液、70％甲基托布津可湿性粉剂1500倍液、50％扑海因可湿性粉剂1000～1500倍液、77％可杀得微粒剂500～600倍液，7天1次，连喷2～3次，喷后遇雨及时补喷。

10. 斑纹病（柱盘褐斑病、白涩病）

（1）实行轮作，避免连作。

（2）收获后及时清除病残体，集中深埋或烧毁，减少初次侵染。

（3）提倡施用酵素菌沤制的堆肥。

（4）从 6 月初开始喷洒 53.8％可杀得 2 000 干悬浮剂 1 000 倍液，或 50％福美双粉剂 500～600 倍液，或 1∶1∶200～300 倍的波尔多液，隔 7～10 天喷 1 次，连续防治 2～3 次。

11. 根结线虫病　近年来，随着山药栽培面积的扩大，山药根结线虫病的发生蔓延逐渐加重，轻者减产 20％～30％，重者减产 70％以上，并且商品品质明显下降。防治措施如下：

（1）植物检疫　在调运山药种时，要严格进行检疫，农户间在借用或购买山药种时应引起重视，不从病区引种，不用带病的山药种，选择健壮无病的山药作为繁殖材料，杜绝人为传播。

（2）合理轮作　有水源的地方实行水旱轮作，改种水稻 3～4 年后再种蔬菜。或与玉米、棉花进行轮作，能显著地减少土壤中线虫量，是一项简便易行的防治措施。

（3）诱杀防治，降低虫口密度　种植一些易感根结线虫的绿叶速生蔬菜，如小白菜、香菜、生菜、菠菜等，生长期 1 个月左右即可收获，此时根部布满根结，但对产量影响不大。收获时连根拔起，地上部可食用，将根部带出田外集中销毁，可减少土壤内的线虫量，是一种可行的防治方法。

（4）消除病残体，增施有机肥　将病残体植株带出田外，集中晒干、烧毁或深埋，并铲除田中的杂草如苋菜等，以减少下茬线虫数量。施用充分腐熟的有机肥作底肥，保证山药生长过程中良好的水肥供应，使其生长健壮。

（5）种子处理　对作为留种用的山药栽子或山药段，伤口处（即截面）要立即用石灰粉沾一下，从而起到消毒灭菌的作用。接着将预留的山药种在太阳光下晾晒，每天翻动 2～3 次，以促进伤口愈合，形成愈伤组织，增强种子的抗病性和发芽势。

（6）化学防治　在山药下种之前，每 667 平方米用 3％的米乐尔颗粒剂 3～5 千克，或 10％克线磷颗粒剂 1.5 千克掺细土 30 千克撒施于种植沟内，用抓钩搂一下，深度 10 厘米左右，与土壤掺匀，然后进行开沟、下种。

（7）生物防治　用生物农药北农爱福丁乳油防治根结线虫病。其用法是：定植前每 667 平方米用 1.8％北农爱福丁乳油 450～500 毫升拌 20～25 千克细沙土，均匀撒施地表，然后深耕 10 厘米，防治可达 90％以上，持效期 60 天左右，或用阿维菌素防治。

第四节　当前农作物病虫草害防治中存在的问题及对策

当前，农业生产已逐步步入现代农业时代，农作物生产由单纯追求产量、效益型逐步转向"高产、优质、高效、生态、安全"并重发展的新阶段。农作物病虫草害防治作为一项重要的保障措施，其内容、任务也发生了新变化。因此，要树立"公共植保，绿色植保"的理念，既要有效地控制病虫草害的发生危害，保证农产品的产量安全，又要有效控制化学农药对生态环境及农产品的污染，保证农产品的质量和环境安全。在实际生产中病虫草害的发生往往不是单一的，常常是多种病虫草害同时发生，在一定时间地点内，有时次要病虫草害会成为主要危害因素，而主要病虫草害则成为次要危害因素，目前在农作物病虫草害防治工作中还存在一些问题，需要坚持一些原则和采取一些措施。

一、当前农作物病虫草害防治工作中存在的主要问题

1. 病虫草害发生危害不断加重　农作物病虫草害因生产水平的提高、作物种植结构调整、耕作制度的变化、品种抗性的差异、气候条件异常等综合因素影响，病虫草害发生危害越来越重，病虫草害发生总体趋势表现为发生种类增多、频率加快、区域扩大、时间延长、程度趋重；同时新的病虫草害不断侵入和一些次要病虫草害逐渐演变为主要病虫草害，增加了防治难度和防治成本。比如：随着小麦产量水平的提高，后期单位面积穗数增多，田间郁蔽，湿度加大，小麦赤霉病这一在长江流域容易发生的病害，近年来在黄河流域也发生严重；再如随着日光温室蔬菜面积的不断扩大，连年

重茬种植，辣椒根腐病、蔬菜根结线虫病、斑潜蝇、白粉虱等次要病虫害上升为主要病虫害，而且周年发生，给防治带来了困难。

2. 病虫草害综防意识不强 目前，大部分地区小户经营，生产规模较小，在农作物病虫草害防治上存在"应急防治为重、化学防治为主"的问题，不能充分从整个生态系统去考虑，而是单一进行某虫、某病的防治，病与病、病与虫兼治工作考虑不全，不能统筹考虑各种病虫草害防治及栽培管理的作用，防治方法也主要依赖化学防治，农业、物理、生物、生态等综合防治措施还没有被农民完全采纳，甚至有的农民对先进的防治技术更是一无所知。即使在化学防治过程中，也存在着药剂选择不当、用药剂量不准、用药不及时、用药方法不正确、见病见虫就用药等问题。造成了费工、费药、污染重、有害生物抗药性强、对作物危害严重的后果。

3. 忽视病虫草害的预防工作，重治轻防 生产中常常忽略栽培措施及经常性管理中的防治措施，如合理密植、配方施肥、合理灌溉、清洁田园等常规性防治措施，而是在病虫大发生时才去进行防治，往往造成事倍功半的效果，且大量用药会使病虫产生抗药性，同时，也造成了环境污染。

4. 重视化学防治，忽视其他防治措施 当前的病虫草害防治，以化学农药控制病虫及挽回经济损失能力最大而广受群众称赞，但长期依靠某一有效农药防治某些病虫或草，只简单地重复用药，会使病虫产生抗性，防治效果也就降低。这样，一个优秀的杀虫剂或杀菌剂或除草剂，投入到生产中去不到几年效果就锐减。故此，化学防治必须结合其他防治措施进行，化学防治应在其他防治措施的基础上，作为第二性的防治措施。

5. 乱用农药和施用剧毒农药 一方面，在病虫防治上盲目加大用药量，一些农户为快速控制病虫发生，将用药量扩大 1～2 倍，甚至更大，这样造成了农药在农产品上的大量积累，也促进了病虫抗性的产生。另一方面，当病虫害发生时，乱用乱配农药，有时错过了病虫防治适期，造成了不应有的损失，更有违反农药安全施用规定，大剂量将一些剧毒农药在大葱、花生等作物上施用，既污染农产品和环境，又极易造成人畜中毒，更不符合无公害生产要求。

6. 忽视了次要病虫害的防治　长期单一用药，虽控制了某一病虫草害的发生，同时使一些次要病虫草害上升为主要病虫草害，如目前一些地方在大葱上发生的灯蛾类幼虫、甜菜夜蛾、甘蓝夜蛾、棉铃虫等虫害及大葱疫病、灰霉病、黑斑病等病害均使部分地块造成巨大损失。又如目前联合机收后有大量的麦秸麦糠留在田间，种植夏玉米后，容易造成玉米苗期二点委夜蛾大发生，对玉米危害较大。

7. 农药市场不规范　农药是控制农作物重大病虫草危害，保障农业丰收的重要生产资料，又是一种有毒物质，如果管理不严、使用不当，就可能对农作物产生药害，甚至污染环境，危害人畜健康和生命安全。目前农药经营市场主要存在以下问题：一是无证经营农药。个别农药经营户法制意识淡薄，对农药执法认识不足，办证意识不强，经营规模较小，采取无证"游击"经营。尤其近几年不少外地经营者打着"农业科学院、农业大学、高科技、农药经营厂家"的幌子直接向农药经营门市推销农药或把农药送到田间地头。二是农药产品质量不容乐观。农药产品普遍存在着"一药多名、老药新名"及假、冒、伪、劣、过期农药、标签不规范农药的问题，甚至有些农药经营户乱混乱配、误导用药，导致防治效果不佳，直接损害农民的经济利益。三是销售和使用国家禁用和限用农药品种的现象还时有发生。

8. 施药防治技术落后　一是农药经营人员素质偏低，对农药使用、病虫害发生不清楚，不能从病虫害发生的每一关键环节入手指导防治，习惯于头痛治头、脚痛医脚的简单方法防治，致使防治质量不高，防治效果不理想。二是农民的施药器械落后。农民为了省钱，在生产中大多使用落后的施药器械，其结构型号、技术性能、制造工艺都很落后，"跑、冒、滴、漏"严重，导致雾滴大，雾化质量差，很难达到理想的防治效果。

二、病虫草害综合防治的基本原则

病虫草害防治的出路在于综合防治，防治的指导思想核心应是压缩病虫草害所造成的经济损失，并不是完全消灭病虫草害原，所以，采取的措施应对生产、社会和环境乃至整个生态系统都是有益的。

1. 坚持病虫草害防治与栽培管理有机结合的原则　作物的种植是为了追求高产、优质、低成本，从而达到高效益。首先应考虑选用高产优质品种和优良的耕作制度栽培管理措施来实现；再结合具体实际的病虫草害综合防治措施，摆正高产优质、低成本与病虫草害防治的关系。若病虫草害严重影响作物优质高产，则栽培措施要服从病虫草害防治措施。同样，病虫草害防治的目的也是优质高产，只有二者有机结合，即把病虫草害防治措施寓于优质高产栽培措施之中，病虫草害防治要照顾优质高产，才能使优质高产下的栽培措施得到积极的执行。

2. 坚持各种措施协调进行和综合应用的原则　利用生产中各项高产栽培管理措施来控制病虫草害的发生，是最基本的防治措施，也是最经济最有效的防治措施，如轮作、配方施肥、肥水管理、田间清洁等。合理选用抗病品种是病虫害防治的关键，在优质高产的基础上，选用优良品种，并配以合理的栽培措施，就能控制或减轻某种病虫害的危害。生物防治即直接或间接地利用自然控制因素，是病虫草害防治的中心。在具体实践中，要协调好化学用药与有益生物间的矛盾，保护有效生物在生态系统中的平衡作用，以便在尽量少地杀伤有益生物的前提下去控制病虫草害，并提供良好的有益生态环境，以控制害虫和保护侵染点，抑制病菌侵入。在病虫草害防治中，化学防治只是一种补救措施，也就是运用了其他防治方法之后，病虫草害的危害程度仍在防治水平标准以上，利用其他措施也功效甚微时，就应及时采用化学药剂控制病虫草害的流行，以发挥化学药剂的高效、快速、简便又可大面积使用的特点，特别是在病虫草害即将要大流行时，也只有化学药剂才能担当起控制病虫害的重任。

3. 坚持预防为主，综合防治的原则　要把预防病虫草害的发生措施放在综合防治的首位，控制病虫草害在发生之前或发生初期，而不是待病虫草害发生之后才去防治。必须把预防工作放在首位，否则，病虫草害防治就处于被动地位。

4. 坚持综合效益第一的原则 病虫草害的防治目的是保质、保产，而不是绝灭病虫生物，实际上也无法灭绝。因此，需化学防治的一定要进行防治，一定要从经济效益即防治后能否提高产量增加收入，是否危及生态环境和人畜安全等综合效益出发，去进行综合防治。要注意在作物病虫害防治的适宜施药期用药防治，适宜施药期一般是指病虫害在整个生育期中最薄弱和对农药最敏感的时期，此时使用药剂进行防治可收到事半功倍的效果。不同的病虫害其防治适期也都不相同，施药适期的确定，一般应遵循以下几个原则：

（1）在有害生物活动中最薄弱的环节施药 一般害虫幼龄期对药剂抵抗力弱，也有很多病虫害生活习性中有着致命的弱点，这些都是施药的有利时期。在幼虫盛孵后 10～12 天内，害虫还未分散为害时进行防治，效果最好。此外，害虫三龄以前一般是使用药剂进行防治的最好时期。

（2）在病虫害发生初期施药 根据农业病虫害预测预报可能大发生的情况，抓住有害生物发生初期的有利时期喷药防治，这时，病虫害仅限于点片发生，尚未蔓延成灾，初期的发生量也不多，危害也不是很大，如能及时喷药防治，很容易得到控制。

（3）在农作物抗药性较强的生育期施药 作物不同的生育阶段对药剂的抵抗能力不同。一般讲，种子耐药力最强，农作物一般在幼苗、扬花、灌浆和果树发芽、开花期等生育期对外界不良环境的抵御力都不是很强，容易发生药害，此时期应尽可能不施或少施药或降低施药浓度。

（4）在农作物最易受病虫害侵害的时期施药 例如苗期最易感染立枯病，可在播种前用杀菌剂拌种或在苗期喷雾防治。水稻分蘖期、孕穗期最易受二化螟侵害，这时应重点打药灭虫，可收到事半功倍的防效。

（5）要避免在天敌繁殖高峰期施药 这样可避免杀害大量的天

敌，以达到保护天敌的目的。

5. 坚持病虫草害系统防治原则　病虫草害存在于田间生态系统内，有一定的组成条件和因素。在防治上就应通过某一种病虫或某几种病虫的发生发展进行系统性的防治，而不是孤立地考虑某一阶段或某一两种病虫去进行防治。其防治措施也要贯穿到整个田间生产管理的全过程，决不能在病虫害发生后才考虑进行病虫草害的防治。

三、病虫草害防治工作中需要采取的对策

（一）抓好重大病虫草害的监测，提高预警水平

要以农业部建设有害生物预警与控制区域站项目为契机，配备先进仪器设备，提高监测水平，增强对主要病虫害的预警能力，确保预报准确。并加强与广电、通信等部门的联系与合作，开展电视、信息网络预报工作，使病虫草害预报工作逐步可视化、网络化，提高病虫草害发生信息的传递速度和病虫草害测报的覆盖面，以增强病虫草害的有效控制能力。

（二）对主要病虫害实行专业化统防统治，提高病虫草害综合防治能力

农作物病虫害专业化统防统治（以下简称专业化统防统治）是指具备相应植物保护专业技术和设备的服务组织，开展社会化、规模化、集约化农作物病虫害防治服务的行为。生产实践证明，对常发普发的流行性病害和迁飞性虫害，实行专业化统防统治可达到事半功倍的效果，省时省药，成本低，效果好。

1. 充分认识实行专业化统防统治的必要性

（1）专业化统防统治可解决植保技术入户难问题　由于种植制度的改变、气候环境的变化、栽培方式的多样，农作物病虫害发生种类多且严重，特别是常发普发的流行性病害和迁飞性虫害，农民分户小规模防治，"防病治虫难，效果差"的问题更为突出。加上现有的乡村基层农业服务体系越来越难以适应当前植保工作的需要，而实行专业化统防统治就可解决植保新机械新技术推广到位率

低、到户难的问题。

（2）专业化统防统治能提高病虫防治效果　当前病虫害防治效果差的主要原因有：农户防治不及时、农户防治时间不统一、同一成分的农药重复多次使用造成抗药性、施药器械落后（传统喷雾器"跑、冒、滴、漏"严重）等。而统防统治由植保专门人员负责，能做到适时、适量、适法防治，施药器械采用机动喷雾器，压力高、雾点细，实行连片统一防治，大大提高了防治效果，并降低农药成本。

（3）专业化统防统治能保障农产品质量安全　随着城乡居民生活水平的提高，人们更加注重生活质量，对农产品的质量安全、农药残留十分关注，当前农药的滥用，尤其是高剂量、不合理、不规范使用，甚至使用高毒高残留农药，是造成农产品质量问题的重要因素，并加重了环境污染。实行专业化统防统治，可实现农药减量增效目的，如在一些水稻生产地区，绝大多数农民要进行 5 次以上防治，实施统防统治可减少 2～3 次，用量为原来的 2/3～1/2。另外，统防统治能确保农药使用安全间隔期，杜绝国家禁用农药，特别是高毒高残农药的使用。因此，从源头上解决了农产品的质量安全问题，并保护生态环境。

（4）专业化统防统治可实现农民的期望　农作物病虫害防治是一项专业性、技术性、时效性很强的工作。实行联产承包责任制后，多数农民未掌握病虫害防治技术，加上大量精壮劳动力外出务工，老人和妇女成为农业生产的主力军，盲目用药现象普遍。因此农民们也希望有一支植保队伍为他们服务，这样可腾出更多的精力与时间专心于其他工作，增加家庭收入。

（5）专业化统防统治符合新时期植保的要求　统防统治体现"公共植保"和"绿色植保"的理念，"公共植保"强化植保工作的社会公共管理和服务职能，"绿色植保"推广绿色防控技术，如杀虫灯等非化学防治技术，实行综合防治；统防统治有利于农业规模化经营，适应现代农业对农业服务标准化、集约化、组织化的要求，是现代农业的重要内容；统防统治有利于消除农产品生产质量监管的盲点，农业执法部门每年开展农资打假行动，发挥了对农资店的监管作用，但对农户的农药使用监管始终是一个难点，而对植保组织就可实现有效的监管和指导。

2. 实施专业化统防统治的效果　专业化统防统治是一项有效控制突发性、暴发性、流行性重大病虫生物灾害的组织形式和手段。近年来实践证明，通过推广专业化统防统治工作，可实现"三个减少"（即用药量、防治成本、环境污染减少）、"三个提高"（即防治效果、效益和效率提高）、"三个安全"（即农业生产、农产品质量和环境安全）。使农作物病虫害防治工作由被动变主动，由浪费污染变节约环保，达到了技术到位、靶标明确、药剂对路、喷药质量高，并且促进了高效、低毒、低残留农药和轮换交替用药技术的推广应用，防止和避免了盲目用药、不对路用药、用假药与农药中毒等事故的发生，从而提高了社会效益和生态效益。据调查，采用专业化统防统治一般可降低用药成本20％左右，节省劳动用工50％左右，增加生产效益10％左右。

3. 目前专业化统防统治的难点　从各地实施情况看，目前推广统防统治工作还存在以下几个难点：

（1）技术人员与综防技术缺乏　目前，掌握病虫害预报信息和综合防治技术的人员都在事业单位，统防统治组织中植保技术人员缺乏，特别是真正掌握综合防治技术的人员更少，严重影响了专业化统防统治服务工作的开展。

（2）缺资金投入　专业化统防统治服务组织以为农服务为主，赢利少、风险大。虽然实行统防统治农药费用支出减少，但其他费用增加，如机动喷雾器、杀虫灯等公益性投入较大。另外，运行中还有公益性设施维护维修等费用。

（3）农户对专业化统防统治服务认识难统一　虽然大多数农户支持统防统治，但有部分农户认为，既然交费统防统治了，就要求对所有田块的防治效果达到满意，否则必须赔偿损失。而统防统治的主要目的只能保证总体防治效果，由于各个农户管理不一样，每块田发生病虫害的程度也不一样，难免有个别田块防治不理想，譬如达到 98％以上农户的田块防治效果好就不错了，但对 2％的农户的损失不赔显然不行，但怎样赔、赔多少很难统一。

4. 加强统防统治工作的对策建议 以"公共植保、绿色植保"理念为指导，贯彻"预防为主、综合防治"的植保方针，以实现主要病虫害有效监测防控、保障农产品数量和质量安全为目标，以发展乡村级植保专业化防治组织为着力点，推进专业化统防统治工作的开展。

（1）加大宣传力度 通过新闻媒体、示范参观等多种途径进行广泛宣传。宣传统防统治省本、增效、控害的效果，使农民感到有实实在在的好处，也是保障农产品安全的重要手段，提高加入的主动性。

（2）不断规范专业化统防统治服务行为 农业部 2011 年 8 月 1 日实施了《农作物病虫害专业化统防统治管理办法》，各地要按照办法要求，结合当地实际，不断探索和完善专业化统防统治服务行为，从服务组织组建入手，最好依托有实力的企业或某个经济组织，解决开办资金问题，在组建中政府部门要及时引导，帮助制订防治服务规程、收费标准和管理办法细则，规范化运作。

（3）加强技术培训，提高农技人员和农民的科技素质 培训一批"永久"牌植保员和机手。一要增强国家公益性植保技术服务手段，以科技直通车、农技 110、12316 等技术服务热线电话、电视技术讲座等形式加强对专业化统防统治组织和农民技术指导和服务。二要建立和完善县、乡、村和各种社会力量（如龙头企业、中介组织等）参与的植保技术服务网络，扩大对农民的服务范围。三要依托专业化统防统治组织加快病虫害综合防治技术的推广和普及，提高农民对农作物病虫草害防治能力，确保防治效果。

（4）政府给予补贴支持 政府要树立"公共植保"的理念，要从提高农产品质量安全水平，保护生态环境，支持农业发展，促进农民增收的角度出发，把统防统治列入扶持内容，在对植保服务组织开办资金的扶持、统防统治补助政策的落实、培训资金、制订政策性保险等方面，政府需要给予大力支持。

（三）加强农药市场管理，确保农民用上放心药

一是加强岗前培训，规范经营行为。为了切实规范农药经营市场，凡从事农药经营的单位必须经农药管理部门进行经营资格审查，对审查合格的要进行岗前培训，经培训合格后方能持证上岗经营农药。通过岗前培训学习农药法律、法规，普及农药、植保知识，大力推广新农药、新技术，对农作物病虫草害进行正确诊断，对症开方卖药，以科学的方法指导农民进行用药防治。二是加大农药监管力度。农药市场假冒伪劣农药、国家禁用、限用农药屡禁不止的重要原因是没有堵死"源头"，因此，加强农药市场监督管理，严把农药流通的各个关口，确保广大农民用上放心药。

（四）大力推广无公害农产品生产技术

近几年全国各地在无公害农产品的管理及技术推广上取得了显著成效。在此基础上，要进一步加大无公害农产品生产技术的推广力度，重点推广农业防治、物理防治、生物防治、生态控制等综合措施，合理使用化学农药，提倡生物、植物源农药确保创建无公害农产品生产基地示范县成果，保证向市场提供安全放心的农产品。

（五）加大病虫草害综合防治技术的引进、试验、示范力度

按照引进、试验、示范、推广的原则，加大植保新技术、新药剂的引进、试验、示范力度，及时向广大农民提供看得见、摸得着的技术成果，使病虫综合防治新技术推广成为农民的自觉行动；同时，建立各种技术综合应用的试验示范基地，使其成为各种综合技术的组装车间，农民学习新技术的田间学校，优质、高产、高效、安全、生态农业的示范园区。

四、农作物病虫草害绿色防控技术

农作物病虫草害绿色防控技术其内涵就是按照"绿色植保"理念，采用农业防治、物理防治、生物防治、生态调控以及科学、合理、安全使用农药的技术，达到有效控制农作物病虫害，确保农作物生产安全、农产品质量安全和农业生态环境安全。

控制有害生物发生危害的途径有以下三个：一是消灭或抑制其

发生与蔓延；二是提高寄主植物的抵抗能力；三是控制或改造环境条件，使之有利于寄主植物而不利于有害生物。具体防控技术如下：

1. 严格检疫 对调入农作物种子和苗木严格检疫，防止检疫性病害传入。

2. 种植抗病品种 选择适合当地生产的高产、抗病虫害、抗逆性强的优良品种，这是防病虫增产，提高经济效益的最有效方法。

3. 采用农业措施，实施健身栽培技术 通过非化学药剂种子处理，培育壮苗，加强栽培管理，中耕除草，秋季深翻晒土，清洁田园，轮作倒茬、间作套种等一系列农业措施，创造不利于病虫发生发展的环境条件，从根本上控制病虫的发生和发展，起到防治病虫害的作用。

（1）实行轮作倒茬。

（2）合理间作：如辣椒与玉米间作。

（3）田间清洁：病虫组织残体从田间清除。

（4）适时播种。

（5）起垄栽培。

（6）合理密植。

（7）平衡施肥：增施腐熟好的有机肥，配合施用磷钾肥，控制氮肥的施用量。

（8）合理灌水。

（9）带药定植。

（10）嫁接防病。

（11）保护地栽培合理放风，通风口设置细纱网。

（12）合理修剪、做好支架、吊蔓和整枝打杈。

（13）果树主干涂白，用水 10 份、生石灰 3 份、食盐 0.5 份、硫黄粉 0.5 份。

（14）地面覆草。

4. 物理措施 应尽量利用灯光诱杀、色彩诱杀、性诱剂诱杀、机械捕捉害虫等物理措施。

（1）色板诱杀：黄板诱杀蚜虫和粉虱；蓝板诱杀蓟马。

（2）防虫网阻隔保护技术。在通风口设置或育苗床覆盖防虫网。

（3）果实套袋保护。

5. 适时利用生态防控技术　在保护地栽培中及时调节棚室内温湿度、光照、空气等，创造有利于作物生长，不利于病虫害发生的条件。一是"五改一增加"，即改有滴膜为无滴膜；改棚内露地为地膜全覆盖种植；改平畦栽培为高垄栽培；改明水灌溉为膜下暗灌；改大棚中部通风为棚脊高处通风；增加棚前沿防水沟。二是冬季灌水，掌握"三不浇三浇三控"技术，即阴天不浇晴天浇；下午不浇上午浇；明水不浇暗水浇；苗期控制浇水；连续阴天控制浇水；低温控制浇水。

6. 充分利用微生物防控技术　天敌释放与保护利用技术：保护利用瓢虫、食蚜蝇：以控制蚜虫；捕食螨：控制叶螨，防效75％以上；丽蚜小蜂：控制蚜虫、粉虱；花绒坚甲、啮小蜂：控制天牛；赤眼蜂：控制玉米螟，防效70％等。

7. 微生物制剂利用技术　尽可能选微生物农药制剂。微生物农药既能防病治虫，又不污染环境和毒害人畜，且对于天敌安全，对害虫不产生抗药性。如枯草芽孢杆菌防治枯萎病、纹枯病；哈茨木霉菌防治白粉、霜霉、枯萎病等；寡雄腐霉防治白粉、灰霉、霜霉、疫病等；核多角体病毒防治夜蛾、菜青虫、棉铃虫等；苏云金杆菌防治棉铃虫、水稻螟虫、玉米螟等；绿僵菌防治金龟子、蝗虫等；白僵菌防治玉米螟等；淡紫拟青霉防治线虫等；厚垣轮枝菌防治线虫等。还有中等毒性以下的植物源杀虫剂、拒避剂和增效剂。特异性昆虫生长调节剂也是一种很好的选择，它的杀虫机理是抑制昆虫生长发育，使之不能蜕皮繁殖，对人畜毒性度极低。以上这几类化学农药，对病虫害均有很好的防治效果。

8. 抗生素利用技术

（1）宁南霉素防治病毒病。

（2）申嗪霉素防治枯萎病。

（3）多抗霉素防治枯萎病、白粉病、稻纹枯、灰霉病、斑点落叶病。

（4）甲氨基阿维菌素苯甲酸盐防治叶螨、线虫。

（5）链霉素防治细菌病害。

（6）宁南霉素、嘧肽霉素防治病毒病。

（7）春雷霉素防治稻瘟病。

（8）井冈霉素防治水稻纹枯。

9. 植物源农药、生物农药应用技术

（1）印楝素防治线虫。

（2）辛菌胺防治稻瘟病、病毒病、棉花枯萎病拌种喷施均可，并安全高效。

（3）地衣芽孢杆菌拌种包衣防治小麦全蚀病、玉米粗缩病、水稻黑条矮缩病等安全持效。

（4）香菇多糖防治烟草、番茄、辣椒病毒病，安全高效。

（5）晒种、温汤浸种、播种前将种子晒 2～3 天。

（6）太阳能土壤消毒技术：采用翻耕土壤，撒施石灰氮、秸秆，覆膜进行土壤消毒，防控枯萎病、根腐病、根结线虫病

10. 植物免疫诱抗技术　如寡聚糖、超敏蛋白等诱抗剂。

11. 科学使用化学农药技术　在其他措施无法控制病虫害发生发展的时候，就要考虑使用有效的化学农药来防治病虫害。使用的时候要遵循以下原则：一是科学使用化学农药。选择无公害生产允许限量使用的高效、低毒、低残留的化学农药。二是对症下药。在充分了解农药性能和使用方法的基础上，确定并掌握最佳防治时期，做到适时用药。同时要注意不同作物种类、品种和生育阶段的耐药性差异，应根据农药毒性及病虫草害的发生情况，结合气候、苗情，选择农药的种类和剂型，严格掌握用药量和配制浓度，只要把病虫害控制在经济损害水平以下即可，防止出现药害或伤害天敌。提倡不同类型、种类的农药合理交替和轮换使用，可提高药剂利用率，减少用药次数，防止病虫产生抗药性，从而降低用药量，

减轻环境污染。三是合理混配药剂。采用混合用药方法，能达到一次施药控制多种病虫危害的目的，但农药混配时要以保持原药有效成分或有增效作用，不产生剧毒并具有良好的物理性状为前提。

（1）农药使用技术　①选择适宜农药。种类与剂型。②适时施用农药。③适量用药。④选择合适的施药方法，提倡种苗处理、苗床用药。⑤轮换使用农药。⑥合理混配农药。⑦安全使用农药。严禁使用高毒、高残留农药品种。国家2015年4月25日已经有了新规定，严重使用高毒剧毒农药将被行政拘留。⑧确保农药使用安全间隔期。

（2）目前防治农作物主要病害高效低毒药剂

锈病、白粉病：烯唑醇、戊唑醇、丙环唑、腈菌唑。

小麦赤霉病：扬花期喷咪鲜胺、酸式络氨铜、氰烯菌酯、多菌灵。

小麦全蚀病：全蚀净、地衣芽孢杆菌、适乐时、立克锈。

小麦纹枯病：烯唑醇、腈菌唑、氯啶菌酯、丙环唑。

稻瘟病：辛菌胺醋酸盐、井冈·多菌灵、三环唑、枯草芽孢杆菌。水稻属喜硼喜锌作物，全国90％的土地都缺锌缺硼。以上药物加上高能锌、高能硼，既增强免疫力又增产改善品质。

水稻纹枯病：络氨铜、噻呋酰胺、己唑醇。

稻曲病：井·蜡质芽孢杆菌、氟环唑、酸式络氨铜。

甘薯、马铃薯、麻山药、铁棍山药、白术等，黑斑、糊头黑烂、疫病用马铃薯病菌绝或吗胍·硫酸铜加高能钙，既治病治本又增产提高品。

苗期病害及根部病害：嘧菌酯、恶霉·甲霜灵，烂根死苗用农抗120或吗胍·铜加高能锌。既治病治本又增产提高品质。

炭疽病、褐斑黄斑病：咪鲜胺、腈苯唑、苯甲·醚菌酯、辛菌胺、络氨铜。以上药物加上高能锰、高能钼，既能打通维管束，又能高产，治病治本，提高品质。

灰霉病、叶霉病：嘧霉胺、嘧菌环胺、烟酰胺、啶菌恶唑、啶酰菌胺、多抗霉素、农用链霉素、百菌清。

叶斑病、白绢病、白疫病：辛菌胺醋酸盐、络氨铜、苯醚甲环唑、嘧菌·百菌清、喷克、烯酰吗啉、肟菌酯。以上病症多伴随缺铜离子、锌离子，喷药时加上高能铜、高能锌，能提质增产又治病治本。

枯黄萎病、萎枯病、蔓枯病：咪鲜胺、地衣芽孢杆菌、多·霉威、多菌灵、适乐时、辛菌胺醋酸盐。以上病症多伴随缺钾缺钼离子，喷药时加上高能钾高能钼，既能打通维管束，又能增产，改善品质。

菌核病：啶酰菌胺、氯啶菌酯、咪鲜胺、菌核净、络氨铜、硫酸链霉素。

霜霉病、疫霉病：烯酰吗啉、氟菌·霜霉威、吡唑醚菌酯、氰霜唑、烯酰·吡唑酯、多抗霉素 B、碳酸氢钠水溶液。

广谱病毒病、水稻黑条矮缩病毒、玉米粗缩病毒病、瓜菜银叶病毒病：吗胍·硫酸铜、香菇多糖、菇类多糖·钼、辛菌胺。

果树腐烂病：酸式络氨铜、多抗霉素、施纳宁、3%抑霉唑、甲硫·萘乙酸、辛菌胺。凡细菌病害大多易腐烂、水渍、软腐，易造成缺硼缺钙症，以上药物加上钙和硼既能治病又能增产。

苹果烂果病：多抗霉素 B 加高能钙、酸式络氨铜加高能硼。

果树根腐病：噻呋酰胺、吗胍·硫酸铜、井冈·多菌灵。以上药物加上高能钼，既能打通维管束，又能治疗和预防根腐、杆枯、枝枯。

草莓根腐病：地衣芽孢杆菌、辛菌胺、苯醚甲环唑。以上药物加上高能钼，既能高产，又能治疗和预防根腐、蔓枯、茎枯。

细菌病害：辛菌胺、喹啉铜、噻菌铜、可杀得（氢氧化铜）、氧化亚铜（靠山）、链霉素、新植霉素、中生菌素、春雷霉素。凡细菌病害大多易腐烂、水渍、软腐，易造成缺硼缺钙症，以上药物加上钙和硼，既能彻底治病又能增产。

线虫病害：甲基碘（碘甲烷）、氧硫化碳、硫酰氟（土壤熏蒸）、福气多、毒死蜱、米乐尔、甲氨基阿维菌素苯甲酸盐、敌百虫、吡虫·辛硫磷、辛硫磷微胶囊、三唑磷微胶囊剂、苦皮藤乳油、印棟素乳油、苦参碱。以上药物加上高能铜，铜离子对微生物类害虫有抑制着床作用，又能补充微量铜元素有增产效果。

病毒病害：嘧肽霉素、宁南霉素、三氮唑核苷、葡聚烯糖、菇类蛋白多糖、吗胍·硫酸铜、吗啉胍·乙酸铜、氨基寡糖素。以上药物加上高能锌，既治病快又能高产。

图书在版编目（CIP）数据

农业面源污染防治实用新技术／游彩霞，高丁石主编．—北京：中国农业出版社，2015.8（2018.12重印）
ISBN 978-7-109-20635-9

Ⅰ.①农… Ⅱ.①游… ②高… Ⅲ.①农业污染源-面源污染-污染防治-研究 Ⅳ.①X501

中国版本图书馆 CIP 数据核字（2015）第 155948 号

中国农业出版社出版
（北京市朝阳区麦子店街 18 号楼）
（邮政编码 100125）
策划编辑 张 利
————————————
中国农业出版社印刷厂印刷 新华书店北京发行所发行
2015 年 8 月第 1 版 2018 年 12 月北京第 9 次印刷
————————————
开本：880mm×1230mm 1/32 印张：8.625
字数：232 千字
定价：20.00 元
（凡本版图书出现印刷、装订错误，请向出版社发行部调换）